新一代信息技术丛书

基于Python的通信原理仿真

曾发龙 编著

Simulation of Communication Principles Based on Python

本书首先系统介绍了通信原理的基础知识，然后通过开源编程语言Python进行了全面完整的仿真分析。书中提供了大量极具参考价值的仿真实例，不仅通过可视化的仿真图形帮助读者深入理解理论知识，还允许修改源码，方便进行个性化开发，从而加快科研进度。

全书共11章。第1章主要介绍了Python的基本使用及相关库；第2章介绍了信息和信道的相关内容；第3~5章主要介绍了信号的类型和表示，以及信号的分析方法；第6~10章介绍了各种信号的调制、解调及传输方法；第11章介绍了能够提高传输可靠性的信道编码方式。

本书结构清晰，层次分明，适合通信领域的科研工作者和工程人员使用，也可作为高等院校通信相关专业的本科生和研究生的参考书。

本书中的例题代码读者可通过扫描二维码进行查看，也可关注微信订阅号“工控有得聊”，回复“75869”即可获取本书配套资源下载链接。

图书在版编目（CIP）数据

基于Python的通信原理仿真 / 曾发龙编著. —北京：机械工业出版社，2024.8

（新一代信息技术丛书）

ISBN 978-7-111-75869-3

Ⅰ. ①基… Ⅱ. ①曾… Ⅲ. ①软件工具-程序设计-应用-通信原理-仿真 Ⅳ. ①TN911

中国国家版本馆CIP数据核字（2024）第104301号

机械工业出版社（北京市百万庄大街22号 邮政编码100037）

策划编辑：秦 菲　　责任编辑：秦 菲

责任校对：孙明慧 甘慧彤 景 飞　　责任印制：刘 媛

北京中科印刷有限公司印刷

2024年9月第1版第1次印刷

184mm×260mm · 12.75印张 · 314千字

标准书号：ISBN 978-7-111-75869-3

定价：78.90元

电话服务

客服电话：010-88361066

010-88379833

010-68326294

网络服务

机 工 官 网：www.cmpbook.com

机 工 官 博：weibo.com/cmp1952

金 书 网：www.golden-book.com

机工教育服务网：www.cmpedu.com

前　言

随着数字计算机的高速发展，CPU 处理能力在摩尔定律的驱动下，加速了仿真在通信领域的运用。当前仿真分析工具主要集中在 MATLAB 等专用软件或科学工具包，此类软件中的通信处理模块、矩阵运算等工程数学工具大大简化了仿真分析计算的复杂性并节约了设计的时间，加快了研发的进度。但由于其专用性及非开源编码的缘故，限制了很多学生的学习与科研人员的开发，产生了研学中的技术壁垒，为此作者编制了基于开源编码 Python 的通信原理仿真，为学生和科研人员提供共享的学习平台。

通信原理仿真的意义在于通过仿真的可视化结果展示参数变化的影响，能够快速帮助读者从繁杂的数学公式中脱身，深入地理解与掌握系统的原理，以便后续的应用与创新。此外还可以对通信系统的建模、数据源、调制解调器、信道、天线或接收机进行仿真验证，确保其满足科学设计的需要，从而加速创新想法从科研到产业化转化的进程。

本书主要内容包括：

第 1 章简单介绍 Python 的基础编程知识、相关开源的通信仿真库，以及本书将要使用的公共仿真库。

第 2 章主要介绍信息、信道模型和信道容量的仿真与分析。

第 3~5 章主要是对携带信息的信号进行分类，并对确定信号、随机信号进行仿真与分析。

第 6~10 章主要是对模拟信号、基带信号和载波调制数字信号常用的和目前主流的调制与解调方式进行仿真与分析。

第 11 章主要介绍能够提高传输可靠性，降低信息传输误码率而采用的分组、卷积和 Turbo 信道编码的仿真与分析。

由于编者的知识水平有限，错误之处还敬请读者指出，以便后期订正。

编　者

目　　录

第 1 章　Python 及相关库

Python 是一种基于解释器的高级计算机程序语言。虽然是一种不需要编译源代码就可以执行的语言，但它是需要安装 Python 工具包才可以运行的源代码。

Python 最初由荷兰的 Guido van Rossum 于 1989 年开发，并于 1991 年发布。经过多年的演进与优化，已发展为目前的 Python 3. 12. 2。它属于一种开源代码，在字符和文本处理、网络编程、数据分析方面有很大的便利性。随着开源代码的编制和演进，帮助信息（Help）、官方网页、开源代码示例，以及一系列特殊目的的库（如 Panda、NumPy、Matplotlib 等）正日益完善，在编程源代码中只需增加少许代码，就可以方便地调用其他库的函数，这加速了 Python 的普及与应用，渐渐成为很多程序员、学生和老师们越来越喜欢的仿真工具类语言之一，见表 1-1。

表 1-1　TIOBE 2023 年 9 月 TOP 20 编程语言表

Aug 2023	Aug 2022	Change	Programming Language	Ratings	Change
1	1		Python	13. 33%	-2. 30%
2	2		C	11. 41%	-3. 35%
3	4	∧	C++	10. 63%	+0. 49%
4	3	∨	Java	10. 33%	-2. 14%
5	5		C#	7. 04%	+1. 64%
6	8	∧	JavaScript	3. 29%	+0. 89%
7	6	∨	Visual Basic	2. 63%	-2. 26%
8	9	∧	SQL	1. 53%	-0. 14%
9	7	∨	Assembly language	1. 34%	-1. 41%
10	10		PHP	1. 27%	-0. 09%
11	21	R	Scratch	1. 22%	+0. 63%
12	15	∧	Go	1. 16%	+0. 20%
13	17	⩓	MATLAB	1. 05%	+0. 17%
14	18	⩓	Fortran	1. 03%	+0. 24%
15	31	⩓	COBOL	0. 96%	+0. 59%
16	16		R	0. 92%	+0. 01%
17	19	∧	Ruby	0. 91%	+0. 18%
18	11	⩔	Swift	0. 90%	-0. 35%
19	22	∧	Rust	0. 89%	+0. 32%
20	28	⩓	Julia	0. 85%	+0. 41%

1.1 Python 的优缺点

1.1.1 Python 的优点

Python 是一种效率极高的语言，相较其他编程语言，使用 Python 编写时，程序包含的代码行更少；Python 的语法有助于创建整洁的代码；使用 Python 编写的代码更容易阅读、调试和扩展。Python 的主要优点如下。

1）Python 可以在 20 多种不同的操作系统上工作，几乎在所有常见的操作系统上都不需额外修改就能工作，它是一种超级强大且简单的语言，非常适合各种编程任务。

2）提供强大的互操作性接口，方便和 C++、Javascript 等其他语言编译的程序互通。

1.1.2 Python 的缺点

同时，Python 也存在以下缺点。

1）编写源程序代码时，“缩进”格式要求很严格。若不注意就容易导致很多编写代码的问题。

2）Python 版本兼容的问题。早期 Python 2.0 编写的代码和 Python 3.0 后期版本之间会有些不兼容，需要调整。本书所有程序都是采用 Python 3.8.12 版本编写的，不存在兼容问题。

3）变量应用要小心，否则变量数据会传送不到位，导致计算结果错误。

1.2 Python 的获取

获取 Python 最简单的方法是通过 Python 官方网站 https://www.python.org/downloads/下载，如图 1-1 所示。在网站上，可以通过菜单轻松获取软件和相关资源库。

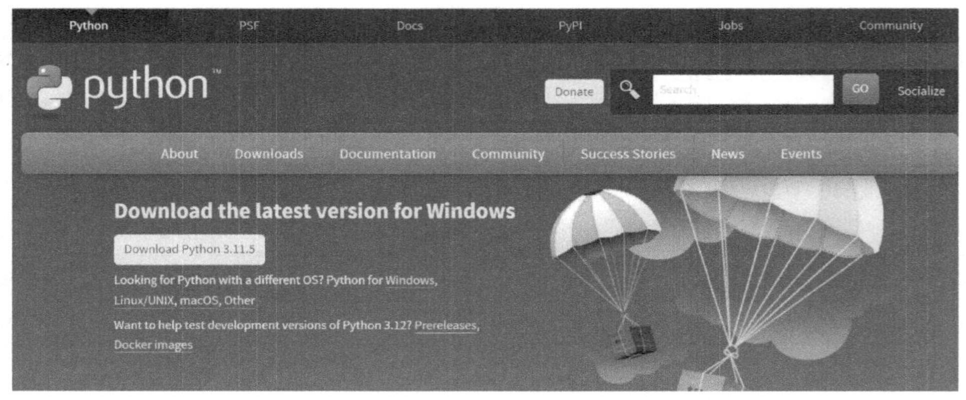

图 1-1　Python 官方网站图

1.3　Python 运行方式

Python 的运行方式有以下几种：

1）运行 Python 的解释器。

2）运行 Python 的 IDLE。

3）运行 Python 的脚本。

4）运行 Jupyter/IPython 的 Brower。

5）运行 Anaconda3 的 Spyder 程序。

本书的所有案例都是基于 Windows 11 版本运行 Spyder 的 Python 3.8.12，也可以直接在 Python 3.8.12 环境下运行。采用 Spyder 程序运行，能够方便地获取 Python 帮助并进行程序的编写与调试。

1.4　Python 基本语法

Python 语言将数据划分为数字、字符、变量等类型，这种分类有助于对海量数据进行分析和挖掘。本书不详细阐述 Python 的语法，只是罗列出一些相关的类型操作和命令，具体还需读者在其官网上查询或查找相关的资料学习。主要可以参考的书籍有：

1）《Python 编程：从入门到实践》［美］Eric Matthes 著，袁国忠译，人民邮电出版社，2016 年。

2）《Python 数据分析基础教程：NumPy 学习指南（第 2 版）》［印尼］Ivan Idris，人民邮电出版社，2014 年。

3）《Learning Python，5th Edition》Mark Lutz，O'Reilly，2013 年。

1.4.1　数学操作与命令

数学主要操作符号与命令见表 1-2。

表 1-2　数学操作与命令表

操　作	Python 命令	备　注
加法	+	
减法	-	
乘法	*	
除法	/	
取整	//	向下取整
x^y	y ** x	
求余	%	
x^y	pow(x,y)	
$\|x\|$	abs(x)	
e^x	math.exp(x)	import math

（续）

操　　作	Python 命令	备　　注
$\sqrt{x}$	math. sqrt(x)	import math
π	math. pi	import math
e	math. e	import math
∞	math. inf	import math
NaN(无值)	math. nan	import math
$\log_2 x$	math. log(x)	import math
$\ln x$	math. log(x,math. e)	import math
$\log_{\text{base}}^{x}$	math. log(x,base)	import math
$\lvert x \rvert$	math. fabs(x)	import math
分数	math. factorial(x)	import math
求余	math. fmod(x, y)	import math
$\sin(x)$	math. sin(x)	import math
$\cos(x)$	math. cos(x)	import math
$\tan(x)$	math. tan(x)	import math
asin(x)	math. asin(x)	import math
acos(x)	math. acos(x)	import math
atan(x)	math. atan(x)	import math
$\sinh(x)$	math. sinh(x)	import math
$\cosh(x)$	math. cosh(x)	import math
$\tanh(x)$	math. tanh(x)	import math
asinh(x)	math. asinh(x)	import math
acosh(x)	math. acosh(x)	import math
atanh(x)	math. atanh(x)	import math
弧度转角度	math. degrees(x)	import math
角度转弧度	math. radians(x)	import math
向上取整	math. ceil(x)	import math
向下取整	math. floor(x)	import math
误差函数 erf(x)	math. erf(x)	import math
互补误差函数 erfc(x)	math. erfc(x)	import math
复数	x+yj	
复数实部	c. real	
复数虚部	c. imag	
共轭复数	c. conjugate()	
复数相位	cmath. phase(c)	

1.4.2 字符操作与命令

在 Python 中用引号括起的都是字符串，其中的引号可以是单引号，也可以是双引号。字符主要操作与命令见表 1-3。

表 1-3 字符操作与命令表

操 作	Python 命令	备 注
定义字符串 x	x='a'或 x="a"	
字符串 x 变为首字母大写	x. title( )	
字符串 x 变为全部大写	x. upper( )	
字符串 x 变为全部小写	x. lower( )	
+	x+y	合并字符 x,y
删除字符串 x 中的末尾空白	x. rstrip( )	
删除字符串 x 中的开始空白	x. lstrip( )/x. strip( )	
删除字符串 x 中的所有空白	x. replace(" ", "")	替换字符
计算字符串的长度	len(x)	
取字符串 x 中的 $b-a$ 个连续字符	X[a:b]	$a\geq0,b\leq$x. len( )
比较字符串 x,y	x==y	
使用空格分隔符分隔字符串 x	x. split(" ")	
查找字符串 x 中子字符串 y 并反馈第一个字符的位置	x. find(y)	-1 表示没有查到
把数字 x 转为字符串	str(x)	
将字符串 x 转为二进制字符串	x. encode('ascii')	
将二进制字符串 x 转为字符串	x. decode('ascii')	
将字符串 x 中的子字符 y 替换为 z	x. replace(y,z)	
将十六进制字符串 x 转换为十六进制数字流(binascii 包)	binascii. a2b_hex(x)	
将十六进制数字流转换 x 为字节数组	bytearray(x)	

1.4.3 数字与字符间操作与命令

数字和字符操作与命令见表 1-4。

表 1-4 数字和字符操作与命令表

操 作	Python 命令
把数字 x 转为字符	str(x)
把十六进制字符 x 变为整数	int(x,16)
把整数 x 转为十六进制字符	hex(x)
把整数 x 转为二进制字符	bin(x)
把二进制字符 x 变为整数	int(x,2)
将 ASCII 字符 x 转为字节数组	bytearray(x)

1.5 Numpy 库介绍

Python 虽然是一种流行的编程语言，但它并不是为科学计算而量身定做的，也不适合直接用于数据分析和处理。Python 与 NumPy、SciPy、Matplotlib、SciKits 等科学计算库结合在一起，形成了一个完整的 Python 科学计算生态系统，使得 Python 在科学计算领域得到了广泛的应用。

NumPy 是一个优秀的开源科学计算库，NumPy 提供了丰富的数学函数、强大的多维数组对象及优异的运算性能。NumPy 在保留 Python 语言优势的同时增强了科学计算和数据分析处理的能力，是 Python 进行数据分析的一个不可或缺的工具。Numpy 数组的存储效率和输入/输出性能均远远优于 Python 中等价的基本数据结构。Numpy 主要操作和命令见表 1-5。

表 1-5　Numpy 主要操作与命令表

操　作	命　令	备　注
分配一维数组	arrange( )	
数组 *x* 的维度	x. shape	
一维数组 *x* 索引与切片	x[a:b]	a,b 为小于 x. shape
改变数组 *x* 的维度	x. reshape(a,b,c)	a,b,c 为维度数
多维数组 *x* 变一维数组	x. ravel	不存储结果
多维数组 *x* 变一维数组	x. flatten( )	要求分配内存存储结果
用元组设置 *x* 维度	x. shape=(a,b)	
水平组合数组	hstack((a,b))	
水平组合数组	concatenate((a,b),axis=1)	
垂直组合数组	vstack((a,b))	
垂直组合数组	concatenate((a,b),axis=0)	
列组合数组	column_stack((a,b))	
行组合数组	row_stack((a,b))	
水平分割数组	hsplit(a,3)	
垂直分割数组	vsplit(a,3)	
深度分割	dsplit(a,3)	
数组 *x* 总数	x. size	
数组 *x* 转置	x. T	
数组 *x* 转列表	x. tolist( )	
将数组转成指定类型	x. astype( )	
相关性	np. cov(a, b)	
傅里叶变换	np. fft. fft( )	
傅里叶变换后移频	np. fft. fftshift( )	
sinc 函数	np. sinc( )	
建立多项式	np. poly1d( )	
sin 函数	np. sin( )	
cos 函数	np. cos( )	

1.6 SciPy库介绍

SciPy是世界著名的Python开源科学计算库，建立在NumPy之上。它增加的功能包括傅里叶变换、数值积分、最优化、统计和一些专用函数。scipy. signal模块中还包含滤波函数和B样条插值（B-spline interpolation）函数，其操作与命令见表1-6。

表1-6 SciPy操作与命令表

操　作	命　令
傅里叶分析	scipy. fftpack
数值积分	scipy. integrate
单变量函数在两点之间的积分	quad函数
插值	scipy. interpolate函数
图像处理	scipy. ndimage

1.7 Random库介绍

从概率论角度来说，随机数是随机产生的数据，虽然计算机不可能产生随机值，但它可以通过梅森旋转算法生成伪随机序列元素。Python中用于生成伪随机数的函数库是Random，使用时只需要在Python中增加import random语句即可。Random库包含两类函数，常用的有8个命令函数，见表1-7。

表1-7 Random常用操作与命令表

操　作	命　令
随机数种子产生随机数	seed(a=None)
生成一个[0.0,1.0)之间的随机小数	random()
产生[a,b]之间的随机整数	random. randint(a,b)
产生[a,b)之间以step产生随机整数	random. randrange(a,b,step)
产生[a,b]之间的随机浮点数	random. uniform(a,b)
从目标序列类型中随机返回一个元素	random. choice([a, b])
将序列中元素随机排列，返回打乱后的序列	random. shuffle()
生成位数为*k*的随机整数	random. getrandbits(k)

1.8 CommPy库介绍

CommPy是使用NumPy、SciPy和Matplotlib编写的开源数字通信算法的开源包，类似于MATLAB的comm库。包括信道编码、信道模型、滤波器、调制和解调等函数，主要命令见表1-8。

表 1-8　CommPy 操作与命令表

操　　作	命　　令
循环码	cyclic_code_genpoly(n,k)
卷积码	Trellis(memory, g_matrix[, feedback, code_type])
卷积 viterbi 译码	viterbi_decode(b. astype(float), trellis3, tb_depth)[:len(d)]
Turbo 码编码	turbo_encode(msg_bits, trellis1, trellis2, …)
Turbo 码译码	turbo_decode(sys_symbols, non_sys_symbols_1, …)
升余弦滤波器	rcosfilter(N, alpha, Ts, Fs)
PSK 调制	PSKModem(m)
QAM 调制	QAMModem(m)

1.9　Matplotlib 库介绍

Matplotlib 是一个十分有用的 Python 绘图库，主要操作和命令见表 1-9。

表 1-9　Matplotlib 操作与命令表

操　　作	命　　令
用 plot 函数画图	plt. plot(x, y)
添加 x 轴标签	plt. xlabel('x')
添加 y 轴标签	plt. ylabel('y(x)')
显示函数图像	plt. show()
子图	plt. subplot(311)
直方图	plt. hist(a, b)
对 x 轴取对数	Semilogx()
对 y 轴取对数	Semiology()
同时对 x 轴和 y 轴取对数	Loglog()
点图	Scatter()
创建一个 figure 对象和范围	plt. figure(figsize=(10, 6))
图例和注释	plt. legend
设定图像的三维投影	subplot(111, projection='3d')
二维的坐标网格	meshgrid
绘制三维曲面所用的色彩表	ax. plot_surface(x, y, z,rstride=4, cstride=4, cmap=cm. YlGnBu_r)
设置图像范围	plt. figure(figsize=(10, 6))
隐藏坐标轴 x	plt. axes(). get_xaxis(). set_visible(False)
隐藏坐标轴 y	plt. axes(). get_yaxis(). set_visible(False)
自动保存图表	plt. savefig()
设置每个坐标轴的取值范围	plt. axis([0, 1100, 0, 1100000])
设置图表标题	plt. title("title", fontsize=24)

（续）

操　　作	命　　令
给 x 坐标轴加上标签	plt. xlabel("xlabel",fontsize=12)
给 y 坐标轴加上标签	plt. ylabel("ylabel",fontsize=12)
根据子图布局，调整 hspace，增大上下边距。也可根据子图布局，调整 wspace，增大左右边距	plt. subplots_adjust(left=None, bottom=None, right=None, top=None, wspace=None, hspace=0.5)
画 x 信号函数的功率谱密度图	plt. psd(x, NFFT=None, Fs=None, Fc=None, detrend=None, window=None, noverlap=None, pad_to=None, sides=None, scale_by_freq=None, return_line=None, *, data=None, ** kwargs)

1.10　公共仿真函数库 fourry. py 介绍

考虑仿真会经常运用到一些函数，如傅里叶变换，傅里叶逆变换，为方便后面仿真，编制了一个公共 fourry. py 文件。其他文件可调用该文件中的函数，只需将该文件复制到相同程序的目录下，在编制的 Python 程序文件中输入 import fourry as ft（按自己的想法可以修改），就可以调用该文件里相应的函数，例如调用 ft. t2f(t,sf)。

fourry. py 文件

```
**************************************************************
import random
import numpy as np
import pylab as pl
import scipy . signal as signal
from scipy import fftpack
import math

#时域傅里叶变换
def t2f(t,st):
    dt=t[1]-t[0]
    T=t[-1]-t[0]+dt
    df=1/T
    N=len(st)
    f=np.arange(-N/2 * df,N/2 * df,df)
    sf=np.fft.fftshift(np.fft.fft(st)) * T/N
    return sf,f

#傅里叶逆变换
def f2t(f,sf):
    df=f[1]-f[0]
    Fmax=f[-1]-f[0]+df
```

```
        dt=1/Fmax
        N=len(sf)
        T=N * dt
        t=np.arange(-N/2 * dt,N/2 * dt,dt) #-T/2
        sff=np.fft.fftshift(sf)
        st=Fmax * np.fft.ifft(sff)
        return st,t

#低通滤波
def lpf(f,sf,B):
        df=f[1]-f[0]
        T=1/df
        hf=np.zeros(len(f))
        bf1=int(np.floor(B/df)+np.floor(len(f)/2))
        bf2=int(-np.floor(B/df)+np.floor(len(f)/2))
        hf[bf2:bf1]=1
        f=hf * sf
        st,t=f2t(f,yf)
        return t,st

#带通滤波
def bpf(f,sf,B1,B2):
        df=f[1]-f[0]
        T=1/df
        hf=np.zeros(len(f))
        bf1=int(np.floor(B1/df)+np.floor(len(f)/2))
        bf2=int(np.floor(B2/df)+np.floor(len(f)/2))
        bf3=int(-np.floor(B1/df)+np.floor(len(f)/2))
        bf4=int(-np.floor(B2/df)+np.floor(len(f)/2))
        hf[bf1:bf2]=1
        hf[bf4:bf3]=1
        yf=hf * sf * np.exp(-1j * 2 * np.pi * f * 0.1 * T)
        st,t=f2t(f,yf)
        return t,st

#带阻滤波
def vpf(f,sf,B1,B2,fc):
        df=f[1]-f[0]
        hf=np.zeros(len(f))
        m=1
        hf[np.where((f<fc+B1)&(f>=fc-B1))]=m/(2 * B1) * (f[np.where((f<fc+B1)&(f>=fc-B1))]
-fc+B1)
        hf[np.where((f<=-fc+B1)&(f>-fc-B1))]=-m/(2 * B1) * (f[np.where((f<=-fc+B1)&(f>-fc-
```

```
B1))]+fc-B1)
    hf[np.where((abs(f)>=fc+B1)&(abs(f)<=fc+B2))]=m
    yf=hf * sf
    st,t=f2t(f,yf)
    st=np.real(st)
    return t,st

#低通噪声函数
def noise(fc,B,N0,t):
    dt=t[1]-t[0]
    Fmax=1/dt
    n_len=len(t)
    p=N0 * Fmax
    rn=np.sqrt(p) * np.random.randn(n_len)
    rf,f=t2f(t,rn)
    t,st=bpf(f,rf,fc-B/2,fc+B/2)
    return st

#高斯白噪声函数
def awgn(y,snr):
    snr=10 ** (snr /10.0)
    xpower=np.sum(y  **  2)/len(y)
    npower=xpower/snr
    return np.random.randn(len(y)) * np.sqrt(npower)+y

#信号扩展函数
def sigexpand(d,m):
    n=len(d)
    out=np.zeros([n,m])
    out[:,0]=d
    return out.reshape(m * n)

#信号重复函数
def sigmulti(d,N):
    m=len(d)
    st=np.zeros([m,N])
    for i in np.arange(0,N,1):
        st[:,i]=d
    return st.reshape((m * N) * 1)

#三角信号函数
def tringle(t,t0,T0,m):
    t1=t[np.where((t>=-T0/2)&(t<T0/2))]
```

```
    y=np.zeros(len(t1))
    if(m==1)|((m>2)&(m//2==1)):
        y=np.logical_and(np.greater(t1,0),np.less(t1,t0))*(-t1+t0)+np.logical_and(np.greater_equal(t1,-t0),np.less_equal(t1,0))*(t1+t0)
    elif(m==2):
y=np.logical_and(np.greater(t1,0),np.less(t1,t0))*(t1)+np.logical_and(np.greater_equal(t1,-t0),np.less_equal(t1,0))*(-t1)
    else:
y=np.logical_and(np.greater(t1,0),np.less(t1,t0))*(t1)+np.logical_and(np.greater_equal(t1,-t0),np.less_equal(t1,0))*(-t1)
    y1=y.tolist()
    y2=np.array(y1*m)
    return y2

#量化编码函数
def quant(sig,partition,codebook):
    sig1=[]
    index=[]
    for v in np.arange(0,len(sig),1):
        n=0
        if sig[v]>partition[-1]:
            sig1.append(codebook[-1])
        else:
            while n <= len(partition):
                if sig[v]<=partition[n]:
                    sig1.append(codebook[n])
                    index.append(n)
                    break
                else:
                    n=n+1
    return index,sig1

#微分计算
def dif(st,t):
    dt=t[1]-t[0]
    rt=np.zeros(len(st))
    for i in np.arange(0,len(st),1):
        if i==len(st)-1:
          rt[i]=0
        else:
            rt[i]=(st[i+1]-st[i])/dt
    return rt
```

```
#积分计算
def interg(st,t):
    dt=t[1]-t[0]
    rt=np.zeros(len(st))
    for i in np.arange(1,len(st),1):
        rt[i]=rt[i-1]+st[i]*dt
    return rt

#均匀 PCM 量化
def anverage_pcm(a,n):
    amax=max(a)
    a_quan=a/amax
    b_quan=a/amax
    d=2/n
    q=d*np.arange(0,n)
    q=q-((n-1)/2)*d
    for i in np.arange(0,n):
        a_quan[np.where((q[i]-d/2<=a_quan)&(a_quan<=q[i]+d/2))]=q[i]
    for i in np.arange(0,n):
        b_quan[np.where(a_quan==q[i])]=i
    a_quan=a_quan*amax
    #编码
    nu=int(np.ceil(np.log2(n)))
    code=np.zeros([len(a),nu])
    for i in np.arange(0,len(b_quan)):
        for j in range(nu,-1,-1):
            if int(b_quan[i]/(2**j))==1:
                code[i][j]=1
                b_quan[i]=b_quan[i]-(2**j)

#计算信噪比
    sqnr=20*np.log10(np.linalg.norm(a)/np.linalg.norm(a-a_quan))
    returnsqnr,a_quan,code
******************************************************************
```

第 2 章　信息、信道及信道容量

2.1　信息量和熵

通信的根本目的是传输信息，信息是指消息中的有效内容。有效内容是不确定的，通信系统中采用概率论来建模分析信息。假定 $p(x)$ 为消息 x 发生的概率，概率越低，表明该信息量越高。信息量 I 表达式为

$$I=\log_a \frac{1}{p(x)}$$

式中，$a=2$ 时 I 信息量单位为比特（bit）。$a=\mathrm{e}$ 时信息量单位为奈特（nat）。$a=10$ 时信息量单位为哈特莱（hat）。但在实际工程中，信息传输是用波形来表示，例如：采用等概率发送的十六进制波形来传输信息，则每个波形的信息量为 4 bit。信息源每个符号所含的平均信息量称为信息源的熵，单位为 bit/符号，信息源熵的定义为

$$H(X)=-\sum_{x\in X}p(x)\log_2 p(x)$$

式中，X 表示信源字符集；$p(x)$ 表示字符集中字符 x 的概率；$H(X)$ 表示该信息源的熵，单位为 bit/符号。对于二进制信源，信息熵参如图 2-1 所示。其公式为

$$H(X)=-p\log_2 p-(1-p)\log_2(1-p)$$

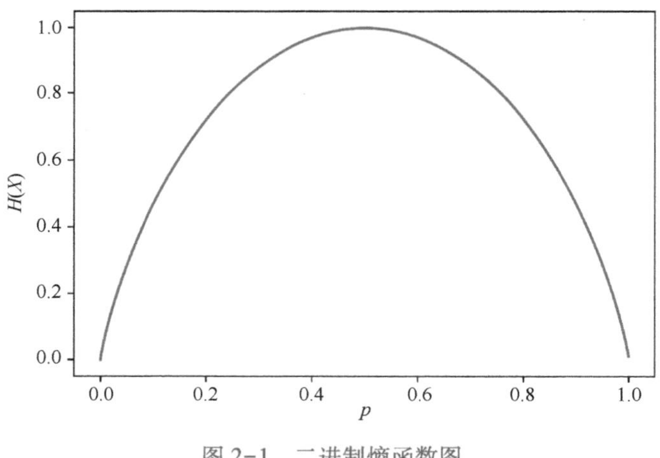

图 2-1　二进制熵函数图

信息传输时的波形表示方式可以是模拟的、数字的，也可以是随机的。信息的传输可以通过有线信道，也可以通过无线信道。

2.2 信道模型

信道是信号传输的通道，根据不同的信道传输情况可分为不同的信道。根据传输媒介不同，信道可以分为有线信道和无线信道；根据信道参数随时间变化情况，可分为恒参信道和随参信道；根据分析通信系统的性能不同，信道可分为调制信道和编码信道。调制信道主要是了解通信系统的总体性能，将发送端调制输出到接收端解调输入作为信道分析，编码信道主要为了解通信系统部分的性能，将编码输入和解码输出作为信道分析。调制信道又分为恒参信道和随参信道，恒参信道多为时不变系统，随参系统多为时变系统，而编码信道多为离散信道。

在通信系统的分析中，信道通常用信道模型来描述，通过模型来分析信道输入和输出的关系，信道的衰减和失真等。下面介绍通信系统中常见的几种信道模型。

2.2.1 AWGN 信道模型

AWGN（加性高斯白噪声）信道是一种常见的信道模型，其模型如图 2-2 所示。

$n(t)$是一个高斯过程，在常温 290 K 时，$n(t)$单边功率谱密度为−174 dB m/Hz，AWGN 信道主要描述的是恒参信道，如光纤或同轴电缆信道。

$x(t)$ → ⊕ → $y(t)$，$n(t)$ ↑

图 2-2 AWGN 等效信道模型图

在线性时不变系统中，信号 $x(t)$ 经过 AWGN 信道后，$y(t)$ 会产生幅度与相位失真。幅度失真主要是输出信号和输入信号的幅度不同。相位失真主要是不同频率分量经过信道产生的时延不同，导致相位变化。若只有输出信号的相位失真，而包络不失真，则将$\frac{\mathrm{d}\theta(f)}{2\pi\mathrm{d}f}$称为信道的群时延，其中$f$为频率，$\theta(f)$是由频率失真导致的相位变化。

【例 2-2-1】仿真下列模拟信号在不同响应函数 $H(f)$ 的信道输出信号。$s(t)$为：

【例 2-2-1】代码

$$s(t)=\cos(20\pi t)$$

（1）高斯加性信道，SNR = 10。

（2）$H(f)=\mathrm{e}^{-\mathrm{j}\pi f}$，无失真信道。

（3）$H(f)=1/2\ \mathrm{e}^{-\mathrm{j}\pi f}$，幅度失真信道。

（4）$H(f)=\begin{cases}\mathrm{e}^{-\mathrm{j}\pi(f+1)}, & f<0\\ \mathrm{e}^{-\mathrm{j}\pi(f-1)}, & f\geqslant 0\end{cases}$，相位失真信道。

（5）$H(f)=1/2\ \mathrm{e}^{-\mathrm{j}\pi(f^2+f-1)}$，幅度和相位均失真信道。

从图 2-3 所示仿真图可以看到，模拟信号对相位不敏感，整个波形没有太大的变化，对幅度变化有影响，但整体波形和频谱还是基本不变（图中黑色表示幅度，蓝色表示相位）。

【例 2-2-2】仿真归零码数字信号在不同响应函数 $H(f)$ 的信道输出信号。输入信号为

【例 2-2-2】代码

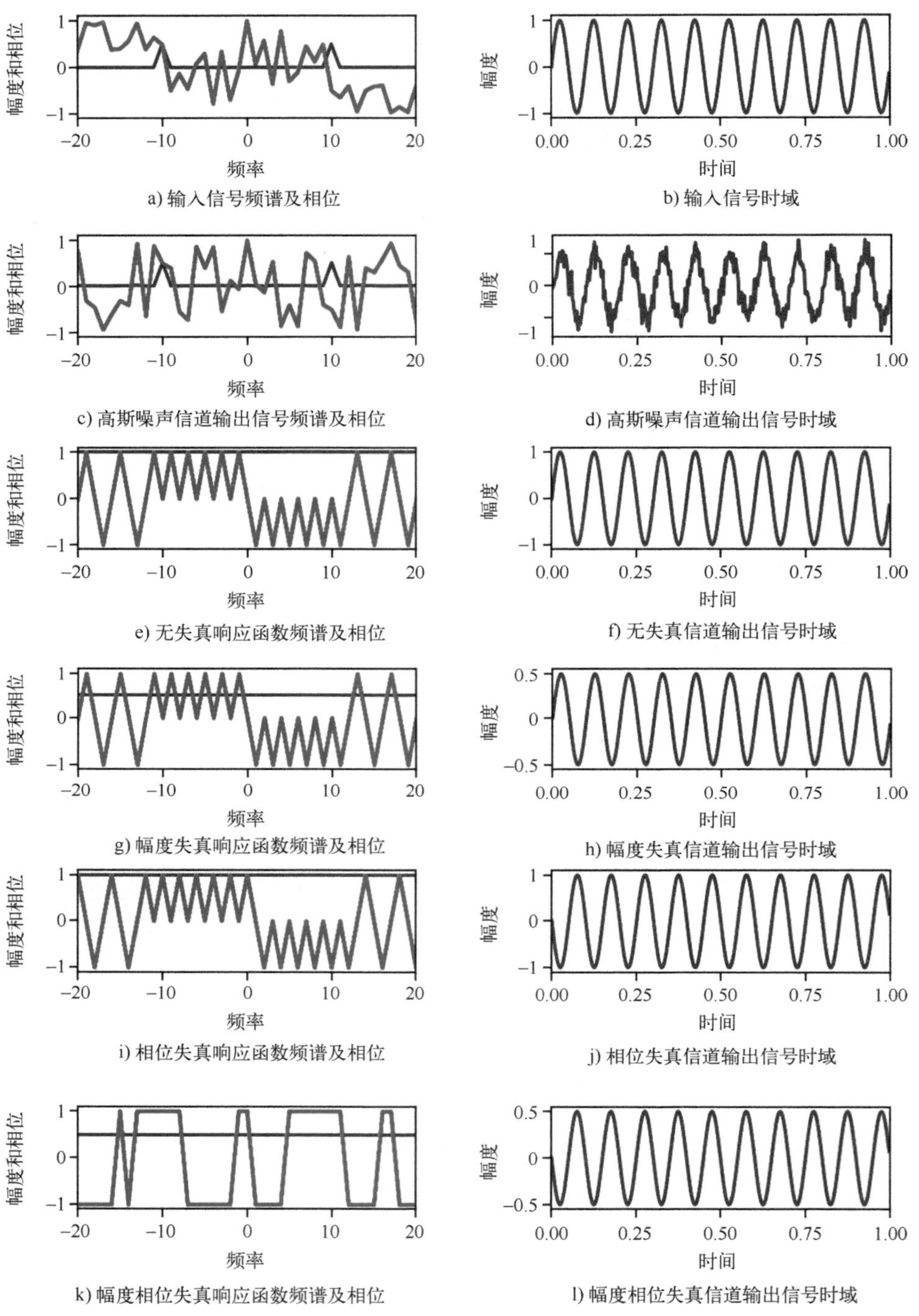

图 2-3　模拟信号 AWGN 信道失真仿真图

$$s(t) = \sum_{n=-\infty}^{\infty} a_n g(t - nT_s)$$

其中 $T_s = 1$，

$$g(t)=\begin{cases}1, & 0\leqslant t\leqslant T_s\\ 0, & 其他\end{cases}$$

（1）高斯加性信道，SNR = 10。

（2）$H(f) = \mathrm{e}^{-\mathrm{j}\pi f}$，无失真信道。

（3）$H(f) = \dfrac{\sin(\pi f)}{\pi f}\mathrm{e}^{-\mathrm{j}\pi f}$，幅度失真信道。

（4）$H(f) = \begin{cases}\mathrm{e}^{-\mathrm{j}\pi(f+1)}, & f<0\\ \mathrm{e}^{-\mathrm{j}\pi(f-1)}, & f\geqslant 0\end{cases}$，相位失真信道。

（5）$H(f) = \mathrm{e}^{-\mathrm{j}\pi(f^2+f-1)}$，幅度和相位均失真信道。

从图 2-4 所示数字信号仿真图可以观察到，相比图 2-3 所示的模拟信号，数字信号无论是幅度失真还是相位失真均对接收信号产生影响（图中黑色表示幅度，蓝色表示相位）。

2.2.2　多径衰落信道

多径衰落信道是指信号传输的路径有多条，接收端同时接收到多条路径信号进行加减导致信号的衰落。多条路径的时延不同，信号衰落不同，不同时延会导致信号产生不同的码间干扰和衰落。多径衰落信道主要表现在移动通信信道中。若输入信号为模拟单频率信号，经多径衰落信道后会变为窄带信号；对于数字信号，多径衰落则具有频率选择性。

假设发送信号为

$$s(t) = A\cos(2\pi f_c t)$$

经过多径传播后接收信号为

$$\begin{aligned} r(t) &= \sum_{i=1}^{n} u_i(t)\cos[2\pi f_c(t - \tau_i t)] = \sum_{i=1}^{n} u_i(t)\cos[2\pi f_c t + \varphi_i(t)] \\ &= \sum_{i=1}^{n} u_i(t)[\cos(2\pi f_c t)\cos(\varphi_i(t)) + \sin(2\pi f_c t)\sin(\varphi_i(t))] \end{aligned}$$

$u_i(t)$，$\varphi_i(t)$ 是随时间而变化的第 i 路径的幅度和相位函数。

【例 2-2-3】仿真下列模拟信号经过 3 条多径后得到的波形及频谱图，3 条多径的衰减相同，但时延的大小随时间变化，时延变化为正弦，变化频率为 0~2 Hz 随机均匀抽取。$s(t)$ 为

【例 2-2-3】代码

$$s(t) = \cos(20\pi t)$$

从图 2-5 可以看到，模拟信号经过多径后，频谱展宽，幅度下降，输出信号和输入信号时域差别很大，难以判决为同一信号。

【例 2-2-4】仿真数字信号 $s(t)$ 经过幅度 $\mu = 0.5$，0.707，0.5；$\tau = 0$，1，2s 的 3 条路径后得到的波形及频谱图。$s(t)$ 为

【例 2-2-4】代码

$$s(t) = \sum_{n=-\infty}^{\infty} a_n g(t - nT_s)$$

其中 $T_s = 1$，

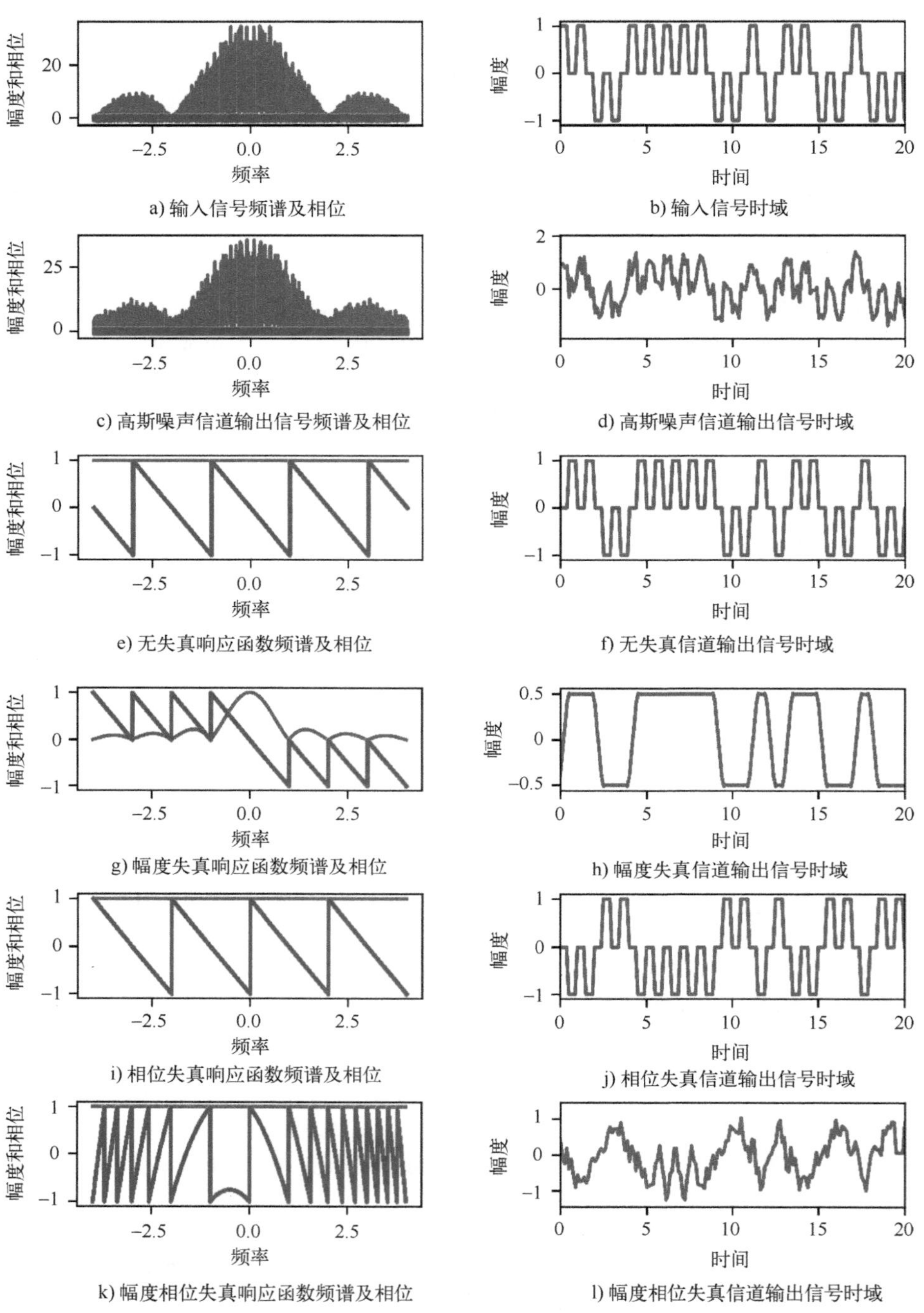

图 2-4　数字信号 AWGN 信道失真仿真图

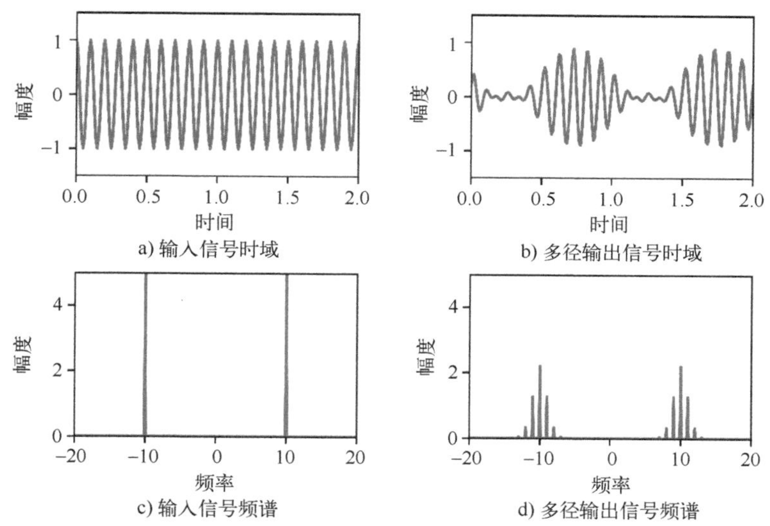

图 2-5　模拟信号 3 径衰落信道失真仿真图

$$g(t)=\begin{cases}1, & 0\leqslant t\leqslant T_s\\0, & \text{其他}\end{cases}$$

从图 2-6 可以看到，数字信号经过多径后，有些频率幅度衰减很大，有些很小，且对频率具有选择性。

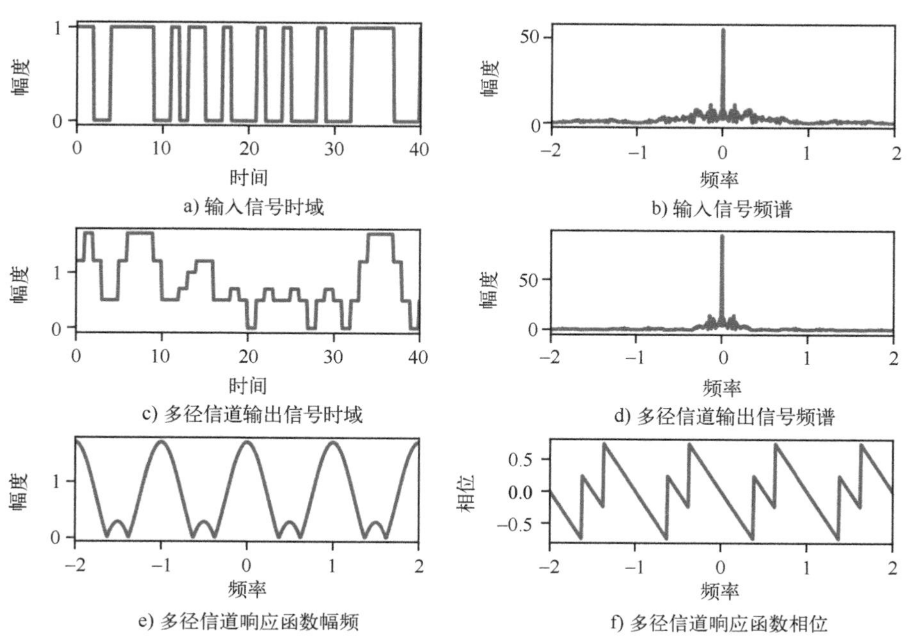

图 2-6　数字信号 3 径衰落信道失真仿真图

2.2.3 离散信道

输入输出均为数字序列的编码信道称为离散信道，一般采用转移概率来描述。例如在如图 2-7 所示的二进制编码信道中，$p(0/0)$、$p(1/1)$为正确转移概率，其他为错误转移概率。这种接收端只与发送端的当时输入信息有关，与其他信息无关的信道称为无记忆的离散信道。若与其他信息有关，则称为有记忆的离散信道。

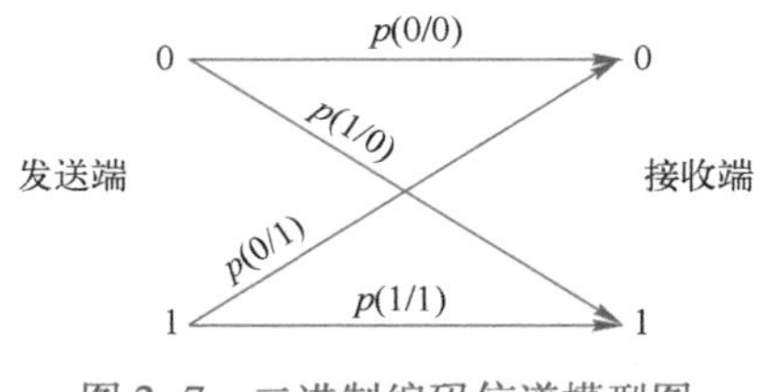

图 2-7　二进制编码信道模型图

2.3 信道容量

信道容量是指在这条信道上能够进行可靠传输（误码率确定的）的最大信息速率，记为信道容量 C。当实际信道传输速率 $R>C$ 时，不可能在该信道上进行可靠传输，误码率会大于确定的值。

假设编码信道模型如图 2-8 所示。信道模型发送端为 x，接收端为 y。根据信息量概念，发送 x_i时收到 y_i所获得的信息量等于接收端 x_i的信息量减去收到 y_i后接收端对 x_i的不确定性。

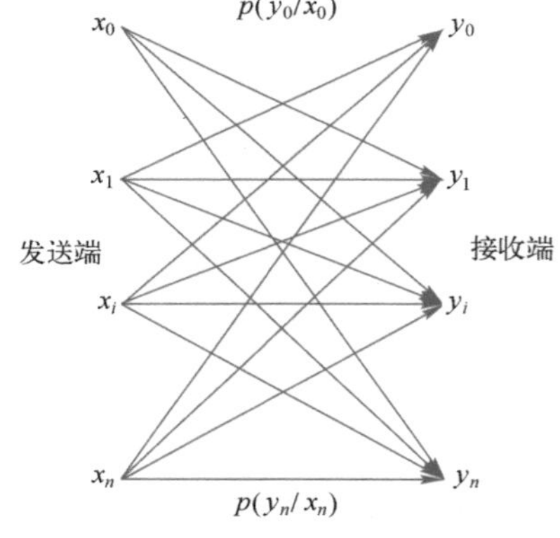

图 2-8　编码信道模型图

即发送 x_i收到 y_i的信息量 $=-\log_2 p(x_i)-[-\log_2 p(x_i/y_i)]$

对所有 x，y 求平均信息 $=H(x)-H(x/y)$

$H(x)$理解为原来的信息熵，$H(x/y)$为传输错误率引起的信息熵。定义信道容量为

$$C=\max_{p(x)} I(X,Y)=\max_{p(x)}\left[H(x)-H\left(\frac{x}{y}\right)\right]$$

其中，$I(X,Y)$为互信息

$$I(X,Y)=-\sum_{i}\sum_{i}p(x_i,y_i)\log_2\frac{p(x_i,y_i)}{p(x_i)p(y_i)}$$

2.3.1 连续信道容量

输入功率带限$[-B,B]$内，功率受限的加性高斯白噪声信道，信道输入是一个满足某一输入功率受限为 P 的过程，香农推导该信道容量为

$$C=B\log_2\left(1+\frac{S}{N}\right)\quad \text{bit/s}$$

式中，B 为带宽（Hz）；S 为信号功率（W）；N 为噪声功率（W）。

噪声单边功率谱密度为 N_0(W/Hz)，则上式可改写为

$$C = B\log_2\left(1+\frac{S}{N_0 B}\right) \quad \text{bit/s}$$

在信噪比 S/N_0 一定时，C 与 B 的关系如图 2-9 所示。

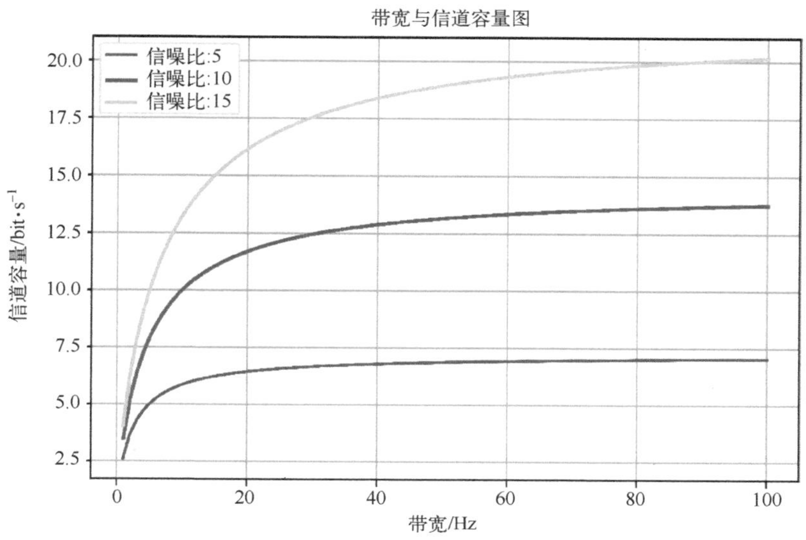

图 2-9　信道容量与带宽关系图

信噪比越大，信道容量 C 越大，在信噪比一定时，随着 B 增加，C 逐渐增加，最后增加到最大固定值，约为 $1.44S/N_0$。

【例 2-3-1】仿真分析：

（1）S/N 在 $-20\sim30$ dB 之间变化时，$B=1000$ Hz 的加性高斯白噪声的信道容量。

（2）画出 $S/N_0=10$ dB 时，加性高斯白噪声的信道容量与 B 的关系图，当 B 无限大时，信道容量为多少？

根据图 2-10b 所示信道容量 C 与带宽 B 的关系可以看到：B 无限大时信道带宽趋于不变。仿真计算得到 $C=14.42622910945383$ bit/s。

2.3.2　离散信道容量

对于二进制对称信道，有

$$C=1-H(\varepsilon), \quad \varepsilon \text{ 为误码率}$$

$$H(\varepsilon)=-\varepsilon\log_2\varepsilon-(1-\varepsilon)\log_2(1-\varepsilon)$$

对于具有输入功率受限 P 和噪声方差 σ^2 的离散时间 AWGN 信道，C 为

$$C=1/2\log_2\left(1+\frac{P}{\sigma^2}\right) \quad \text{bit/s}$$

【例 2-3-2】仿真分析 BPSK 基带相干解调：

（1）画出信道的误码率图，S/N 在 $-20\sim15$ dB。

（2）画出 S/N 与 C 的关系图。

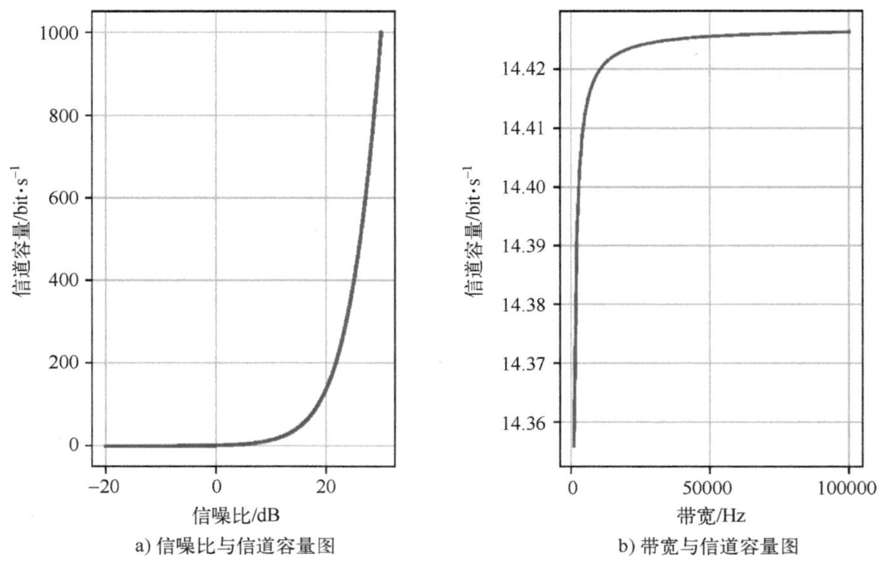

a) 信噪比与信道容量图

b) 带宽与信道容量图

图 2-10　信道容量与信噪比、带宽关系图

二进制 BPSK 基带相干解调的误码率为

$$p_e = Q(\sqrt{2r})$$

二进制对称信道容量为　$C = 1 - H(\varepsilon)$

仿真结果如图 2-11 所示，根据仿真计算 BPSK 的信道容量最大为 1 bit/s。

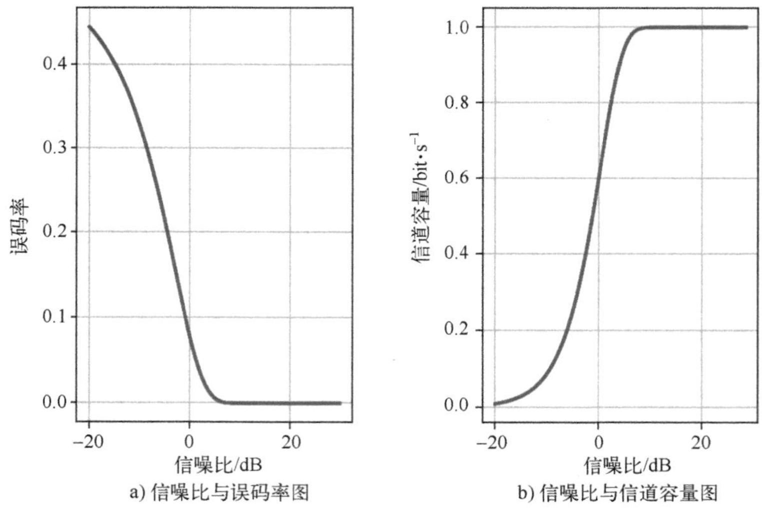

a) 信噪比与误码率图

b) 信噪比与信道容量图

图 2-11　BPSK 信噪比与误码率、信道容量关系图

第 3 章　信号分类与表示

3.1　信号的类型

在信道中传送信息，信息的载体称为信号，信号可以是模拟信号，也可以是数字信号。信号中有一部分可以用具体函数表示和分析，这类信号为确定信号，还有一小部分可以用随机理论表示和分析这类信号为随机信号，但有很大一部分是无法表示和分析的信号，这正是需要人类后期需要不断探索的领域。

3.1.1　模拟信号

在时间和幅值上均是连续、不可数的信号称为模拟信号。大多数信息源是模拟的，模拟信息源包括语音、图像和许多遥测源。模拟信号分布于自然界的各个角落，如气温变化、压力变化等。模拟信号最大的缺点是传输时，噪声会不停累加。图 3-1 是典型的模拟信号图，代码如下。

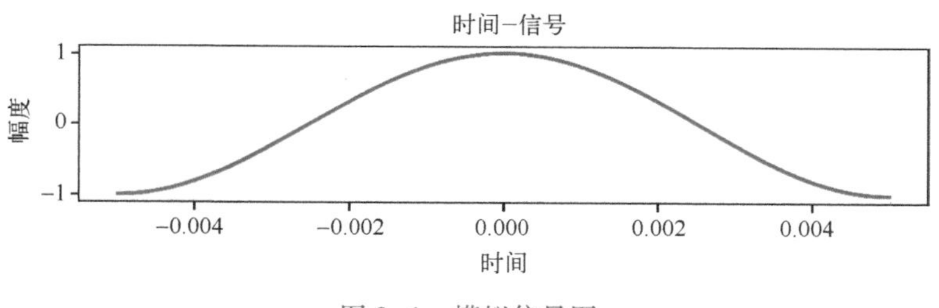

图 3-1　模拟信号图

```
*****************************************************************************
import numpy as np
import matplotlib.pyplot as plt
#解决中文乱码
plt.rcParams["font.sans-serif"]=["SimHei"]
plt.rcParams["font.family"]="sans-serif"
#解决负号无法显示的问题
plt.rcParams['axes.unicode_minus'] =False
f1=100
Fs=2*f1
N=1
dt=1/Fs
t=np.arange(0,N+dt,dt)/f1-N/2/f1
```

```
y=np.cos(f1*2*np.pi*t)
plt.subplot(311)
plt.plot(t,y,'r')
plt.title('时间-信号',fontsize=10)
plt.xlabel('时间',fontsize=8)
plt.ylabel('幅度',fontsize=8)
plt.show()
```

****

模拟心电图如图 3-2 所示，代码如下。

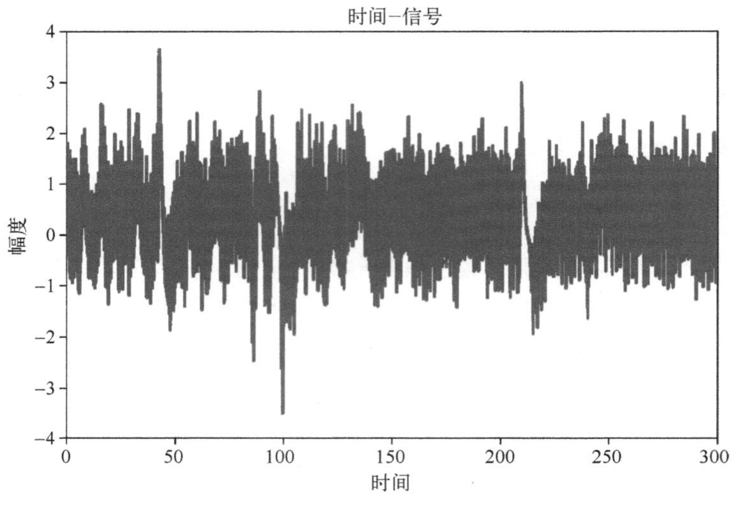

图 3-2　模拟心电图

****

```
import numpy as np
import matplotlib.pyplot as plt
import scipy as sp
import scipy.misc as spm
#解决中文乱码
plt.rcParams["font.sans-serif"]=["SimHei"]
plt.rcParams["font.family"]="sans-serif"
#解决负号无法显示的问题
plt.rcParams['axes.unicode_minus'] =False
x =spm.electrocardiogram();
t = np.linspace(0,x.size-1,x.size) /360
plt.plot(t,x,'r-');
plt.axis([0, 300, -4, 4])
plt.title('时间-信号',fontsize=10)
plt.xlabel('时间',fontsize=8)
plt.ylabel('幅度 mV',fontsize=8)
```

```
plt. show( )
```

****

模拟信号转换为数字信号需要经过采样、量化与编码三个基本步骤。其中编码指按照一定的规则将抽样所得的信号用一组二进制或者其他进制的数来表示。经过编码后的数据更适于在数字网络信道上传输，到达对端以后，再进行解码，进而通过数/模转换转为模拟量，即转换为人能够感知的信号。经过采样编码的信号和采样编码前的信号是有误差的，是不可逆的。数字信号和模拟信号之间是存在误差的，当误差范围足够小时，人就无法分辨或感知。

3.1.2　数字信号

数字信号是指时间和幅值均是不连续（离散）的信号，是有限可数的信号，例如模拟信号经等间隔“采样”及幅值量化后的信号。数字信号多是人为抽样在幅度取值上不连续的信号，在幅度上为有限个的数值，不是无穷个的数值。如果采样精度不同，数字信号和原始模拟信号的差别就不同，只有满足采样定理的数字信号才能恢复出原来的模拟信号而不失真。图 3-3 是对图 3-1 的抽样图，代码如下。

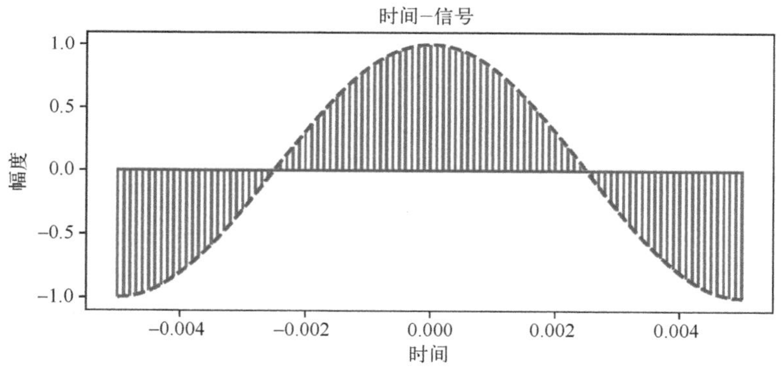

图 3-3　数字信号图

****

```
import numpy as np
import matplotlib. pyplot as plt
#解决中文乱码
plt. rcParams[ "font. sans-serif" ] = [ "SimHei" ]
plt. rcParams[ "font. family" ] = "sans-serif"
#解决负号无法显示的问题
plt. rcParams['axes. unicode_minus'] =False
f1=100
Fs=1 * f1
N=1
dt=1/Fs
t=np. arange(0,N+dt,dt)/f1-N/2/f1
y=np. cos(f1 * 2 * np. pi * t)
```

```
plt.subplot(3,1,(1,2))
plt.stem(t,y,'r', markerfmt='b--')
plt.title('时间-信号',fontsize=10)
plt.xlabel('时间',fontsize=8)
plt.ylabel('幅度',fontsize=8)
plt.show()
*************************************************************************
```

3.1.3 数/模信号转变——量化信号

模拟信号经过采样后，根据采样定理是可以将原信号恢复的。但采样后的信号经过量化后，就再也不可能恢复了，会导致信号的损伤。图 3-4 是对正弦信号的量化，代码如下。

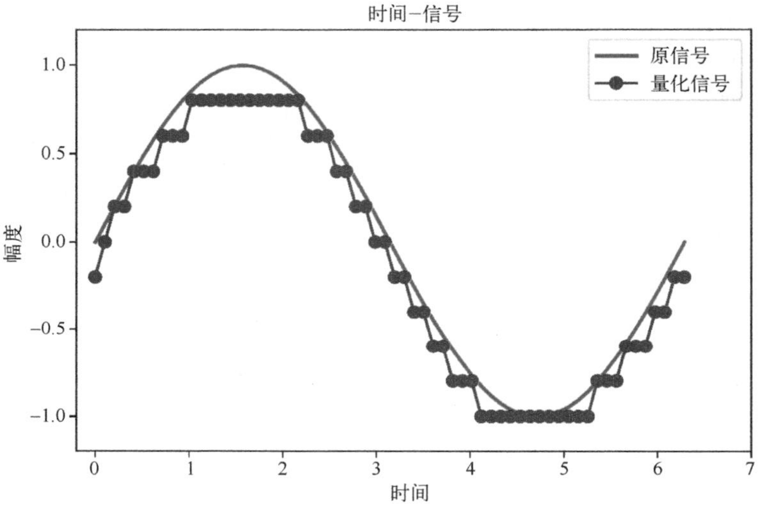

图 3-4　原信号和量化信号图

```
*************************************************************************
import numpy as np
import matplotlib.pyplot as plt
import fourry as ft
#解决中文乱码
plt.rcParams["font.sans-serif"]=["SimHei"]
plt.rcParams["font.family"]="sans-serif"
#解决负号无法显示的问题
plt.rcParams['axes.unicode_minus'] =False
t =np.linspace(0,2 * np.pi,62)
sig = 1.0 * np.sin(t)
partition =np.linspace(-1,1.0,11)
codebook = np.linspace(-1.2,1.0,12)
index,sig1=ft.quant(sig,partition,codebook)
plt.plot(t,sig,'r-',label='原信号');
```

```
plt.plot(t,sig1,'bo-',label='量化信号');
plt.title('时间-信号',fontsize=10)
plt.xlabel('时间',fontsize=8)
plt.ylabel('幅度',fontsize=8)
plt.axis([-0.2,7,-1.2,1.2])
plt.legend()
print(sum((sig1-sig) * (sig1-sig)))
plt.show()
```

****

模数的量化其实是有损数据压缩，将模拟源量化到某些固定值或有限个电平值上。图 3-4 就是将信号量化为 10 个有限值，量化后的信号和原信号平方方差为 0.9136。在量化过程中产生的失真是不可避免的，所以会丢掉某些信号，而且这个丢失的信息是不可恢复的。通用的模拟-数字转换技术，如脉冲编码调制（PCM）、差分脉冲编码调制（DPCM）、Δ 调制（ΔM）、均匀量化和非均匀量化都属于这一类。有损数据压缩方法的基本限制是由失真率决定的。

模拟信号数字化的量化要和信源的无噪声编码区分开来。无噪声编码（或称无损数据压缩）是将其中的数字数据压缩，以达到用尽可能少的比特数来表示它们，使得源数据序列能够完全从已压缩的序列中全部恢复出来。在信源编码技术中，如 Huffman 编码、Lempel-Ziv 编码以及算术编码就属于这一类数据压缩方法。这类编码方法没有任何信息丢失。无噪声编码数据压缩方法的基本限制由信源的熵决定。

3.2　信号的表示

3.2.1　信号时域表示

信号是信息的一种载体，可以表示为物理量或变量的函数。一般来说信号是某个现象的本质或行为特征，例如在 RC 电路中，信号表示电容两端的电压或流过电阻的电流。从数学上讲信号可以表示为自变量时间 t 的函数，因此信号可以用 $x(t)$ 来表示。例如：

$$x(t)=A\sin(at+\phi)$$

对于离散的信号则可以表示为

$$x(t)=\{x_1,x_2,x_3,x_4,x_5\cdots\}$$

通过信号的时域表达式或图，很容易发现信号是否是周期或非周期函数、递增或递减函数、奇函数或偶函数。

从人类发现电磁波及其规律后，就一直想借助电磁波系统来快速地传输信息。系统是指一个数学模型，描绘的是输入信号与输出信号关系的物理过程。系统分类的方式很多，按输入信号与输出信号时间可以分为连续时间系统和离散时间系统；按输出信号与当时输入信号的关系可以分为记忆系统和无记忆系统；按输出信号与输入信号因果关系可以分为因果系统和非因果系统；按输出信号与输入信号线性关系可以分为线性系统和非线性系统；按输入信号时间平移引起输出信号时间的平移可以分为时不变系统和时变系统；还可以分为反馈系统和稳定系统等。

由于线性时不变系统易于用数学式子表示和定性分析，利于传输和恢复，也是最简单的系统，所以后面分析的系统主要是指线性时不变系统。简单地说，就是方便采用数学模型来分析计算的系统。

线性时不变系统需要满足：假设 T 为线性算子，$x(t)$ 为输入信号，$y(t)$ 为相应的输出信号（具体参见图 3-5），则系统具有以下特性。

叠加性：若 $Tx_1(t)=y_1(t), Tx_2(t)=y_2(t)$，则 $T[x_1(t)+x_2(t)]=y_1(t)+y_2(t)$。

比例性：对于任意 $x(t)$ 和任意比例 a，有 $T[ax(t)]=ay(t)$。

平移性：$T[x(t-\tau)]=y(t-\tau)$，τ 为任意实数。

图 3-5　连续信号系统图

例如，图 3-6 的三角脉冲函数就是线性时不变系统：

$$\Lambda(t)=\begin{cases} t+4, & -4\leqslant t\leqslant 0 \\ -t+4, & 0<t\leqslant 4 \\ 0, & \text{其余 } t \end{cases}$$

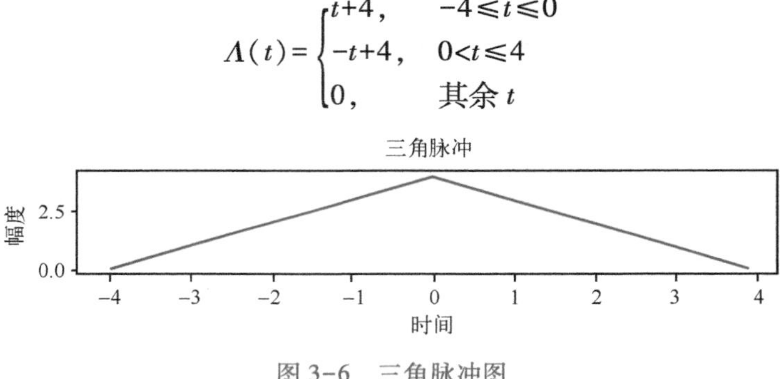

图 3-6　三角脉冲图

3.2.2　信号频域表示

频域表示是信号的另一种表达方式，也可以理解为信号的另一种分析方法。通过频域分析，能够了解信号频谱成分，进而可以选择相应滤波器，滤除不必要的频率，保留想留下的频率。下面分别针对其是否为周期函数进行频域分析。

1. 傅里叶级数表示

设周期性功率信号 $y(t)$ 的周期为 T_0，将其频谱函数定义为下式积分变换。

$$C_n = C(nf_0) = \frac{1}{T_0}\int_{-T_0/2}^{T_0/2} y(t)\,\mathrm{e}^{-\mathrm{j}2\pi nf_0 t}\,\mathrm{d}t \tag{3-1}$$

式中，$f_0=1/T_0$；n 为整数，$-\infty<n<+\infty$；$C(nf_0)$ 表示 C 是 nf_0 的函数，并简写为 C_n。

由傅里叶级数理论可知，式（3-1）就是周期性函数展开傅里叶级数的系数，即周期性信号可以展开成如下的傅里叶级数：

$$y(t) = \sum_{n=-\infty}^{+\infty} C_n \mathrm{e}^{\mathrm{j}2\pi nf_0 t} \tag{3-2}$$

只要信号能满足狄利克雷条件，在数学上都能将周期性函数展开成傅里叶级数。当 $n=0$ 时，式（3-1）变成

$$C_0=\frac{1}{T_0}\int_{-T_0/2}^{T_0/2}y(t)\,\mathrm{d}t$$

它就是信号 $y(t)$ 的时间平均值，即直流分量。

一般来说，式（3-1）中频谱函数 C_n 是一个复数，代表在频域 nf_0 上信号分量的复振幅。我们可以把它们写作：

$$C_n=\lfloor C_n\rfloor \mathrm{e}^{\mathrm{j}\theta_n}$$

式中，$\lfloor C_n\rfloor$ 为频率 nf_0 的信号分量的振幅；θ_n 为频率 nf_0 的信号分量的相位。

如三角脉冲函数是周期函数，根据上述傅里叶级数的分析，当 $N=24$ 级数时，频谱及相位图如图 3-7 所示。

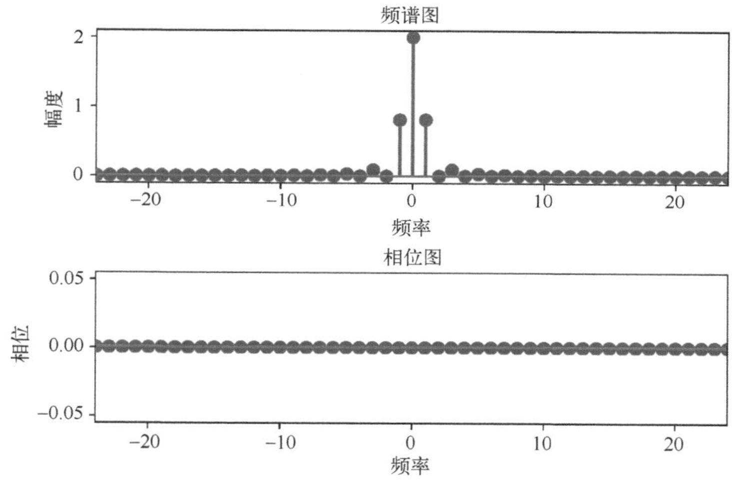

图 3-7　三角脉冲傅里叶级数频幅和频相图

2. 傅里叶变换表达

对于非周期函数，一般通过傅里叶变换分析其频谱和相位。傅里叶变换定义为

$$\mathcal{F}[x(t)]=X(f)=\int_{-\infty}^{+\infty}x(t)\mathrm{e}^{-\mathrm{j}2\pi ft}\mathrm{d}t$$

$X(f)$ 的傅里叶逆变换 $x(t)$ 为

$$\mathcal{F}^{-1}[X(f)]=x(t)=\int_{-\infty}^{+\infty}X(f)\mathrm{e}^{\mathrm{j}2\pi ft}\mathrm{d}f$$

下面分别是对三角脉冲信号的傅里叶级数和傅里叶变换的仿真分析。

如三角脉冲函数不是周期函数，则采用傅里叶变换进行分析，频谱及相位图如图 3-8 所示。

从图 3-7 和图 3-8 中可以看出，傅里叶变换和傅里叶级数的频谱图基本一致。对于相位图，由于傅里叶变换要更细致些，采样点更多，导致相位图和傅里叶级数分析的相位图有很多不同之处，其实是傅里叶级数分析法有很多点的相位没有分析而已，只采集了傅里叶变换的相位为 0 的点显示，分析的结果都是一致的。也就是说非周期函数有时可以截断当作周

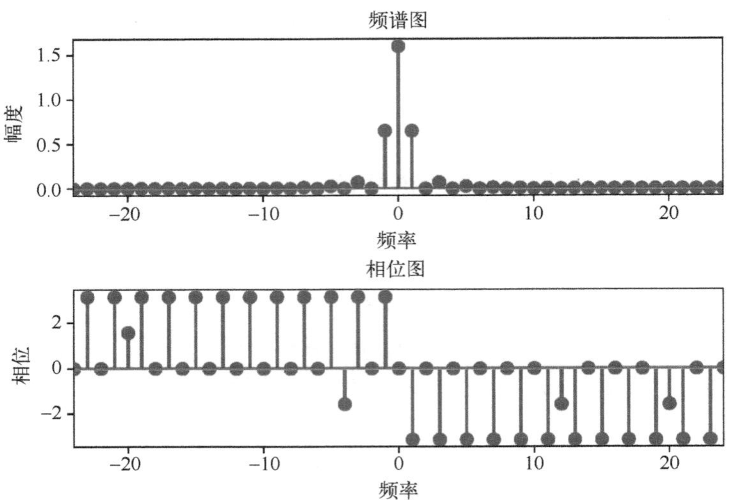

图 3-8　三角脉冲傅里叶变换频谱图和相位图

期函数来分析。

下面是三角脉冲函数的时域、周期函数和非周期函数的仿真程序。

```
**************************************************************************
import numpy as np
import pylab as pl
import scipy . signal as signal
from scipy import fftpack
import math
import fourry as ft1

N=24
A=1
T0=8
t0=4
M=1   #画周期数
fs=1/T0
N_sample=80
dt=T0/N_sample
t=np. arange(-M * T0/2,M * T0/2,dt)
n=np. arange(-N,N+1,1)
Fn=2 * (np. sinc(n/2. 0) * np. sinc(n/2. 0))
Fn[N]=2
ft=np. zeros(len(t))
for m in n:
    ft=ft+Fn[m+N] * np. exp(1j * 2 * np. pi * m * t/T0)
```

```
pl.figure(1)
pl.subplot(311)
y=ft1.tringle(t,t0,T0,M)
sf1,f1=ft1.t2f(t,y)
pl.plot(t,y)
pl.title('三角脉冲',fontproperties="SimSun",fontsize=10)
pl.xlabel('时间 t',fontproperties="SimSun",fontsize=10)
pl.ylabel('幅度',fontproperties="SimSun",fontsize=10)
pl.figure(2)
pl.subplot(221)
pl.stem(n,abs(Fn))
pl.title('频谱图',fontproperties="SimSun",fontsize=10)
pl.xlabel('频率 f',fontproperties="SimSun",fontsize=10)
pl.ylabel('幅度',fontproperties="SimSun",fontsize=10)
pl.xlim([-24,24])
pl.subplots_adjust(left=None, bottom=None, right=None, top=None,wspace=None, hspace=0.6)
pl.subplot(222)
pl.stem(n,np.angle(Fn))
pl.title('相位图',fontproperties="SimSun",fontsize=10)
pl.xlabel('频率 f',fontproperties="SimSun",fontsize=10)
pl.ylabel('相位',fontproperties="SimSun",fontsize=10)
pl.xlim([-24,24])
pl.subplot(223)
pl.stem(f1*8,abs(sf1)/N_sample*8)
pl.title('频谱图',fontproperties="SimSun",fontsize=10)
pl.xlabel('频率 f',fontproperties="SimSun",fontsize=10)
pl.ylabel('幅度',fontproperties="SimSun",fontsize=10)
pl.xlim([-24,24])
pl.subplots_adjust(left=None, bottom=None, right=None, top=None,wspace=0.4, hspace=0.6)
pl.subplot(224)
pl.stem(f1*8,np.angle(sf1))
pl.title('相位图',fontproperties="SimSun",fontsize=10)
pl.xlabel('频率 f',fontproperties="SimSun",fontsize=10)
pl.ylabel('相位',fontproperties="SimSun",fontsize=10)
pl.xlim([-24,24])
pl.show()
******************************************************************
```

3.2.3 信号时域及频域的转换

方波函数的傅里叶级数仿真

根据信号时域和频域的不同表示，信号的时域和频域是可以互相转换的。

1. 周期信号

对于周期函数，可以采用傅里叶级数来分析频谱特性，也可以通过傅里叶级数来重构时域函数。图 3-9~图 3-11 就是周期性的矩形波通过 $N=5$，10 和 500 的傅里叶级数重构的图形。

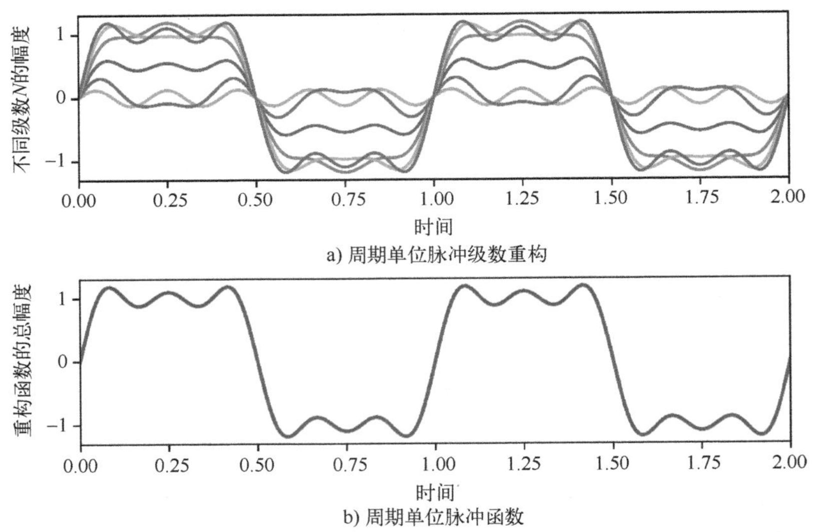

a) 周期单位脉冲级数重构

b) 周期单位脉冲函数

图 3-9　周期单位脉冲傅里叶级数 $N=5$ 重构时域图

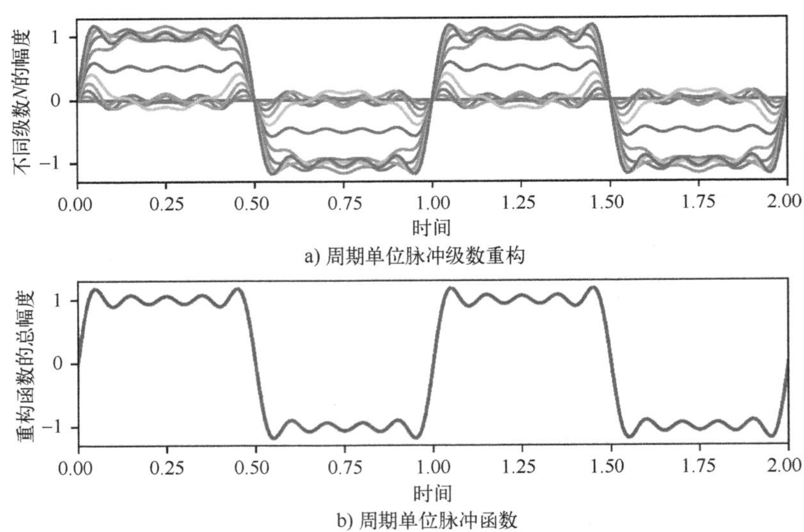

a) 周期单位脉冲级数重构

b) 周期单位脉冲函数

图 3-10　周期单位脉冲傅里叶级数 $N=10$ 重构时域图

```
********************************************************************
import numpy as np
import pylab as pl
import math
```

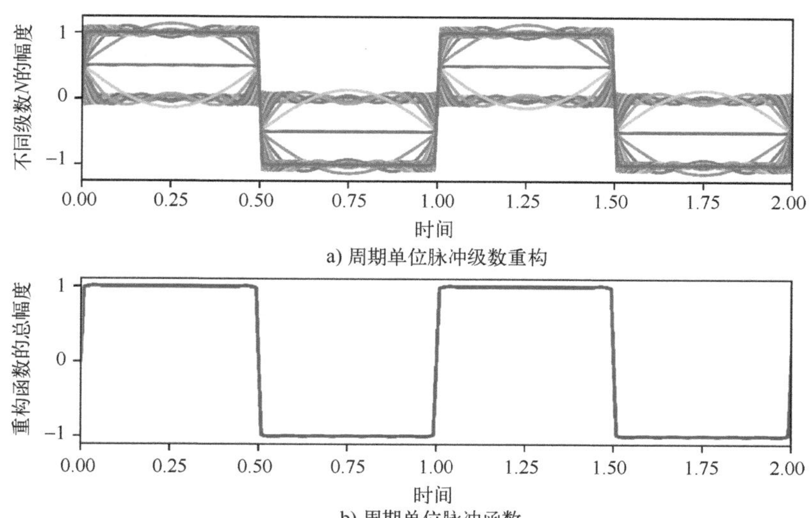

a) 周期单位脉冲级数重构

b) 周期单位脉冲函数

图 3-11 周期单位脉冲傅里叶级数 $N=500$ 重构时域图

```
N=500
T=1
fs=1/T
N_sample=128
dt=T/N_sample
t=np.arange(0,10*T,dt)
n=np.arange(-N,N+1,1)
Fn=np.sinc(n/2.0)*np.exp(-1j*n*np.pi/2)
Fn[N]=0
ft=np.zeros(len(t))
pl.subplot(211)
for m in n:
    ft=ft+Fn[m+N]*np.exp(1j*2*np.pi*m*fs*t)
    pl.plot(t,ft)
pl.title('周期单位脉冲级数重构',fontproperties="SimSun",fontsize=10)
pl.xlabel('时间 t',fontproperties="SimSun",fontsize=10)
pl.ylabel('不同级数 N 的幅度',fontproperties="SimSun",fontsize=10)
pl.xlim([0,2])
#调节两图显示的距离
pl.subplots_adjust(left=None, bottom=None, right=None, top=None, wspace=None, hspace=0.7)
pl.subplot(212)
pl.plot(t,ft)
pl.xlim([0,2])
pl.title('周期单位脉冲函数',fontproperties="SimSun",fontsize=10)
pl.xlabel('时间 t',fontproperties="SimSun",fontsize=10)
pl.ylabel('重构函数的总幅度',fontproperties="SimSun",fontsize=10)
```

```
pl. show()
***************************************************************************
```

随着傅里叶级数 N 的增加，重构的单位脉冲函数的精度越来越高，可以通过重构函数和原函数的方差来确定 N 的取值，进而确定重构单位脉冲函数的精度。

2. 非周期信号

对于非周期函数，可以采用傅里叶变换来分析频谱特性，同样可以通过傅里叶逆变换来重构时域函数。

图 3-12 是截取 $y(t)=A\cos(20\pi t)$ 函数的一段进行的傅里叶变换与傅里叶逆变换的仿真。最后输出的傅里叶逆变换恢复的信号与原始信号的方差为 $8.031216286725001\mathrm{e}^{-28}$，基本上可以认为是无误差地恢复原信号。

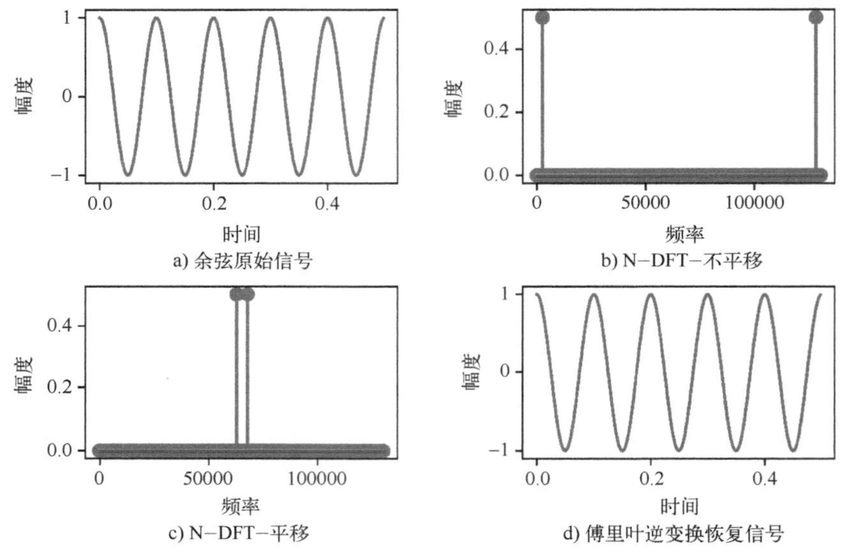

图 3-12　部分余弦函数傅里叶变换重构时域图

```
***************************************************************************
import numpy as np
import matplotlib. pyplot as plt
import math
import random
import matplotlib. gridspec as gridspec

#采样频率
Fs=512
Ts=1/Fs
N=256
L=256
t=np. arange(0,(L) * Ts,Ts)
x=np. cos(10 * 2 * np. pi * t)
```

```
plt.subplot(221);
plt.plot(t,x);
plt.title('余弦原始信号',fontproperties="SimSun",fontsize=10)
plt.xlabel('时间 t/s',fontproperties="SimSun",fontsize=10)
plt.ylabel('幅度',fontproperties="SimSun",fontsize=10)
plt.subplots_adjust(left=None, bottom=None, right=None, top=None, wspace=0.3, hspace=None)
plt.subplot(222);
f=np.arange(0,N*Fs,Fs)
Y=np.fft.fft(x,N)
Y=abs(Y)/N;
plt.stem(f,Y);
plt.title('N-DFT-不平移',fontproperties="SimSun",fontsize=10)
plt.xlabel('频率 f/Hz',fontproperties="SimSun",fontsize=10)
plt.ylabel('幅度',fontproperties="SimSun",fontsize=10)
plt.subplots_adjust(left=None, bottom=None, right=None, top=None, wspace=None, hspace=0.6)
plt.subplot(223);
f=f-Fs/2;
plt.stem(f,np.fft.fftshift(Y));
plt.title('N-DFT-平移',fontproperties="SimSun",fontsize=10)
plt.xlabel('频率 f/Hz',fontproperties="SimSun",fontsize=10)
plt.ylabel('幅度',fontproperties="SimSun",fontsize=10)
plt.subplot(224)
xx=np.fft.ifft(Y)*N;
plt.plot(t,xx[0:L])
plt.title('傅里叶逆变换恢复信号',fontproperties="SimSun",fontsize=10)
plt.xlabel('时间 t/s',fontproperties="SimSun",fontsize=10)
plt.ylabel('幅度',fontproperties="SimSun",fontsize=10)

print(abs(sum(xx[0:L]-x)**2))
plt.show()
*************************************************************************
```

第 4 章　确定信号分析

为了方便采用数学表达式来表示和分析信号，将信号分为确知信号和非确知信号。简单而言，一个确知信号是指其取值在任何时间都是确定的和可预知的信号，通常可以用数学表达式表示它在任何时间的取值。例如载波信号、同步信号。非确知信号常见的有随机信号，无法用数学表达式表示的信号都可归为非确知信号。

4.1　信号的功率与能量

一个实信号 $s(t)$ 的能量和功率分别记为 E_s 和 P_s，定义为

$$\begin{cases} E_s = \int_{-\infty}^{\infty} s^2(t)\,\mathrm{d}t \\ P_s = \lim\limits_{T\to\infty} \dfrac{1}{T} \int_{-\frac{T}{2}}^{\frac{T}{2}} s^2(t)\,\mathrm{d}t \end{cases} \tag{4-1}$$

E_s存在的信号叫作能量信号，而 P_s存在的信号叫作功率信号。

根据帕塞瓦尔（能量守恒）定理得

$$E_s = \int_{-\infty}^{\infty} |s(t)|^2 \mathrm{d}t = \int_{-\infty}^{\infty} |S(f)|^2 \mathrm{d}f \tag{4-2}$$

【例 4-1-1】 在实际中，三角脉冲函数信号是能量信号，即

$$s1(t) = \Lambda(t) = \begin{cases} 2t, & 0 \leqslant t \leqslant 2 \\ -2(t-4), & 2 < t \leqslant 4 \\ 0, & 其他 \end{cases}$$

$s2(\mathrm{t}) = \sin(2\times 10\pi \mathrm{t})$ 函数信号就功率信号。所有周期函数都是功率信号。

通过手工计算：能量信号 $\Lambda(t)$ 的 $E_s = 64/3 = 21.333$，$s2(t)$ 功率信号的 $P_s = 0.5$。下面通过仿真来验证结果及帕塞瓦尔定理的能量守恒性。

仿真结果如图 4-1 所示。

仿真计算的结果如下。

$s1$ 的时域计算能量：21.333599999999993

$s2$ 的时域计算功率：0.4987531172069822

$s1$ 的频域计算能量：21.333600000000004

$s2$ 的频域计算功率：0.49999999999999933

和人工计算的结果是一致的。时域和频域计算的结果一致，也侧面验证了帕塞瓦尔（能量守恒）定理的正确性。

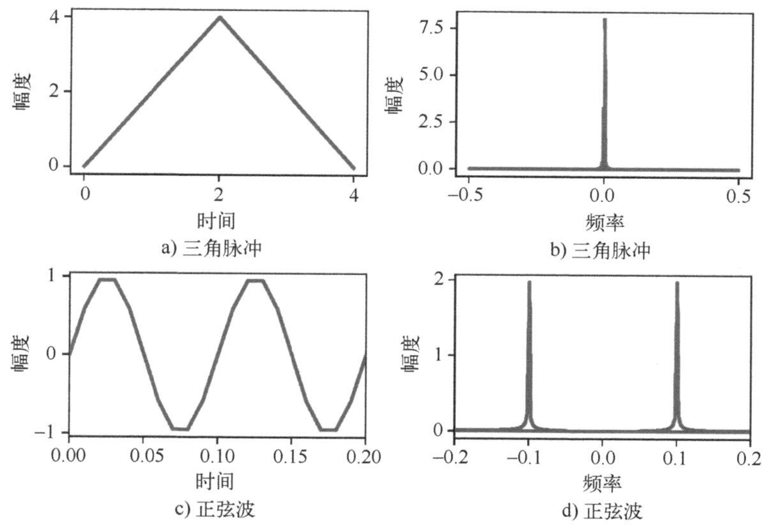

图 4-1　$f_s=100$ 采样时信号时域与频域图

4.1.1　频域分析

1. 能量信号的频谱密度与能量谱密度

对于能量信号，将其傅里叶变换 $S(f)$ 定义为频谱密度（Frequency Spectrum Density）函数定义为

$$S(f)=\int_{-\infty}^{\infty} s(t)\,\mathrm{e}^{-\mathrm{j}2\pi ft}\mathrm{d}t$$

能量信号的能量为 E，定义为

$$E=\int_{-\infty}^{\infty} s^2(t)\,\mathrm{d}t=\int_{-\infty}^{\infty}|S(f)|^2\mathrm{d}f$$

$G(f)=|S(f)|^2$就是能量谱密度，单位为 J/Hz。

【例 4-1-2】通过仿真画出 $\tau=1$ 的矩形脉冲（也称为门函数）的频谱密度及能量谱密度函数，并计算出其能量。$x(t)$信号为

$$x(t)=\begin{cases}1, & |t|\leqslant\tau/2\\0, & |t|>\tau/2\end{cases}$$

仿真计算信号能量 E 为 0.9999999999999967J。$x(t)$信号时域函数、频谱函数、相位函数及能量谱密度函数如图 4-2 所示。

2. 功率信号的频谱与功率谱密度

设一个周期性功率信号 $s(t)$的周期为 T_0，根据傅里叶级数，其频谱函数为

$$C_n=C(nf_0)=\frac{1}{T_0}\int_{-T_0/2}^{T_0/2} s(t)\,\mathrm{e}^{-\mathrm{j}2\pi nf_0t}\mathrm{d}t$$

式中，$f_0=1/T_0$，n 为整数，$-\infty<n<\infty$，$C(nf_0)$表示 C 是 nf_0的函数。

能量信号的频谱密度函数 $S(f)$ 和周期性功率信号的频谱 C_n的主要区别在于：

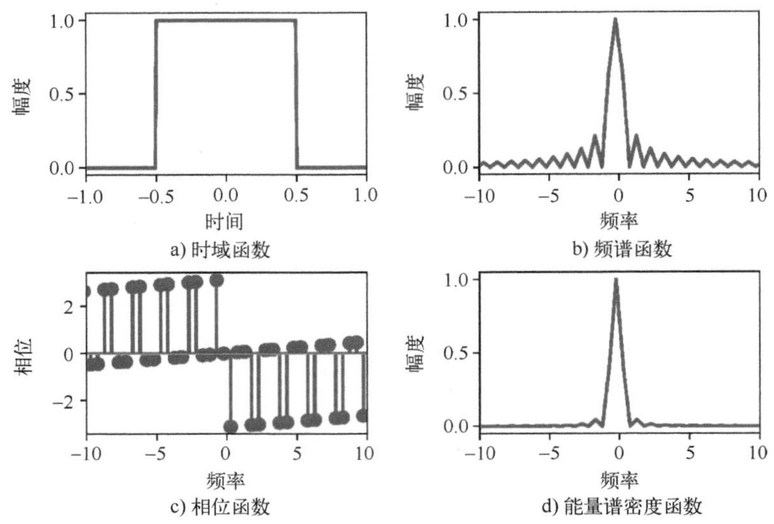

图 4-2 $x(t)$信号时域、频谱、相位及能量谱密度图

1）$S(f)$是连续谱，C_n是离散谱。

2）$S(f)$的单位为 V/Hz，C_n的单位为 V。

由于功率信号具有无穷大能量，所以只能计算其功率谱密度（Power Spectrum Density），将其函数截取一个 T 周期内的函数成为 S_T，信号的功率谱密度定义为

$$P(f)=\lim_{T\to\infty}\frac{|S_T(f)|^2}{T}$$

则信号功率为

$$P=\int_{-\infty}^{\infty}P(f)\,\mathrm{d}f=\lim_{T\to\infty}\frac{1}{T}\int_{-\infty}^{\infty}|S_T(f)|^2\mathrm{d}f$$

若功率函数具有周期性，则可将其 T 选为 T_0，即

$$P=\sum_{n=-\infty}^{+\infty}|C_n|^2$$

其中因为频率是离散的，积分时的每个 df 就可以理解为是 1 Hz。

【例 4-1-3】 周期为 12，区间为[-6,6]，高斯分布函数 $x(t)$为

$$x(t)=\frac{1}{\sqrt{2\pi}}\mathrm{e}^{-t^2/2}$$

仿真画出周期信号的幅度谱和相位谱及功率谱密度的仿真图。并计算出其信号功率。

信号功率为 0.023507899314490557W。$x(t)$信号时域、频谱、相位及功率谱密度如图 4-3 所示。

【例 4-1-4】 对周期为 1 的 $x(t)$信号进行仿真分析，$x(t)$为

$$x(t)=|\sin(\pi t)|$$

画出周期信号的幅度谱和相位谱及功率谱密度的仿真图，并计算出其信号功率。

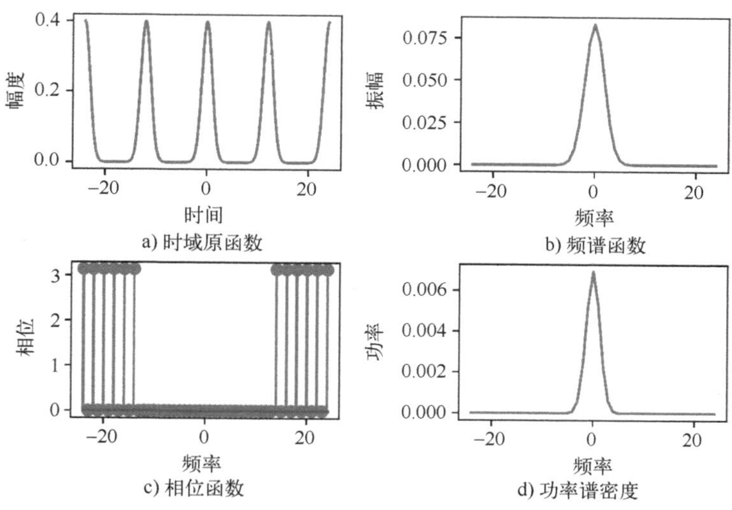

图 4-3　$x(t)$信号时域、频谱、相位及功率谱密度图（一）

信号功率为 0.4999988520943477W。$x(t)$信号时域、频谱、频相及功率谱密度图如图 4-4 所示。

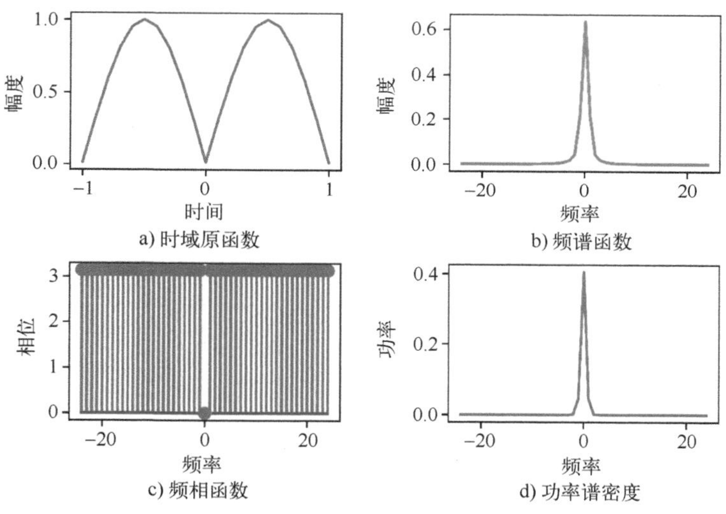

图 4-4　$x(t)$信号时域、频谱、频相及功率谱密度图（二）

4.1.2　时域分析

在信号处理领域中，经常会用到自相关函数和互相关函数，例如利用自相关函数在语音信号处理中提取基音频率或时钟同步，又如利用互相关函数提取两接收信号之间的时间延迟。

1. 自相关函数

信号在时域中，自相关性主要表现为一个信号与其延迟一段时间 τ 后的信号的相似程度。自相关函数只和时间差 τ 有关，与时间 t 无关。其定义为

$$R_x(\tau) = \int_{-\infty}^{\infty} x(t)x(t+\tau)\mathrm{d}t, \quad -\infty < \tau < \infty$$

信号的能量谱密度定义为 $P_x(f) = |S(f)|^2$，它给出了信号在各个频率上的能量分布。

故 $E_x = \int_{-\infty}^{\infty} P_x(f)\mathrm{d}f$，根据傅里叶变换的卷积定理，频率相乘等于时域的卷积的傅里叶变换，故有 $|S(f)|^2 = \mathcal{F}[R_x(\tau)]$。

数学证明：能量信号的自相关函数和其能量谱密度函数是一对傅里叶变换。功率函数的自相关函数和其功率谱密度函数是一对傅里叶变换。即：

能量信号：$P_x(f) = |S(f)|^2 = \mathcal{F}[R_x(\tau)]$，信号的能量谱密度和信号的自相关系数是一对傅里叶变换对。

功率信号：$P_x(f) = \lim\limits_{T\to\infty}\dfrac{|S(f)|^2}{T} = \lim\limits_{T\to\infty}\dfrac{\mathcal{F}[R_x(\tau)]}{T}$，信号的功率谱密度和信号的平均自相关系数也是一对傅里叶变换对。

【例 4-1-5】仿真分析周期性信号 $x(t) = \cos\left(2\pi t + \dfrac{\pi}{8}\right)$ 的自相关函数，功率谱密度函数及计算信号功率、仿真 $x(t)$ 功率谱密度与 $x(t)$ 的自相关函数傅里叶变换后的自相关系数。仿真的计算结果如图 4-5 所示。

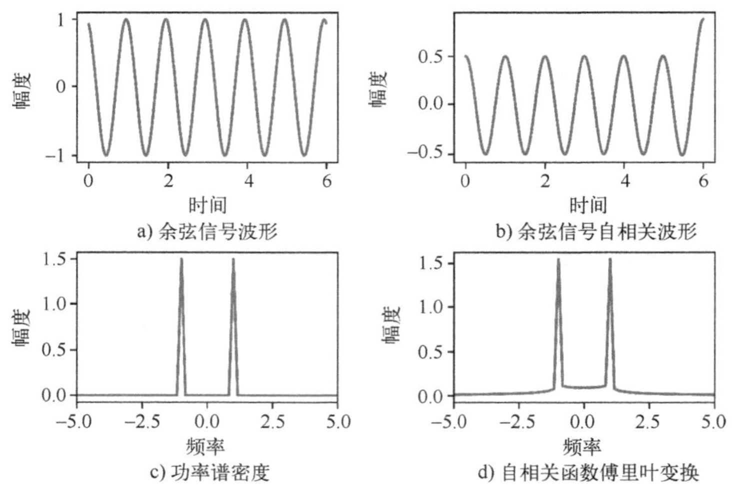

图 4-5　$x(t)$ 信号时域、功率谱密度，自相关函数及频谱图

信号功率：0.5。

两种方法计算误差的均方差：0.0002729604597126213。

$x(t)$ 功率谱与自相关函数的频谱自相关系数：1.0。

要说明的是，在自相关函数仿真图中，由于延迟 τ 计算的时间长，后面部分点计算结果会有偏差，这是自相关函数本身计算的原因引起的。信号函数的功率谱密度与自相关函数的频谱结果是一致的。

2. 互相关函数

信号在时域中，互相关性主要表现为一个信号与另一个延迟一段时间 τ 后的信号的相似程度、互相关能量谱密度或互相关功率谱。互相关函数只和时间差 τ 有关，与时间 t 无关。其定义为

$$R_x(\tau)=\int_{-\infty}^{\infty}x1(t)x2(t+\tau)\mathrm{d}t\quad -\infty<\tau<\infty$$

互相关函数表示的是两个时间序列之间的相关程度，即描述信号 $x1(t)$，$x2(t)$ 在任意两个不同时刻 t，$t+\tau$ 的取值之间的相关程度。

【例 4-1-6】 仿真接收的同步信号 $x2(t)=\cos\left[2\pi\left(t+\frac{1}{8}+\phi\right)\right]$ 与本机产生的同步信号 $x1(t)=\cos\left[2\pi\left(t+\frac{1}{8}\right)\right]$ 的时延，ϕ 为随机时延的相位。

$x1(t)$ 信号时域，自相关及延迟信号 $x2(t)$ 互相关图如图 4-6 所示。仿真计算结果为：$x2(t)$ 与 $x1(t)$ 的延迟时间是 0.48 s

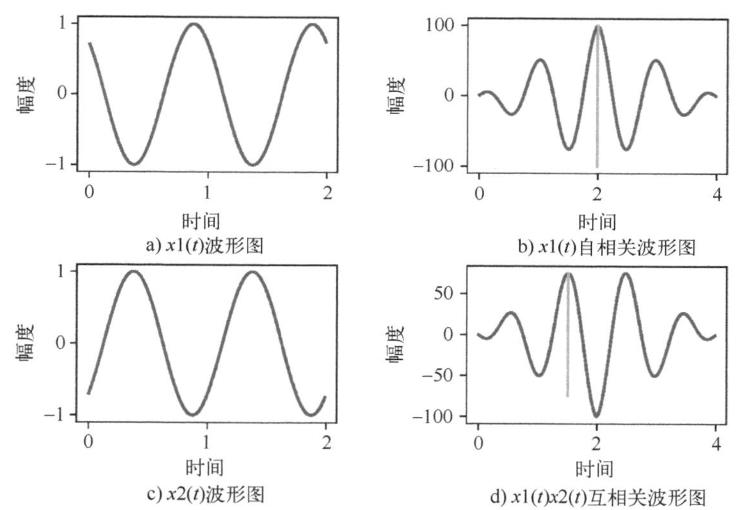

图 4-6　$x1(t)$ 信号时域，自相关及延迟信号 $x2(t)$ 互相关图

3. 功率与能量和自相关函数的关系

对于能量信号，当 $\tau=0$ 时 $R_x(0)$ 就是信号的能量。对于功率信号，当 $\tau=0$ 时 $R_x(0)$ 就是信号的功率。

【例 4-1-7】 仿真分析一个持续时间为 10 s，且为两个单位振幅的余弦信号之和 $x(t)$ 的功率及功率谱，采样周期为 1000 样本/s。

【例 4-1-7】
代码

$$x(t)=\begin{cases}\cos(2\pi\times 50t)+\cos(2\pi\times 200t), & 0\leqslant t\leqslant 10\\ 0, & \text{其他}\end{cases}$$

$x(t)$ 的时域、频域及功率谱密度图如图 4-7 所示。通过时域和频域的功率分别仿真计算：

$x(t)$的功率为 1.0002999700030002 =1.0003

$x(t)$的功率为 1.0003999999999977 =1.0003

从功率谱密度图可以看到，功率谱密度出现双峰，分别在频率$f=50$ 及 200Hz 处。

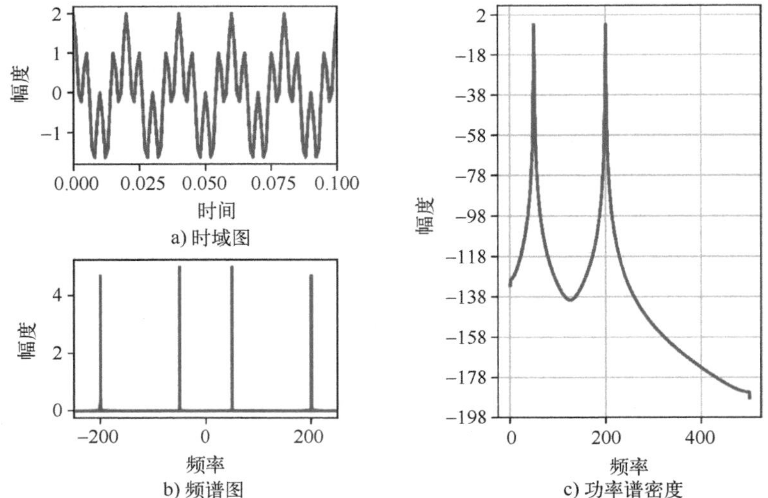

图 4-7 $f_s=1000$ 采样时信号时域、频谱及功率谱密度图

4.2 信号的带宽

信号经过傅里叶变换后就可以看到信号的频谱，根据信号的频谱分布情况可以将信号分为两种，基带信号和带通信号。

基带（低通）信号主要是指频率分量集中在$f=0$ Hz 中心频点周围的信号，可以表示为

$$x(f)\equiv 0\ |f|>W$$

带通信号主要指频率分量集中在$f=f_0$ Hz（包括$-f_0$）周围的信号，可以表示为

$$x(f)\equiv 0\ |f\pm f_0|>W,\text{这里 } W\leqslant f_0$$

不同信号频率分量分布的形状不同，而且频率占用的带宽也不同。频率对人类而言是一种资源，完成相同的数据传送任务，占用的频率带宽越少，就越节约资源。信号能量或功率占用的正频率范围称为信号带宽，目前通信界对信号带宽的定义有几种。

（1）3 dB 带宽

3 dB 带宽通常指功率谱的最高点功率下降到一半或者幅度谱的最高点下降到 $1/\sqrt{2}$ 时界定的正频率范围，记作 B_{3dB}，也称为半功率带宽，如图 4-8 所示。

（2）等效功率带宽

信号的等效带宽是将信号等效成一个矩形谱的带宽，且该矩形谱的功率与信号的功率相同，即

$$B_{eq}=\frac{\int_{-\infty}^{+\infty}P_X(f)\,\mathrm{d}f}{2\,|P_X(f)|_{max}}$$

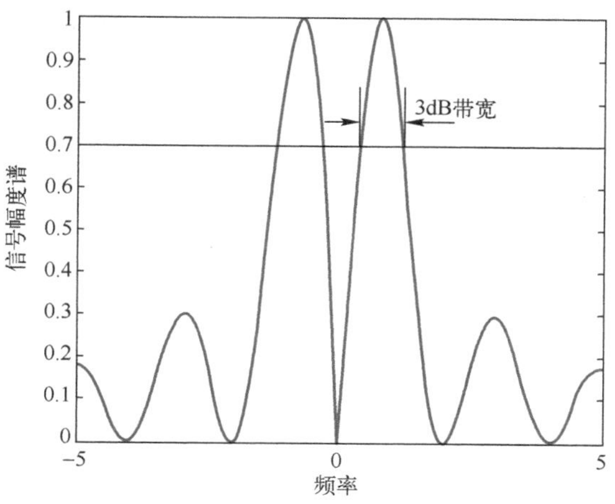

图 4-8　信号 3 dB 带宽示意图

（3）功率带宽

信号的功率带宽定位为信号总功率的比例所占用的频率带宽，如 98%功率带宽是指在这个频率范围内信号功率占总功率的 98%。数学表达式为

$$B_{pq}=\frac{\int_{-\infty}^{+\infty}P_X(f)\,\mathrm{d}f}{2\rho\,|P_X(f)|_{max}}\quad \rho\text{ 为功率的占比}$$

【例 4-2-1】设信号波形：

$$s(t)=\begin{cases}1, & 0\leqslant t<0.5\\ -1, & 0.5\leqslant t<1\end{cases}$$

仿真分析并计算其三种带宽，B_{3dB}、B_{eq}和 B_{pq}。

$s(t)$函数和频谱图仿真如图 4-9 所示。在频率函数中，由于采样点的原因，并不能将幅

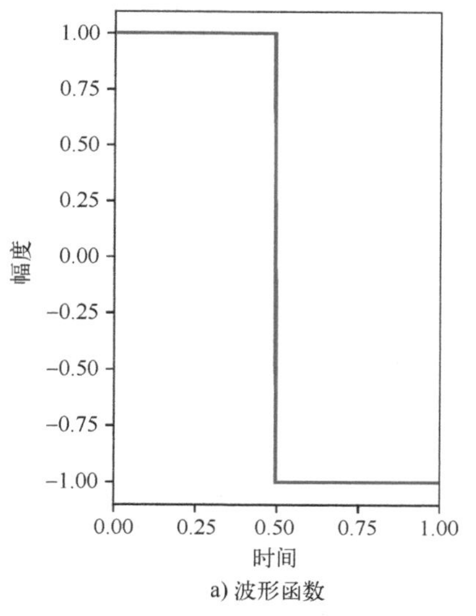

a) 波形函数

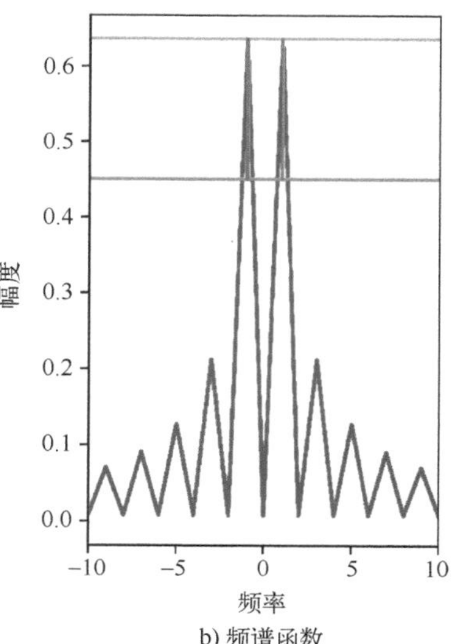

b) 频谱函数

图 4-9　原函数及频谱图

度下降 3 dB 的四条竖线都表示出来，只能画出两条竖线，再利用采样点的对称性计算来 3 dB 带宽。根据仿真分析，$s(t)$信号的能量及 B_{3dB}，B_{eq}和 B_{pq}分别为

$s(t)$的能量：1. 0000000000000002

$s(t)$的频幅度最大值的平方：0. 4052440450779848

$s(t)$的 B_{3dB}带宽：0. 5857864376269051

$s(t)$的 B_{w_eq}带宽：1. 2338244227716673

$s(t)$的 98%的 B_{pq}带宽：1. 2590045130323135

4.3 特殊信号函数

特殊信号函数主要有门函数、三角脉冲函数、高斯分布函数、单位冲激函数、符号函数、阶跃函数及指数函数。门函数、三角脉冲函数、高斯分布函数在前面的例题中都已经提到过，本节主要描述单位冲激函数、符号函数、阶跃函数和指数函数。

4.3.1 单位冲激函数

单位冲激函数简称为 δ 函数，其定义为

$$\begin{cases}\int_{-\infty}^{\infty}\delta(t)\,\mathrm{d}t = 1\\ \delta(t) = 0, \quad t \neq 0\end{cases}$$

物理意义上，单位冲激函数可以认为是一个高度为无穷大，宽度为无穷小的面积为 1 的矩形。但在现实中根本不存在这样的函数，该函数只是用来辅助信号函数的分解和合成使用，数学上可以用某些函数的极限来描述它，如抽样函数的极限。

$$\delta(t)=\lim_{k\to\infty}\frac{k}{\pi}\mathrm{Sa}(kt)=\lim_{k\to\infty}\frac{k}{\pi}\left(\frac{\sin(kt)}{kt}\right)$$

在实际信号分析中，引用了单位冲激函数，就可以将频谱密度扩展到功率信号，这在信号分析中作用很大。其他函数与 $\delta(t)$ 函数的卷积也有个十分有用的特性。即

$$f(t_0) = \int_{-\infty}^{\infty} f(t)\delta(t - t_0)\,\mathrm{d}t$$

【例 4-3-1】 仿真画出单位冲激 $\delta(t)$ 函数的时域及频谱图。

函数仿真结果如图 4-10 所示，其为偶函数，频谱覆盖全范围。

【例 4-3-1】代码

4.3.2 符号 sgn(t)函数

符号函数 sgn(t)的定义为

$$\mathrm{sgn}(t)=\begin{cases}1, & t>0\\ 0, & t=0\\ -1, & t<0\end{cases}$$

【例 4-3-2】 仿真画出符号函数 sgn(t)的时域及频谱图。仿真结果如图 4-11 所示。

【例 4-3-2】代码

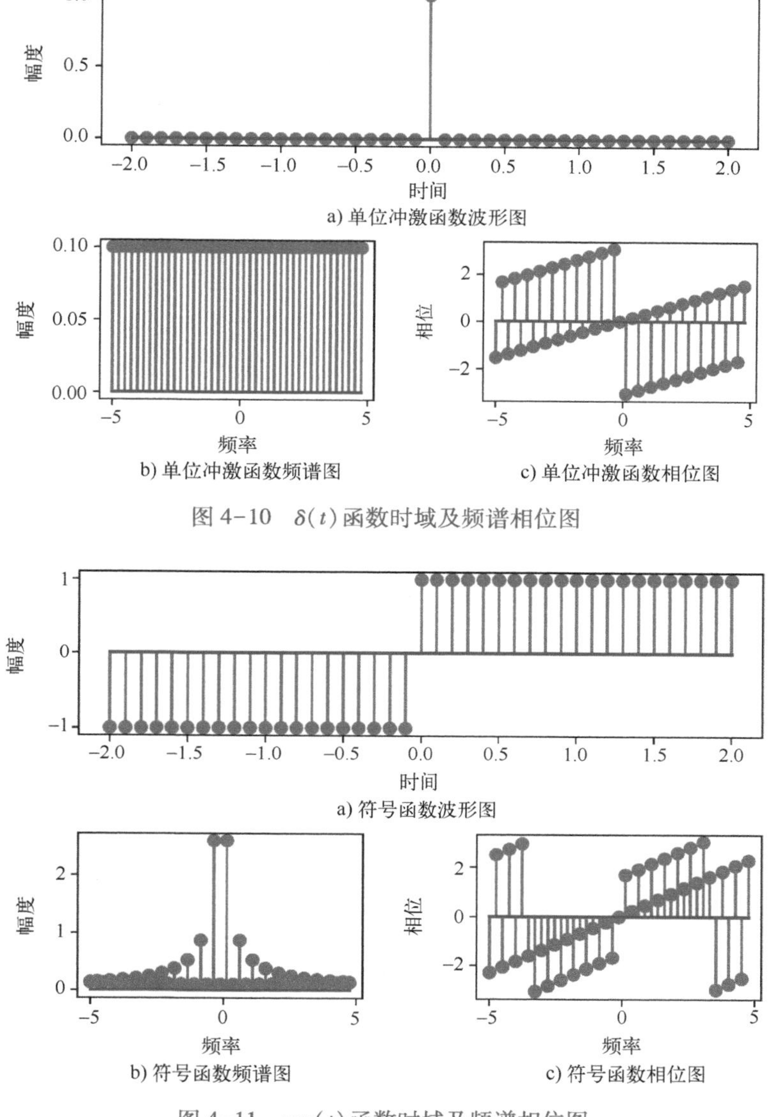

a) 单位冲激函数波形图

b) 单位冲激函数频谱图　　c) 单位冲激函数相位图

图 4-10　$\delta(t)$ 函数时域及频谱相位图

a) 符号函数波形图

b) 符号函数频谱图　　c) 符号函数相位图

图 4-11　$\mathrm{sgn}(t)$ 函数时域及频谱相位图

符号函数有个很有用的地方，若频谱是低通信号，时域就可以扩展为带通信号，在后面信号解析方法希尔伯特（Hilbert）变换中十分有用。

4.3.3　阶跃 $u(t)$ 函数

阶跃函数的导数就是单位冲激函数，该函数的定义为

$$u(t)=\begin{cases}1, & t>0\\ 0.5, & t=0\\ 0, & t<0\end{cases}$$

【例 4-3-3】仿真画出阶跃函数 $u(t)$ 的时域及频谱图。仿真结果如图 4-12 所示。

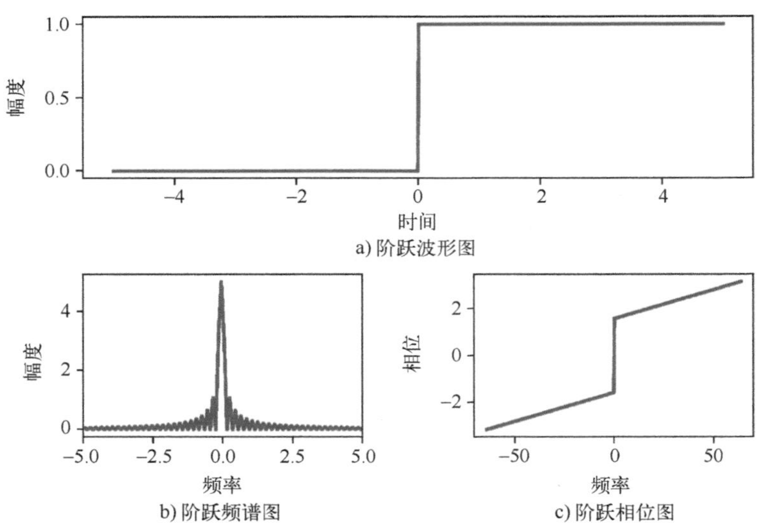

a) 阶跃波形图

b) 阶跃频谱图

c) 阶跃相位图

图 4-12 $u(t)$ 函数时域及频谱相位图

4.3.4 $e^{-a|t|}$ 指数函数

【例 4-3-4】仿真 $e^{-a|t|}$ 函数的时域、频谱和相位图。仿真结果如图 4-13 所示。

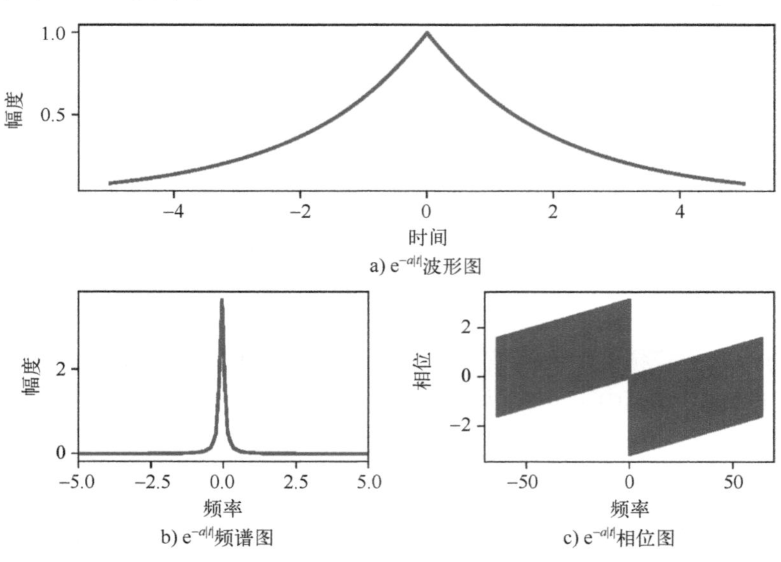

a) $e^{-a|t|}$ 波形图

b) $e^{-a|t|}$ 频谱图

c) $e^{-a|t|}$ 相位图

图 4-13 $e^{-a|t|}$ 函数时域及频谱相位图

4.4　常用分析方法

4.4.1　采样定理

在信号系统中，采样定理让连续的时间信号与离散的时间信号建立了重要关联。

采样定理：一个带限信号在频谱图中，$|f|>W$ 时，频率振幅为 0 或能量为 0。只要奈奎斯特间隔 $T_s \leqslant 1/2W$ 或奈奎斯特采样频率 $f_s=1/T_s>2W$，就则可以用 T_s 采样该信号的样本值 $x_\delta(t)$ 来表示而不丢失信息。根据采样定理：

$$x_\delta(t)=\sum_{-\infty}^{\infty} x(nT_s)\delta(t-nT_s)$$

它的傅里叶变换为

$$X_\delta(f)=\begin{cases}\dfrac{1}{T_s}X(f), & |f|<W \\ \dfrac{1}{T_s}\sum\limits_{n=-\infty}^{\infty} X(f-n/T_s), & \text{其他}\end{cases}$$

根据其频谱函数，只要将该样本值信号通过一个带宽为 W，通带增益为 T_s 的低通滤波器就可以将原信号完整的恢复。

当带限信号为低通信号时 $W=f_h$，则 $f_s=1/T_s>2W=2f_h$ 即可。当带限信号为带通信号时，$f_s=2f_h/m$，m 是不超过 f_h/B 的最大整数，并不是所有的采样频率均可以使用，除非采样频率高于 $2f_h$。其中，信号的最大频率为 f_h，B 为带通信号的带宽。根据图 4-14 可知，允许的 f_s 为 $2B<f_s<4B$。

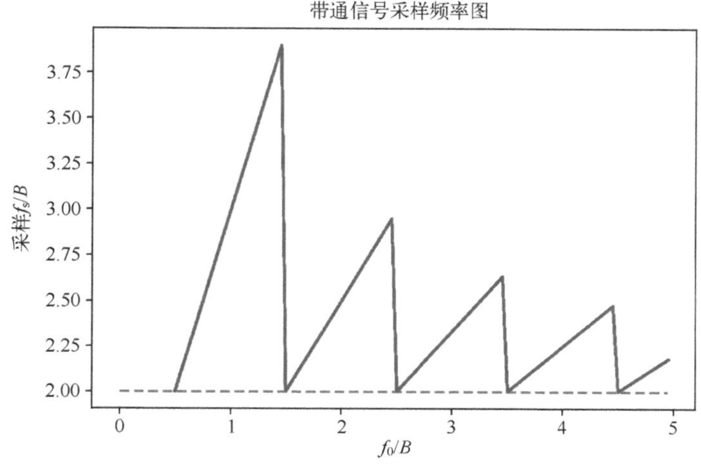

图 4-14　带通信号采样频率 f_s/B 与 f_0/B 图

【例 4-4-1】仿真画出 $x(t)=\cos(200\pi t)$ 原信号及低通信号和采样后恢复的频谱图。

根据其频率，采样频率要大于 200 Hz。在仿真结果图 4-15

中，$f_s=100\ \text{Hz}$ 时信号无法仿真恢复，在仿真结果图 4-16 中，$f_s=1000\ \text{Hz}$ 时，信号恢复得很好。仿真采样频率越高，$x(t)$ 的图形和余弦图更像，当然抽样计算的时间就越长。

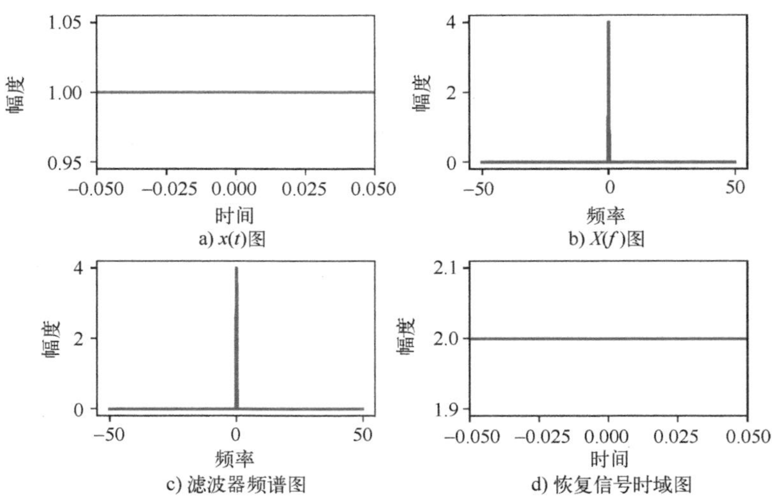

图 4-15　源信号时域及频谱图及 $f_s=100\ \text{Hz}$ 恢复信号时域及频谱图

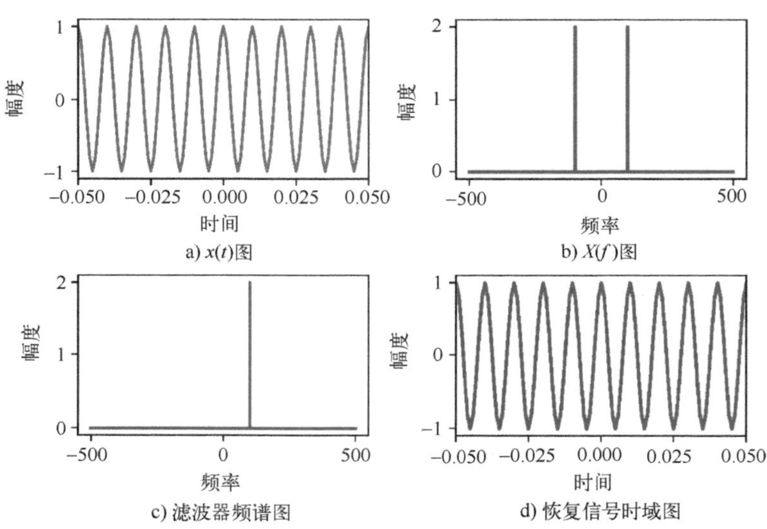

图 4-16　源信号时域及频谱图和 $f_s=1000\ \text{Hz}$ 恢复信号时域及频谱图

4.4.2　希尔伯特变换及信号频域解析法

信号的希尔伯特（Hilbert）变换及反变换定义为

$$\hat{s}(t)=\int_{-\infty}^{\infty}\frac{s(\tau)}{\pi(t-\tau)}\mathrm{d}\tau$$

$$s(t)=-\int_{-\infty}^{\infty}\frac{\hat{s}(\tau)}{\pi(t-\tau)}\mathrm{d}\tau$$

时域表示就是 $s(t)*1/(\pi t)$ 的卷积，根据时域的卷积就是频域的乘积理论：

$$\mathcal{F}[\hat{s}(t)]=-\mathrm{j}\operatorname{sgn}(f)\mathcal{F}[s(t)]=\begin{cases}\mathcal{F}[s(t)]*\mathrm{e}^{-\mathrm{j}\pi/2}, & f>0\\ 0, & f=0\\ \mathcal{F}[s(t)]*\mathrm{e}^{\mathrm{j}\pi/2}, & f<0\end{cases}$$

物理意义就是信号经过希尔伯特变换后，正频率分量移相-90°，负频率分量移相 90°。为了将带通信号等效为低通信号，定义一个带通信号的解析信号：

$$z(t)=s(t)+\mathrm{j}\hat{s}(t)$$

其频谱可以简化为

$$Z(f)=S(f)+\operatorname{sgn}(f)S(f)=2U(f)S(f)$$

该解析函数的目的是将负频率处能量全部搬迁到正频率处。若再通过对 $Z(f)$ 的能量进行频谱 $-f_0$ 迁移，就可以将能量集中在零频率的附近，实现了带通信号的低通化等效。这样通过希尔伯特变换的解析信号及频谱搬迁就可以将带通的信号等效为低通信号来传送，以节约频率资源。假定低通化等效的函数用 $x_1(t)$ 表示，则 $x_1(t)$ 为

希尔伯特变换仿真

$$x_1(t)=\mathcal{F}^{-1}[Z(f+f_0)]=z(t)\mathrm{e}^{-\mathrm{j}2\pi f_0 t}=V(t)\mathrm{e}^{\mathrm{j}\phi(t)}$$

其中 $V(t)$ 和 $\phi(t)$ 就是 $x_1(t)$ 信号的包络和相位。

【例 4-4-2】 仿真画出 $x(t)=\cos(200\pi t)*[\cos(40\pi t)+\cos(16\pi t)]$ 原信号、希尔伯特变换信号，解析信号 $z(t)$ 及等效低通信号 $x_1(t)$ 的频谱相位图。

【例 4-4-2】代码

该函数的频率包括载波频率和两个基带信号的频率，根据抽样定理，$f_s>=400$ Hz。从仿真中可以看到，希尔伯特信号比原函数在时域上提前了 $T/4$，频谱图一样，相位图中正频率移相 $-\pi/2$，负频率移相 $+\pi/2$。解析信号 $z(t)$ 的能量都集中在 100 Hz 处，$x_1(t)$ 的能量集中在 0 Hz 周围。$x(t)$ 信号希尔伯特变换仿真的时域、频域和相位图如图 4-17～图 4-19 所示。

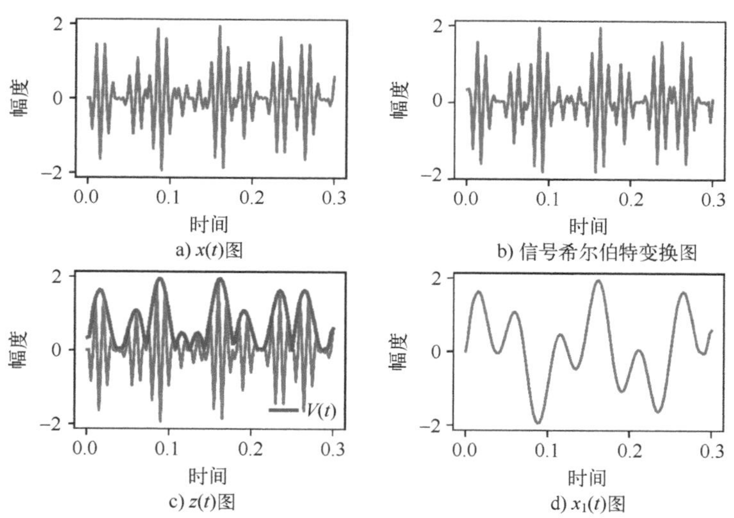

a) $x(t)$图　b) 信号希尔伯特变换图　c) $z(t)$图　d) $x_1(t)$图

图 4-17　信号函数时域图

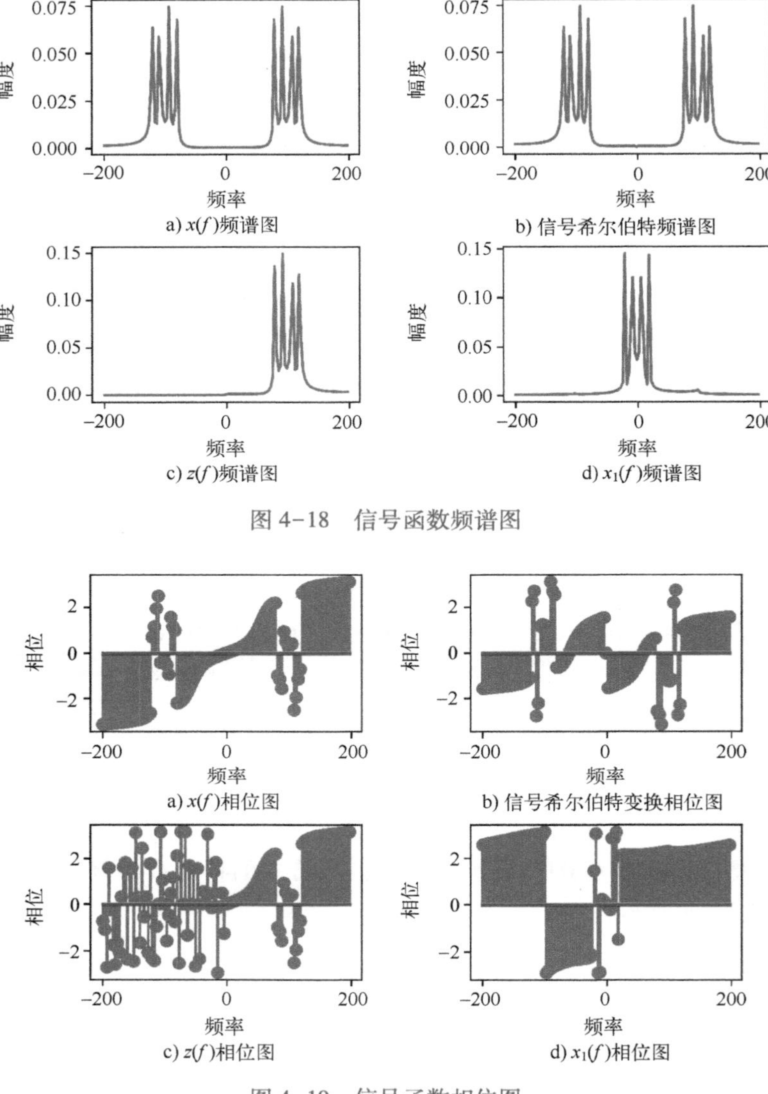

图 4-18 信号函数频谱图

图 4-19 信号函数相位图

4.4.3 卷积定理

单个确定信号的时域主要是分析信号的能量或功率。确定性信号还可借助单位冲激函数分解为

$$f(t)=\int_{-\infty}^{\infty}f(\tau)\delta(t-\tau)\,\mathrm{d}t$$

线性的时不变系统中，当 $\delta(t)$ 信号的零状态响应为 $h(t)$，则线性时不变系统的输出信号为

$$y(t)=\int_{-\infty}^{\infty}f(\tau)h(t-\tau)\,\mathrm{d}t$$

这个积分就称为卷积。两个信号卷积的定义为

$$f(t)=\int_{-\infty}^{\infty} f_1(\tau) f_2(t-\tau)\mathrm{d}t = f_1(t) * f_2(t)$$

卷积定理：两个时间信号卷积的频谱等于它们频谱的乘积。两个时间信号乘积的频谱等于它们的频谱的卷积乘以 $1/(2\pi)$。即

$$\mathcal{F}[x(t) * y(t)] = X(f) \cdot Y(f)$$

$$\mathcal{F}[x(t) \cdot y(t)] = \frac{1}{2\pi} X(f) * Y(f)$$

【例 4-4-3】 仿真分析 $t\in[-3,3]$ 的随机脉冲信号 $x1(t)$ 与信号 $x2(t)=0.5\mathrm{e}^{-0.3t}\cos(2\pi t)$ 的卷积。

【例 4-4-3】
卷积定理 1

根据仿真图 4-20～图 4-23 所示可以看到 $x1(t) * x2(t)$ 卷积后的波形和频谱图和 $X1(f)X2(f)$ 频谱及傅里叶逆变换后的波形图一致。$x1(t)x2(t)$ 的频谱与 $X1(f) * X2(f)$ 的 2π 分之一是一致。

仿真时要注意信号的卷积是线性的，满足圆计算理论，即要保证一个信号成圆首尾相连。还可以计算仿真前后波形的方差。

时域图信号前后波形的方差：0.02213888741752104。

频域图信号前后波形的方差：0.008855554967008242。

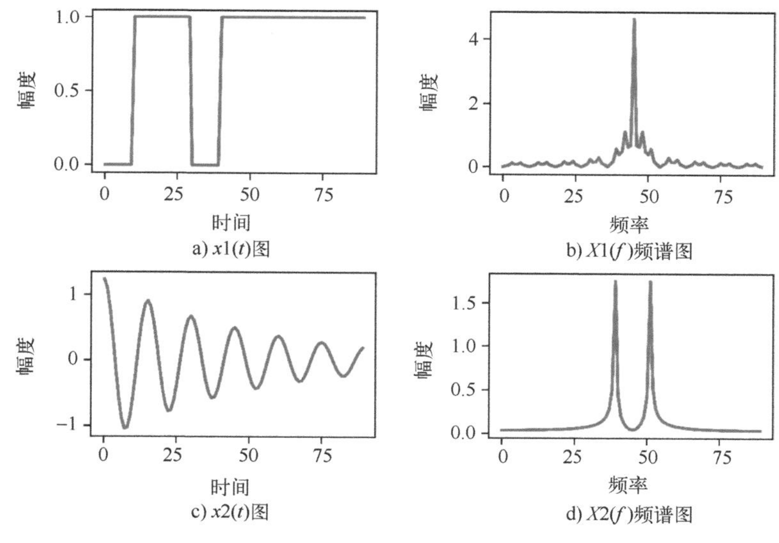

a) $x1(t)$图　b) $X1(f)$频谱图

c) $x2(t)$图　d) $X2(f)$频谱图

图 4-20　信号波形及频谱图

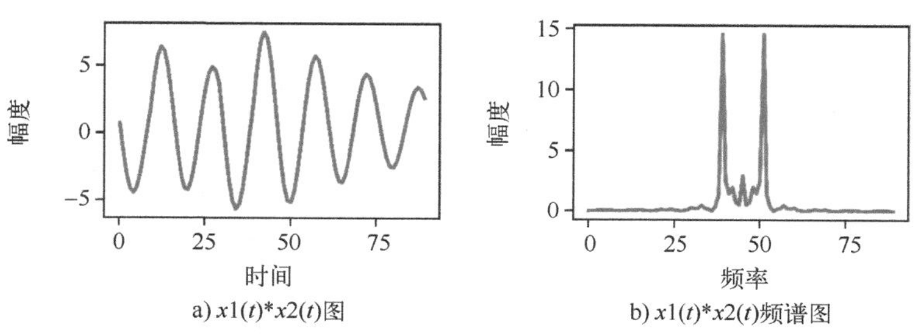

a) $x1(t)*x2(t)$图　b) $x1(t)*x2(t)$频谱图

图 4-21　信号卷积后波形及频谱图

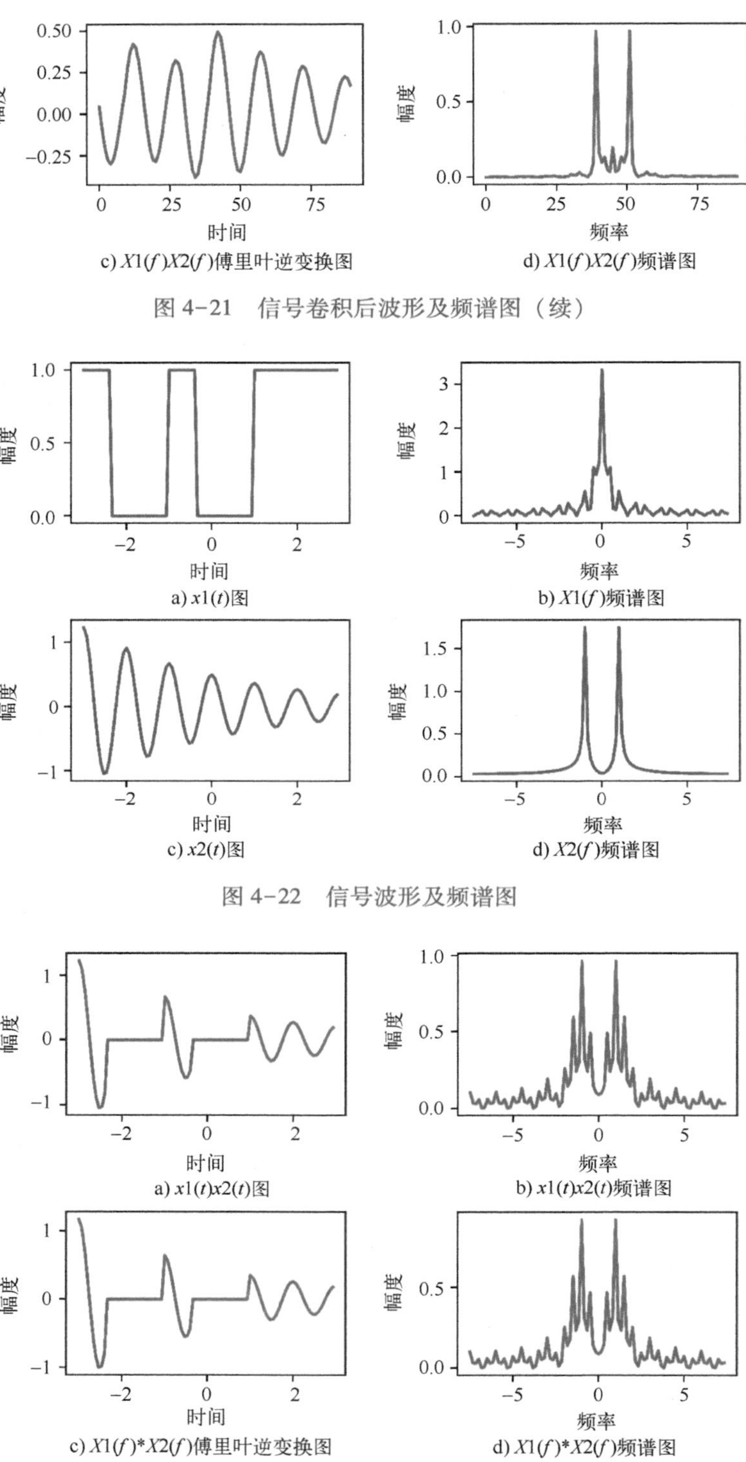

图 4-21　信号卷积后波形及频谱图（续）

图 4-22　信号波形及频谱图

图 4-23　信号乘积后波形及频谱图

4.4.4　信号合成与滤波

信号合成和滤波是所有信号处理系统中最基本的处理手段。信号合成是通过简单函数的运算、卷积来得到复杂函数的频谱。滤波则是改变信号的频率幅度或滤除一些频率分量，提取有用的频率分量。

【例 4-4-4】对信号仿真

$$x(t)=\begin{cases}t+2, & -2\leqslant t<0\\ 2, & 0\leqslant t<1\\ 2+2\cos(1.5\pi t), & 1\leqslant t<3\\ 2, & 3\leqslant t<4\\ 0, & \text{其他}\end{cases}$$

1）时域及频谱图。

2）经过低通滤波器$\begin{cases}h_f(f)=1, & |f|<1.5\\ h_f(f)=0, & \text{其他}\end{cases}$后的输出信号的时域及频谱图。

3）经过一个冲激响应为$\begin{cases}h_t(t)=1, & |t|\leqslant 1\\ h_t(t)=0, & \text{其他}\end{cases}$的滤波器后的输出信号的时域及频谱图。

具体仿真结果如图 4-24 和图 4-25 所示。

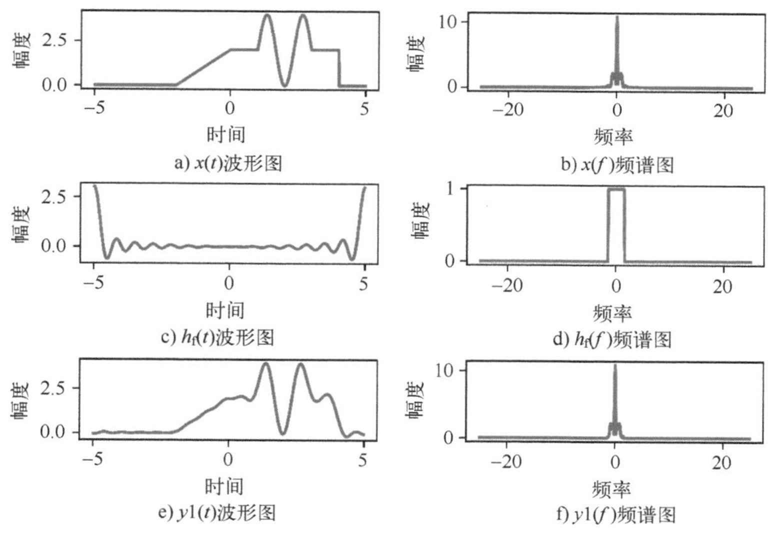

图 4-24　信号及低通 $h(f)$ 滤波后波形及频谱图

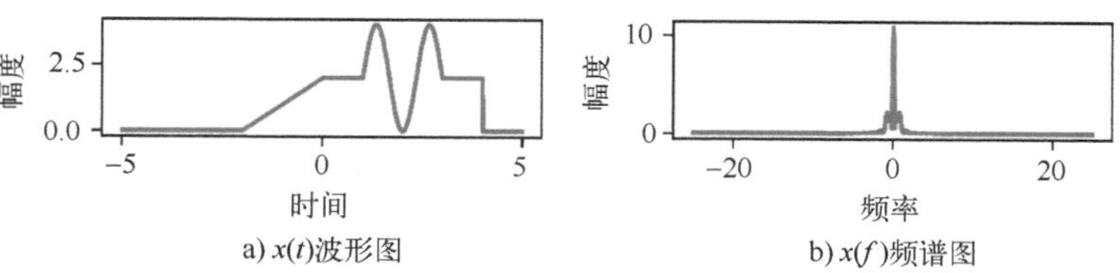

图 4-25　信号及 $h(t)$ 响应后波形及频谱图

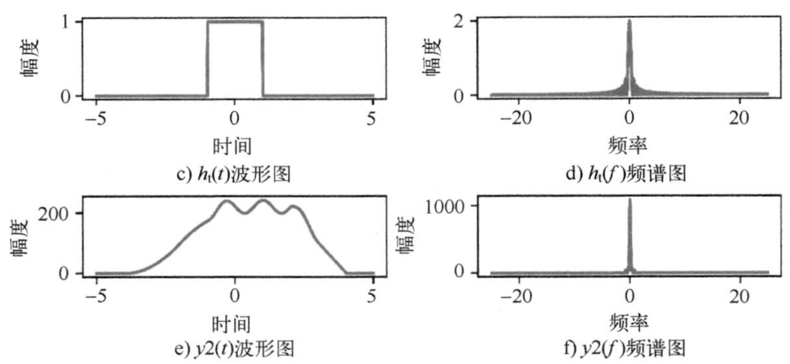

图 4-25　信号及 $h(t)$响应后波形及频谱图（续）

第 5 章　随机信号分析

除了确定性信号，自然界还存在一种随机信号。例如抛硬币游戏，每一轮抛 7 枚硬币，如果少于 4 枚硬币正面朝上，就损失 1 分；否则就赢得 1 分。假设初始资本为 1000 分，我们来模拟一下游戏的过程，如图 5-1 所示。

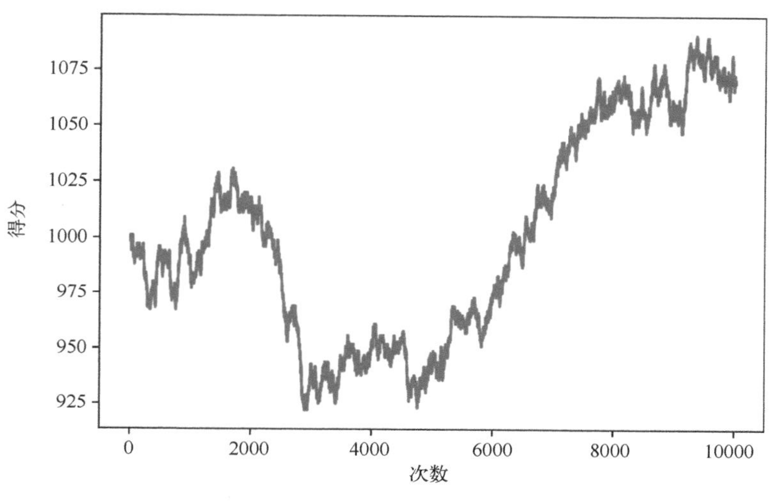

图 5-1　游戏随机过程图

这类没有确知的表达式，结果也不可预知，这就是随机信号。某些上述信号若在均值、方差、均方值等参数方向上有一定分布规律，则这类特殊的随机信号可以采用随机理论来分析。在通信系统中常见的随机信号有发送的未知信号和噪声等。

5.1　随机过程

每次随机试验持续一段时间，其可能结果是一个关于时间的函数，也可能不是，比如在我们收集的时间段内电子元件的热噪声电压。每次随机试验都可以得到一个 $x_i(t)$ 的函数，而且每次试验的 $x_i(t)$ 函数曲线都不一样。我们把试验结果画到同一个坐标系中，可以看到在 t_i时刻，$x_i(t_i)$ 的结果有无数个但却是服从某一分布规律的，我们把这种不确定现象称为随机过程。随机过程是所有样本 $x_i(t)$ 函数的集合体，也是不同时刻随机变量 $x_i(t_i)$ 的集合体。例如图 5-2 中的三个变量就是一个随机过程，在任何时间 t，均有可能出现三个变量值 x_1，x_2 和 x_3，这三个值是不可预测，但这三个值有明显的分布规律，都在数值 1.1 的周围。

根据自变量和因变量的不同，随机过程可分为四种类型：离散参数，离散状态的随机过程；离散参数，连续状态的随机过程；连续参数，离散状态的随机过程；连续参数，连续状态的随机过程。参数离散的随机过程也称为随机序列。

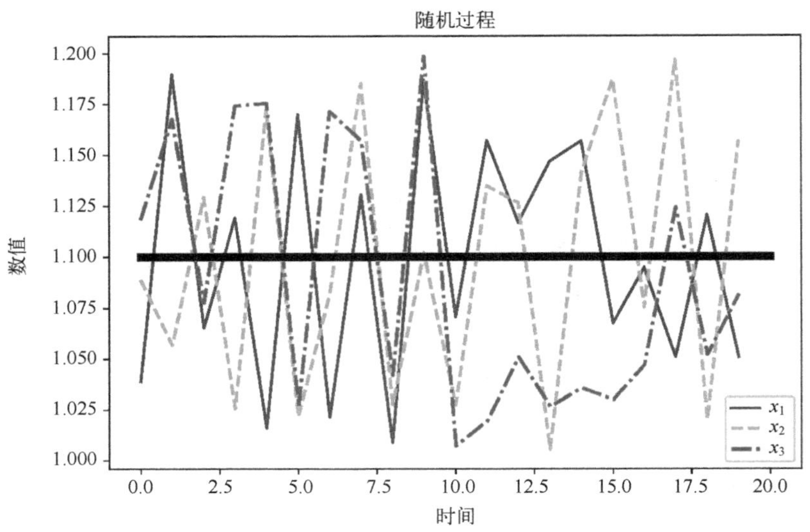

图 5-2　随机变量与随机过程图

5.1.1　随机过程分布函数

设 $X(t)$ 表示一个随机过程，则在任意时刻 t_i 的值 $X(t_i)$ 是一个随机变量，其统计性可以用分布函数或概率密度来表示。随机变量 $X(t_i)$ 小于或等于某一数值 x 的概率 $P[X(t_i)\leqslant x]$ 记作：

$$F(x,t_i)=P[X(t_i)\leqslant x]$$

如果 $F(x,t_i)$ 对 x 的偏导存在，则 $F(x,t_i)$ 称为随机过程 $X(t)$ 在 t_i 时刻的分布函数。

$$p(x,t_i)=\frac{\partial F(x,t_i)}{\partial x}$$

$p(x,t_i)$ 为随机变量的 t_i 时刻的概率密度函数，与 $F(x,t_i)$ 的关系为

$$F(x,t_i)=\int_{-\infty}^{x}p(y,t_i)\mathrm{d}y$$

$F(x_1,x_2,t_1,t_2)=P[X(t_1)\leqslant x_1,X(t_2)\leqslant x_2]$ 称为 t_1，t_2 时刻的相关分布函数，其偏导存在则称为 t_1，t_2 时刻的相关概率密度。

$$p(x_1,x_2,t_1,t_2)=\frac{\partial F(x_1,x_2,t_1,t_2)}{\partial x_1\partial x_2}$$

5.1.2　随机过程数字特征

（1）均值或数学期望

$$m_x=E[x]=\int_{-\infty}^{\infty}xp(x,t)\mathrm{d}x$$

它表示随机过程的样本函数曲线摆动的中心，即为图 5-2 中的粗线。

（2）方差

$$E[(x-m_x)^2]=\int_{-\infty}^{\infty}(x-m_x)^2 p(x,t)\,\mathrm{d}x=\int_{-\infty}^{\infty}x^2 p(x,t)\,\mathrm{d}x-m_x^2$$

方差等于均方值与均值平方之差，表示随机过程在时刻 t 相对均值的偏离度。

（3）相关函数

均值和方差反映的是随机过程各个孤立时刻的特征，不能反映随机过程的内在联系，相关函数则可以用来获得随机变量之间的关联程度。

$$R(t_1,t_2)=E[x_1x_2]=\int_{-\infty}^{\infty}x_1x_2 p(x_1,x_2,t_1,t_2)\,\mathrm{d}x_1\mathrm{d}x_2$$

5.1.3 平稳随机过程及各态历经性

平稳随机过程就是其随机分布函数与时间无关，即所有的时间 t 上随机过程的分布函数都是相同的表达式。其自相关函数只和时间间隔 τ 相关，因为不同的时间间隔，分布函数的 x 取值不同，导致分布函数的值是不同的。

若平稳随机过程的统计均值和自相关函数可以通过任意一次实验的随机过程而统计出来，就称该平稳随机过程有各态历经性。各态历经性主要是简化测量和计算过程。通信系统中常遇到的信号和噪声多可视为各态历经的平稳随机过程，进而简化计算过程。

【例 5-1-1】仿真产生一个随机变量 X，它具有线性概率密度函数，如

【例 5-1-1】代码

$$f(X)=\begin{cases}\dfrac{1}{8}X, & 0\leqslant X\leqslant 4\\ 0, & 其他\end{cases}$$

该随机过程需要通过逆变换方法，借助 Python random 模块中的均匀分布随机变量 A 来构造，X 随机变量的分布函数 $F(X)=1/16X^2$，$F(X)=A$，则 $X=4A^{1/2}$。从仿真（见图 5-3 和图 5-4）可以看到，仿真的次数越大，其概率密度和分布函数越接近公式。

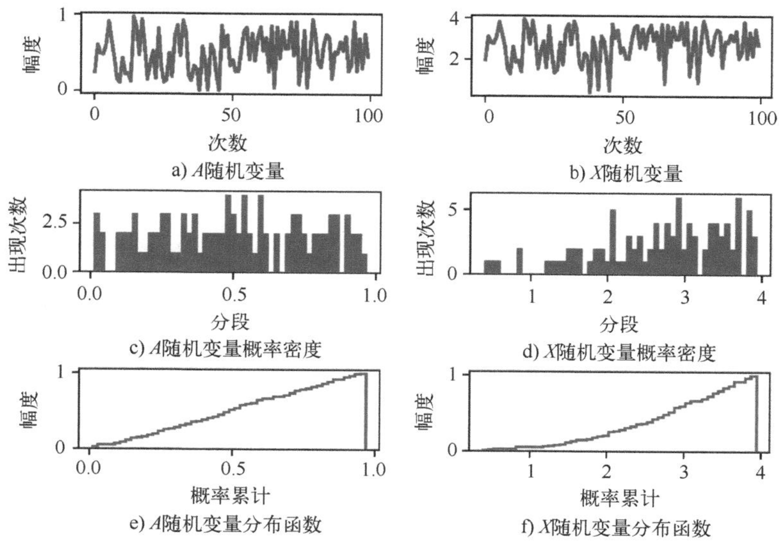

图 5-3 $N=100$ 次仿真的随机变量 A、X 的概率密度和分布函数图

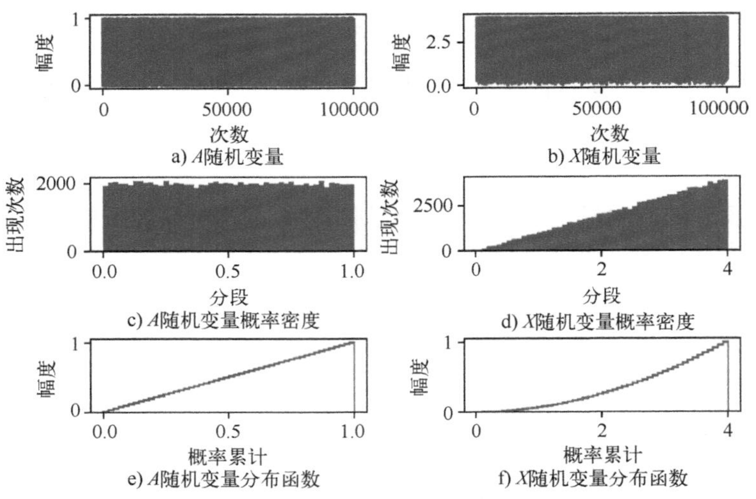

图 5-4　$N=100000$ 次仿真的随机变量 A、X 的概率密度和分布函数图

【例 5-1-2】仿真产生一个随机相位的正弦波 $X(t)$，θ 是在 $(0,2\pi)$ 内均匀分布的随机变量，看看该随机相位正弦波的各态历经性。

$$X(t)=\sin(200\pi t+\theta)$$

θ 随机变量是借助 Python random 模块中的均匀分布随机变量 A 来构造的，再将随机变量 θ 不同时刻的值代入 $X(t)$，并画出其概率密度函数和分布函数图。

从仿真（见图 5-5~图 5-8）可以看到，仿真的次数对随机变量的自相关函数影响不大，所以在实际计算时，只需要计算一次就可得到相应的结果这样就可大大简化计算量并节约计算时间。故该随机相位正弦波具有各态历经性。

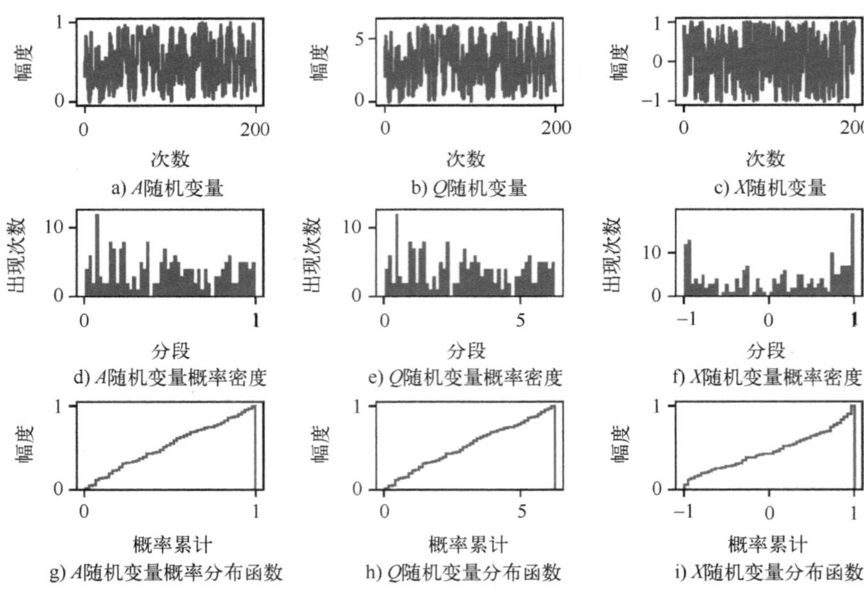

图 5-5　$N=200$ 次仿真的随机变量 θ、X 的概率密度和分布函数图

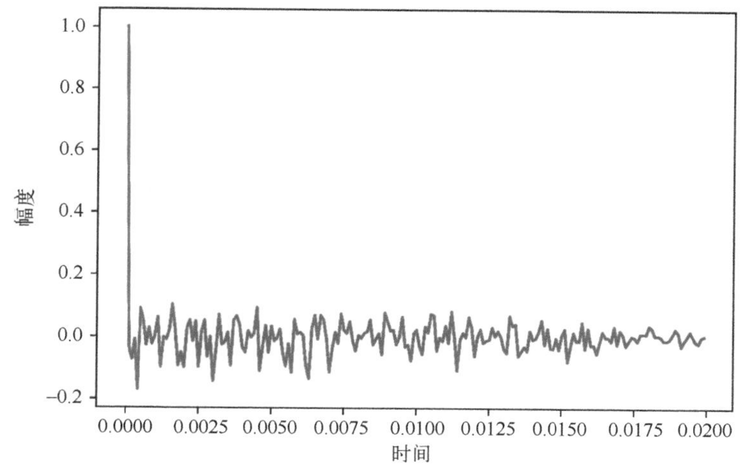

图 5-6　$N=200$ 次仿真的随机变量 X 的自相关函数 $R(t)$ 图

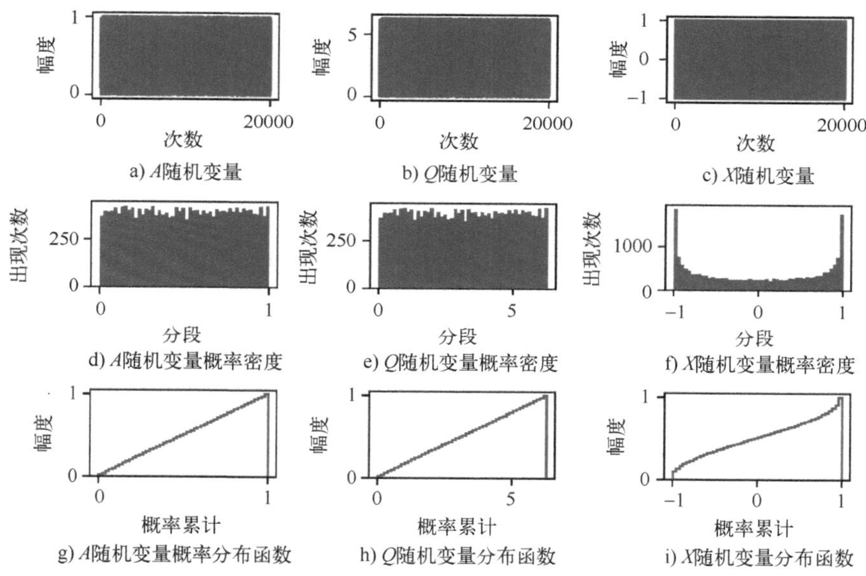

图 5-7　$N=20000$ 次仿真的随机变量 θ、X 的概率密度和分布函数图

5.1.4　平稳随机过程自相关函数和功率谱密度

自相关函数是表述平稳过程特性的最重要的函数。$R(0)$为随机变量的平均功率，$R(\infty)$为随机变量的直流功率，$R(0)-R(\infty)=\sigma^2$为随机变量的交流功率。

平稳随机过程的频谱特性可以用它的功率谱密度来表述，随机过程中任何一个样本是一个确定的功率型信号，根据前面确定性信号的分析，它的自相关函数和功率谱密度函数互为傅里叶变换关系。

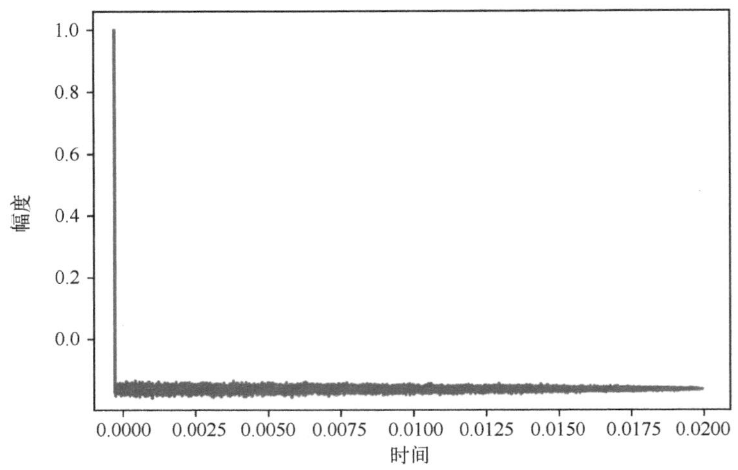

图 5-8 $N=20000$ 次仿真的随机变量 X 的自相关函数 $R(t)$ 图

【例 5-1-3】仿真产生一个随机相位的正弦波 $X(t)$，θ 是在 $(0,3/4\pi)$ 内均匀分布的随机变量，并计算其平均功率。

$$X(t)=\sin(2\pi t+\theta)$$

抽样频率 f_s 最少要大于 2，仿真结果如图 5-9 所示，通过仿真：

自相关函数计算平均功率 0. 48360108352646064 W/Hz；

随机变量功率谱计算平均功率 0. 48360108352646036 W/Hz；

两者除去误差，基本是相等的，接近真实的平均功率值 0. 5 W/Hz。

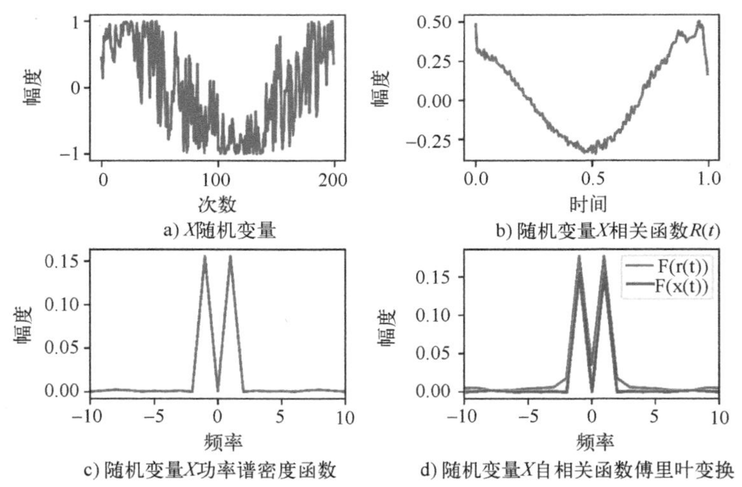

图 5-9 $N=200$ 次仿真随机变量 X 的自相关函数 $R(t)$ 及频谱图

若 θ 是在 $(0,2\pi)$ 内均匀分布的随机变量，则正弦波随机变量的频谱在 $f=1$ Hz 处就没有明显的功率谱振幅，如图 5-10 所示。

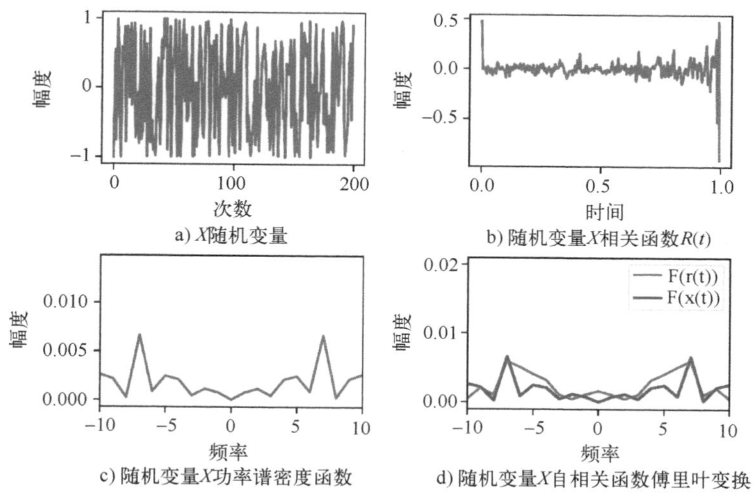

a) X随机变量　b) 随机变量X相关函数R(t)

c) 随机变量X功率谱密度函数　d) 随机变量X自相关函数傅里叶变换

图 5-10　$N=200$ 次仿真随机变量 X 的自相关函数 $R(t)$ 及频谱图

5.2　常见的随机过程

5.2.1　均匀分布随机过程

$X(t)$表示一个随机过程，在任意时刻 t_i的值随机变量 $X(t_i)$小于或等于某一数值 x 的概率 $P[X(t_i)\leqslant x]$都是相同的。

【例 5-2-1】仿真在$(-1/2,1/2)$产生 $N=10000$ 次的独立均匀分布的随机变量 $X(t)$，并分析功率频谱图和计算其平均功率。

【例 5-2-1】代码

通过(0,1)均匀随机变量 A 生成随机变量 X，仿真结果如图 5-11 所示。从概率密度函数分析，仿真的次数够时，在$(-1/2,1/2)$区间，各值的分布基本均等，平均功率为 0.0827675601249832 W/Hz，且功率谱密度的幅度值很小。

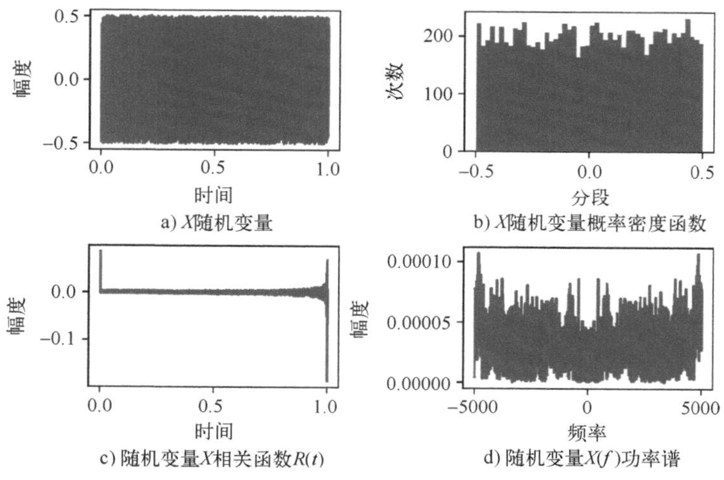

a) X随机变量　b) X随机变量概率密度函数

c) 随机变量X相关函数R(t)　d) 随机变量X(f)功率谱

图 5-11　$N=10000$ 次仿真随机变量 X 的自相关函数 $R(t)$ 及频谱图

5.2.2 瑞利分布随机过程

瑞利分布可以有效描述存在大量散射无线电信号障碍物的无线传播环境。在传播环境中存在足够多的散射时，冲激信号到达接收机后表现为大量统计独立的随机变量的叠加，根据中心极限定理则这一无线信道的冲激响应将是一个高斯过程。如果散射信道中不存在主要的信号分量，即不存在直射信号，则这一过程均值为 0，且相位服从 0~2π 的均匀分布，即信道响应的能量或包络服从瑞利分布。瑞利分布是最常见的用于描述平坦衰落信号接收包络或独立多径分量接收包络统计时变特性的一种分布类型。

瑞利分布的概率密度函数为

$$p(x)=\frac{x}{\sigma^2}e^{-\frac{x^2}{2\sigma^2}},\quad x>0$$

通过计算，其概率分布函数为

$$F(x)=1-e^{-\frac{x^2}{2\sigma^2}}$$

【例 5-2-2】仿真产生 $N=1000$ 次，方差为 3 的瑞利分布的随机变量 $X(t)$，分析其功率频谱图并计算其平均功率。

通过 $F(x)$ 逆变换计算出 x 与 $F(x)$ 的关系，而 $F(x)$ 是均匀分布(0,1)随机变量，通过转换就可以仿真瑞利分布随机变量。仿真结果如图 5-12 所示。

自相关函数计算平均功率：5.861492992911008 W

X 随机变量期望值：2.144143537371747

X 随机变量方差：1.2641414840579812

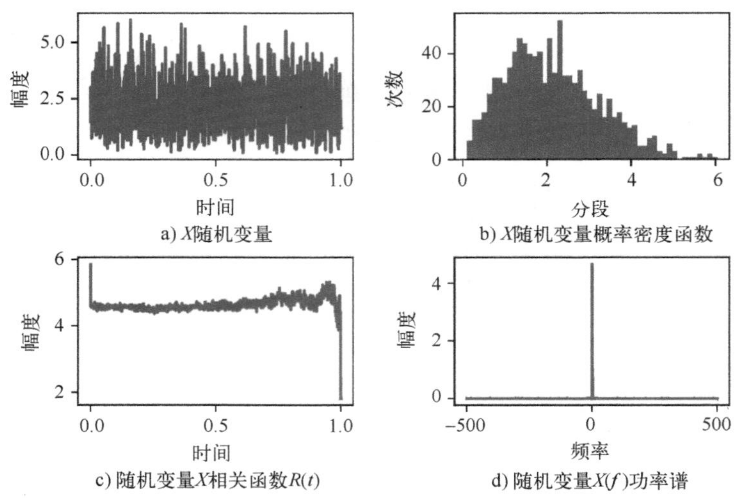

图 5-12　$N=1000$ 次仿真随机变量 X 的自相关函数 $R(t)$ 及频谱图

5.2.3 高斯分布随机过程

自然界中大量独立的随机变量均近似服从高斯分布。在现实生活中，通信系统中的噪声多为高斯分布，原因是信道噪声的源头往往很多，假设这些噪声足够多且其概率分布是彼此独立的，那么其累加和的概率分布是接近高斯分布的。这些噪声往往是未知且复杂的。假定其为高斯噪声，理论上满足中心极限定理，计算上则方便简单了很多。

【例 5-2-3】仿真产生 $N=1000$ 次的均值为 0，方差为 1 的高斯分布的随机变量 $X(t)$，并分析其功率频谱图和计算其平均功率。

仿真图如图 5-13 所示，通过仿真得出以下结果。

自相关函数计算平均功率：1.0034390935217279 W

X 随机变量期望值：-0.0286279609614216

X 随机变量方差：1.0026195333729193

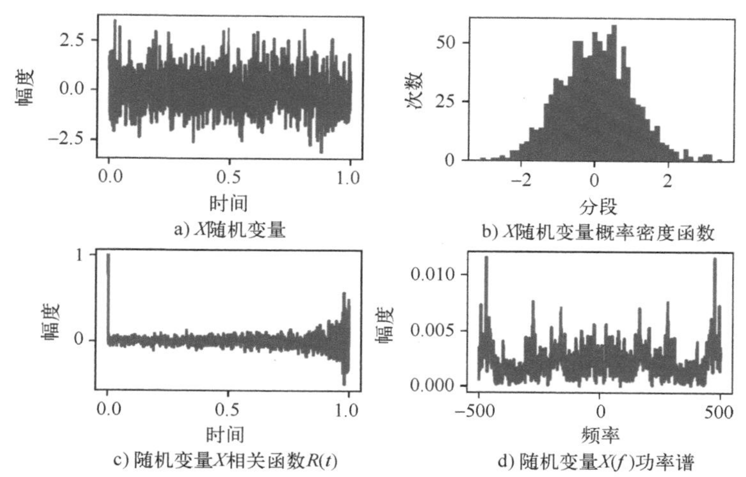

图 5-13　$N=1000$ 次仿真随机变量 X 的自相关函数 $R(t)$ 及功率谱密度图

5.3　平稳随机过程的信号分析

5.3.1　平稳随机过程经过线性非时变系统

如果线性非时变系统的输入是个随机过程，则输出也是一个随机过程。当线性非时变系统的输入是一个平稳随机过程时，可以得到如下一些性质：

输出随机过程 $y(t)$ 的均值为

$$E[y(t)] = E[x(t)]\int_{-\infty}^{\infty} h(t)\,\mathrm{d}t$$

随机过程 $x(t)$，$y(t)$ 的功率谱密度关系为

$$P_y(f) = |H(f)|^2 P_x(f)$$

这里 $h(\tau)$ 是线性非时变系统的冲激响应，$H(f)$ 是其冲激响应函数的傅里叶变换。

【例 5-3-1】仿真产生 $N=1000$ 次的均值为 0，方差为 1 的高斯分布随机变量 $X(t)$，在经过单位冲激响应线性信道后的输出信号 $Y(t)$ 的概率密度和分布函数并比较输入输出变量的方差和数学期望。

仿真图如图 5-14 所示。根据仿真，输入和输出信号的概率分布和数学期望一致。

X，Y 随机变量期望值：-0.01760911349783152 ，-0.01760911349783152

X，Y 随机变量方差：1.0481388641288776 ，1.0481388641288776

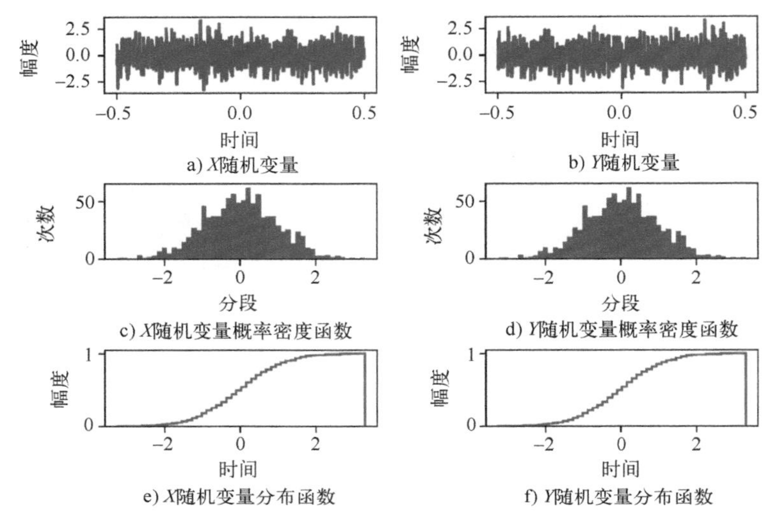

图 5-14 $N=1000$ 次仿真输入输出随机变量 X、Y 的波形、概率密度和分布函数图

5.3.2 窄带随机过程

窄带随机过程是指频谱密度集中在中心频率 f_c 附近相对窄的频带范围内，且 f_c 远离 0 频率。大多数通信系统都是窄带带通型。典型的窄带随机信号 $x(t)$ 的振幅 $b(t)$ 符合瑞利分布，相位 $\theta(t)$ 是 $(0,2\pi)$ 的均匀分布，得到的窄带信号是个均值为 0，方差为 σ^2 的平稳高斯窄带随机过程信号。信号可以表示为

$$x(t)=b(t)\cos[w_c t+\theta(t)]$$

$x(t)$ 随机信号展开，可以分为正交的两部分信号：

$$\begin{aligned}x(t)&=x_c(t)\cos(w_c t)-x_s(t)\sin(w_c t)\\&=b(t)\cos[\theta(t)]\cos(w_c t)-b(t)\sin[\theta(t)]\sin(w_c t)\end{aligned}$$

【例 5-3-2】仿真通过瑞利分布和均匀分布来产生窄带随机变量 $X(t)$，并计算其均值和方差。

仿真结果如图 5-15 所示，通过仿真输出结果为

X 自相关函数计算平均功率：0.9925523340207024 W

X 均值：-0.008716692278369976

X 方差：0.9924763532964266

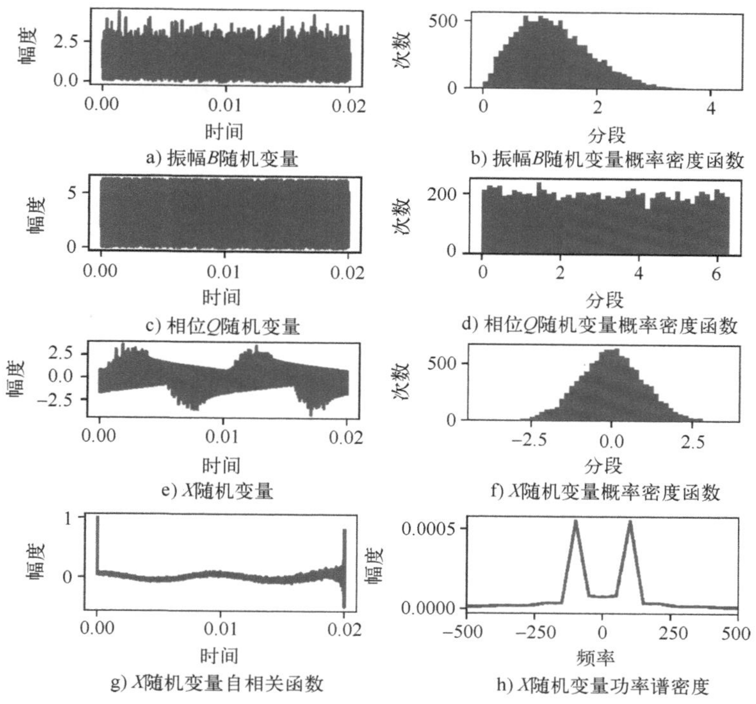

图 5-15　窄带随机变量 X 的波形、概率密度和功率频谱密度函数图

5.3.3　正弦波加窄带噪声随机过程

许多调制系统中，传输的信号是用正弦波作为载波已调信号，当信号经过信道传输时总会受到噪声的干扰，为减少接收信道的干扰，总会在接收端的解调器前设置带通滤波器，滤除信道频带以外的噪声，这样输出的信号就是正弦波已调信号和窄带高斯噪声的混合波形。

混合波形为

$$x(t)=A\cos(w_c t+\theta)+n(t)$$

式中，θ 为$(0,2\pi)$的均匀分布；$n(t)$为窄带噪声随机变量。窄带噪声振幅 $b(t)$符合瑞利分布，相位 $\theta(t)$是$(0,2\pi)$的均匀分布：

$$n(t)=b(t)\cos[\theta(t)]\cos(w_c t)-b(t)\sin[\theta(t)]\sin(w_c t)$$

$n(t)$分解为正交的两部分，即：

$$\begin{aligned} n(t)&=n_c(t)\cos(w_c t)+n_s(t)\sin(w_c t) \\ &=b(t)\cos[\theta(t)]\cos(w_c t)-b(t)\sin[\theta(t)]\sin(w_c t) \end{aligned}$$

【例 5-3-3】仿真通过方差为 1 的瑞利分布和均匀分布$(0,2\pi)$来产生窄带随机变量 $N(t)$，将其增加到 θ 为$(0,2\pi)$的正弦波 $X(t)$中，观察正弦波振幅不同情况下的包络和相位概率密度函数图。

【例 5-3-3】代码

仿真结果如图 5-16～图 5-18 所示。通过仿真可以看到，当振幅比较小时，包络概率密度函数服从瑞利分布，当振幅很大时服从高斯正态分布，其余服从莱斯分布。莱斯分布实际上可以理解为主信号与服从瑞利分布的多径信号分量的和。相位概率密度函数没有明显特点，更像是均匀分布。

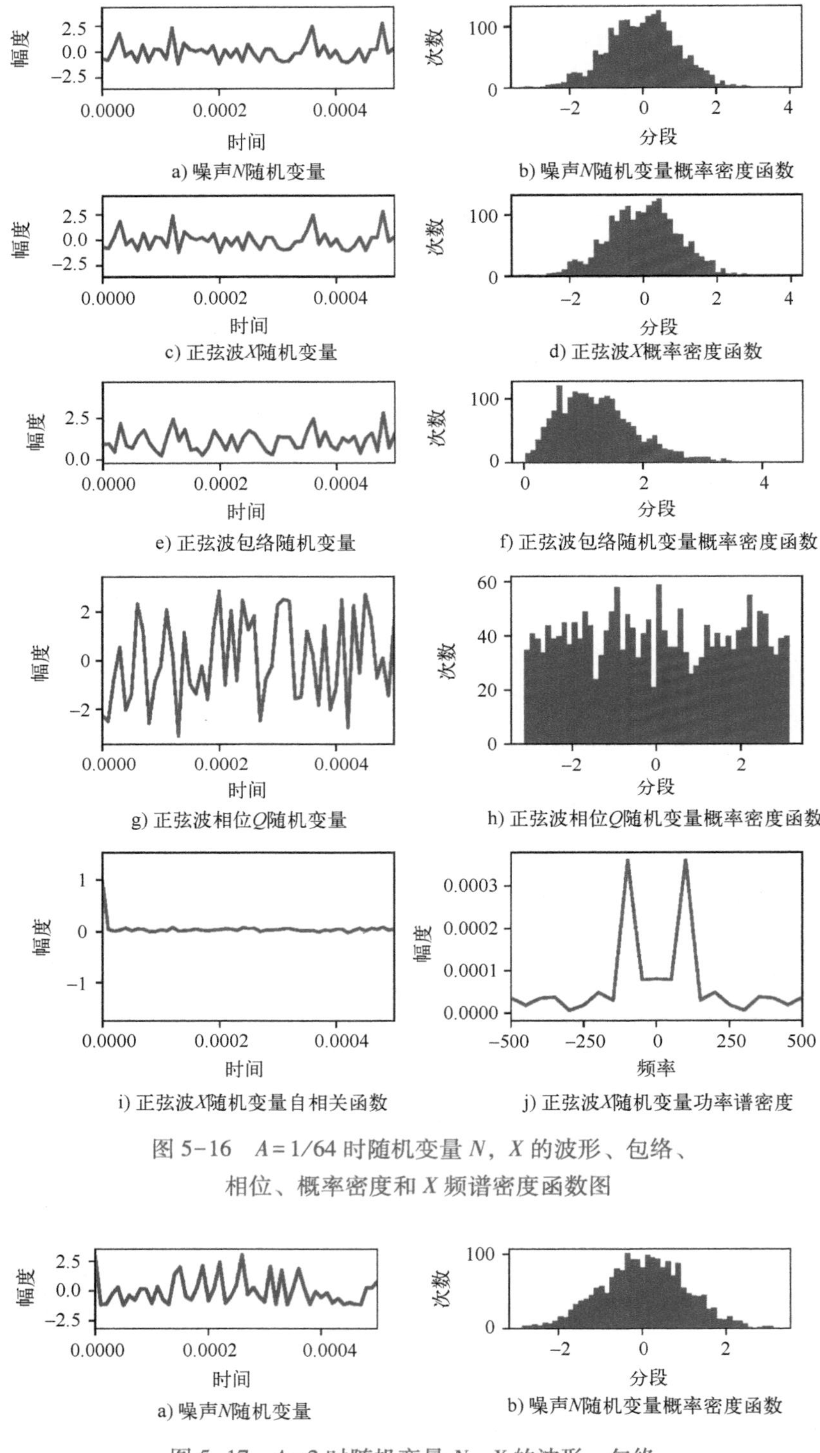

图 5-16　$A=1/64$ 时随机变量 N，X 的波形、包络、相位、概率密度和 X 频谱密度函数图

图 5-17　$A=2$ 时随机变量 N、X 的波形、包络、相位、概率密度和 X 频谱密度函数图

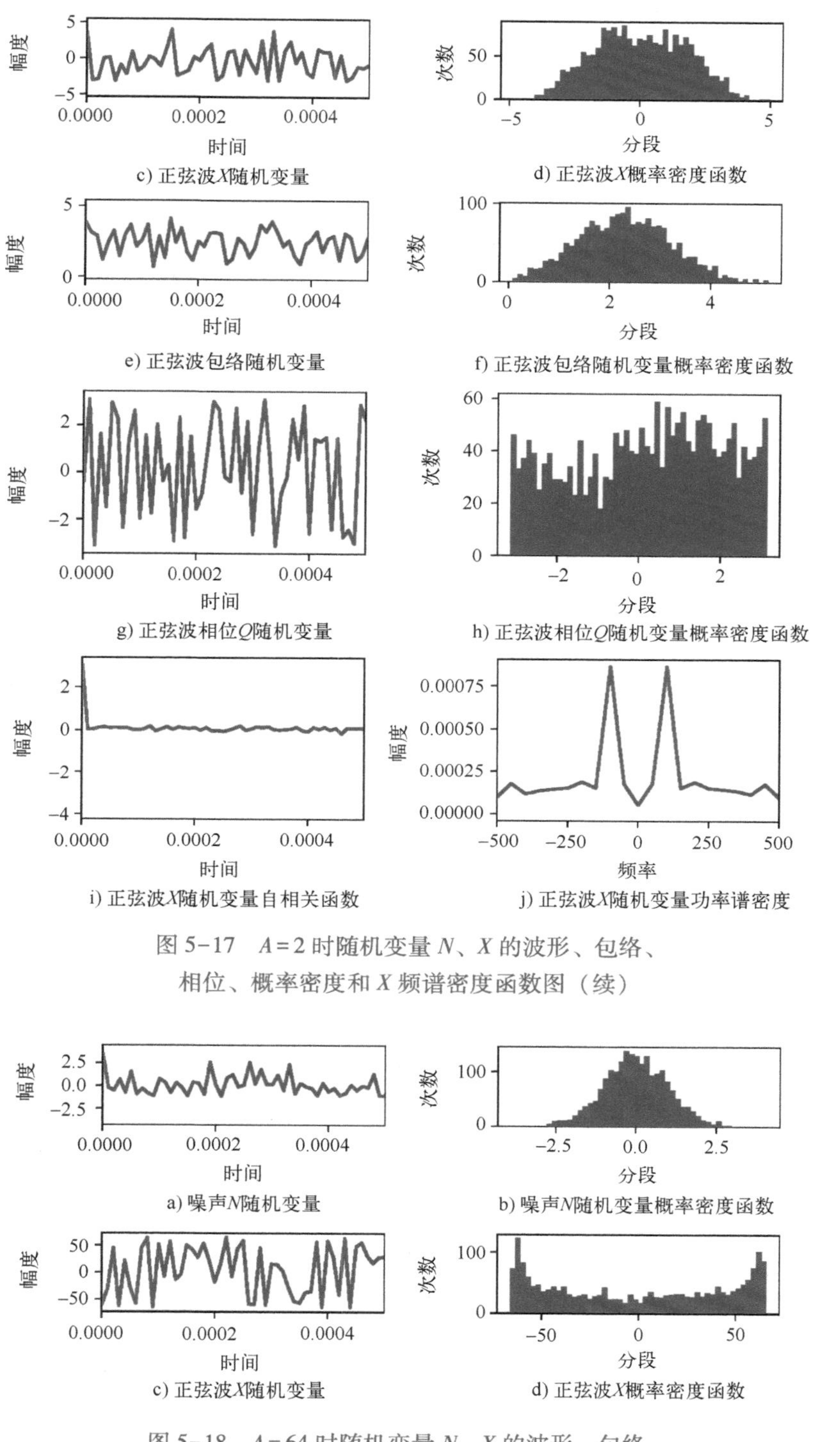

c) 正弦波X随机变量　d) 正弦波X概率密度函数

e) 正弦波包络随机变量　f) 正弦波包络随机变量概率密度函数

g) 正弦波相位Q随机变量　h) 正弦波相位Q随机变量概率密度函数

i) 正弦波X随机变量自相关函数　j) 正弦波X随机变量功率谱密度

图 5-17　$A=2$ 时随机变量 N、X 的波形、包络、相位、概率密度和 X 频谱密度函数图（续）

a) 噪声N随机变量　b) 噪声N随机变量概率密度函数

c) 正弦波X随机变量　d) 正弦波X概率密度函数

图 5-18　$A=64$ 时随机变量 N、X 的波形、包络、相位、概率密度和 X 频谱密度函数图

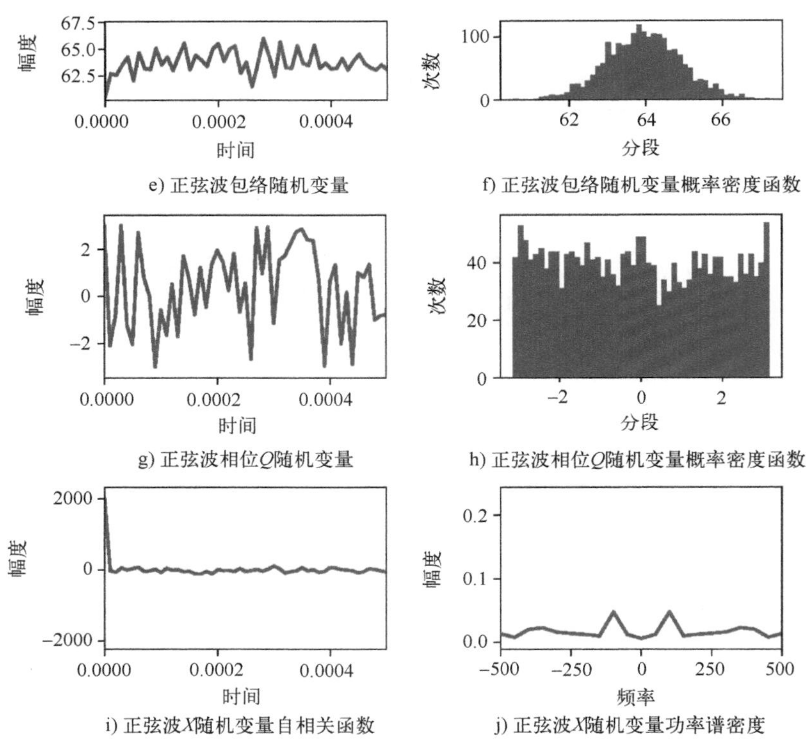

图 5-18　$A=64$ 时随机变量 N、X 的波形、包络、相位、概率密度和 X 频谱密度函数图（续）

5.4　白噪声随机过程的分析

5.4.1　白噪声的定义

一个平稳随机过程在频域中可用它的功率谱密度来表征，功率谱密度函数是自相关函数的傅里叶变换，反过来，自相关函数就是功率谱密度函数的反傅里叶变换。

对实现通信系统时使用的电子器件所产生的热噪声建模时，噪声就是假设这样一个随机过程，具有平坦的功率谱密度函数，即 $S_n(f)$ 对全部 f 是一个常数，则这个噪声我们称为白噪声。

白噪声功率谱函数 $S_n(f)$ 对全部 f 是一个常数，故在$(-\infty,+\infty)$的频率范围内，功率是无限大，因此考虑其固定的频率范围才是具有实际意义的物理过程。热噪声的量子力学证明，它的功率谱密度为

$$S_n(f)=\frac{hf}{2(\mathrm{e}^{\frac{hf}{kT}}-1)}$$

h 为普朗克常数，等于 6.6×10^{-34} J · s，k 是玻尔兹曼常数等于 1.38×10^{-23} J/K，T 为热力学温度，室温下 $T=300$ K。$S_n(f)$ 的曲线如图 5-19 所示。

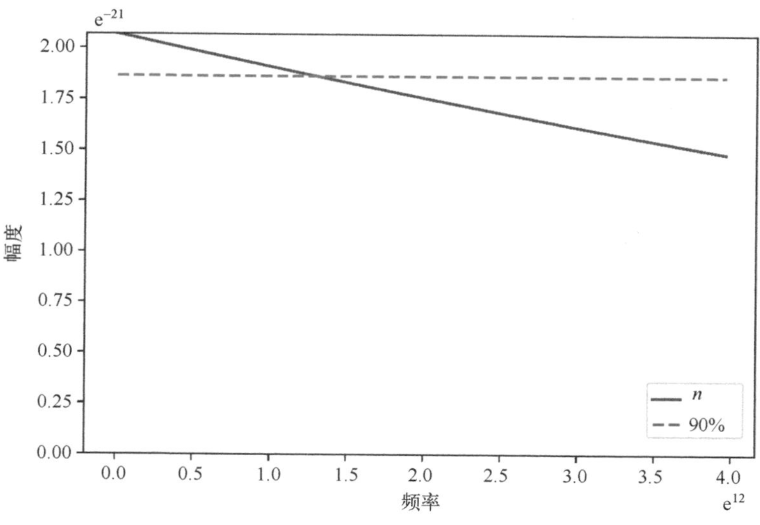

图 5-19　热噪声功率谱密度图

从图可见，f 在 1.5×10^{12} Hz 时，噪声的功率谱密度已经下降到最大值（2.07×10^{-21}）的 90%，因为这个频率远远高于实际通信过程中的频率，所以虽然热噪声不是真正的白噪声，但对实际通信过程使用的频率范围而言仍然可将其视为 $S_n(f)=\mathrm{k}T/2=N_0/2$ 的白噪声来处理，$N_0/2$ 有时也被称为双边功率谱密度，这样将大大简化问题的分析。如果白噪声的取值服从高斯分布，这样的白噪声称为高斯白噪声。

【例 5-4-1】仿真产生带宽 $B=2$ Hz，单边功率谱密度 $N_0=1$ 的高斯分布的白噪声随机变量 $X(t)$。

【例 5-4-1】代码

仿真的平均功率为 1.9546847629637192 W。仿真图如图 5-20 所示。

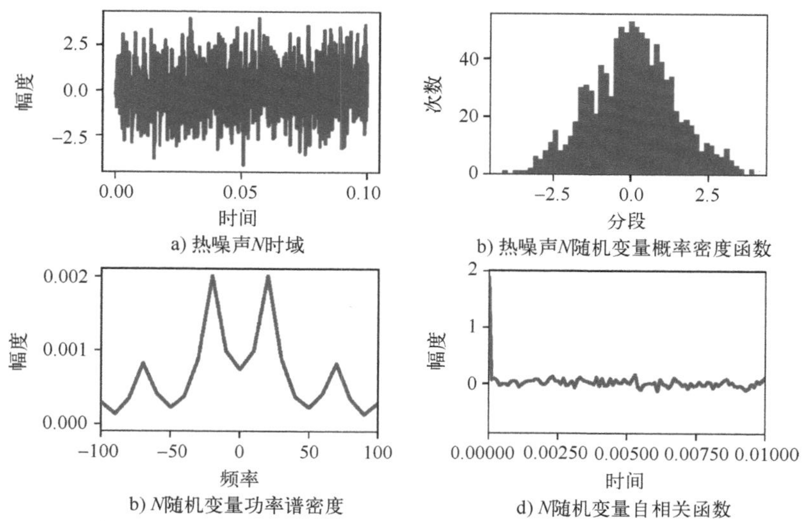

图 5-20　高斯白噪声波形及功率谱密度图

5.4.2 白噪声的信号分析

通过理想低通滤波器后的白噪声称为低通白噪声。如果白噪声通过理想的带通滤波器，则输出为带通白噪声。

【例 5-4-2】代码

【例 5-4-2】仿真通过单边功率谱密度 $N_0=1$ 的高斯分布的白噪声随机变量 $X(t)$：

（1）生成 $B=2\,\text{Hz}$ 的低通高斯白噪声；

（2）生成 $B=2$，$f_c=10$ 的带通高斯白噪声；

（3）激励线性滤波器的输出噪声，该滤波器的冲激响应为

$$h(t)=\begin{cases}e^{-t}, & t\geqslant 0\\ 0, & t<0\end{cases}$$

根据 5.3.1 节可知：高斯白噪声经过 $h(t)$ 的响应输出函数的功率谱密度函数为

$$P_y(f)=|H(f)|^2P_x(f)=\frac{1}{1+2\pi f^2}$$

根据仿真图 5-21 最后一张图所示会发现，最后输出的结果和计算的结果是有差异的，主要是计算时产生的误差导致的。

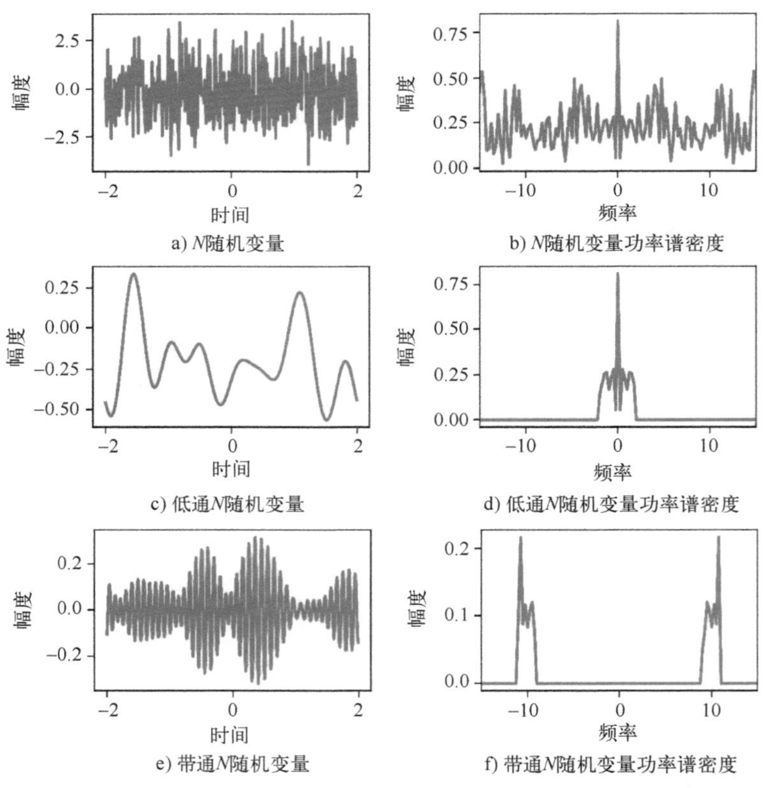

图 5-21 高斯白噪声、低通、带通激励响应波形及功率谱密度图

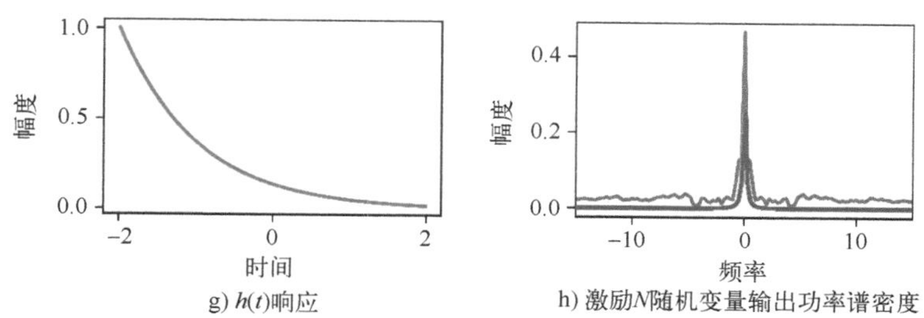

图 5-21　高斯白噪声、低通、带通激励响应波形及功率谱密度图（续）

5.5　蒙特卡罗（Mote Carlo）仿真

在实际通信系统中，常常用 Mote Carlo 仿真来评估通信系统的性能。让 N 个符号通过系统并计算发送产生差错的个数 Ne，则误码率可以简化为 $P_e=Ne/N$，仿真的次数 N 越大，仿真的结果就越接近现实通信系统的性能。在很多情况下，由于计算公式复杂，甚至无法得到解析时，通过蒙特卡罗模拟仿真得到误码率不失为一种较方便的手段。在通信系统中，简单通信系统误码率的仿真示意图如图 5-22 所示。

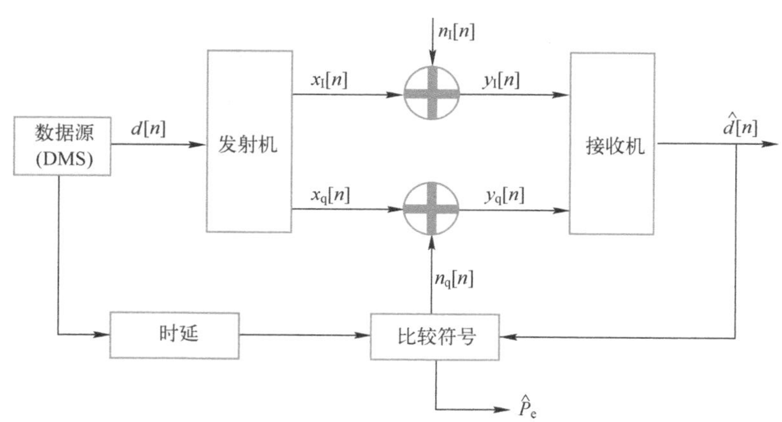

图 5-22　简单通信系统误码率仿真示意图

【例 5-5-1】仿真 BPSK 在 $A_c=1$，$K_m=1$ 时的误码率理论与蒙特卡罗仿真的误码率。

BPSK 的调制信号为

$$x(t,n)=\cos(2\pi f_c t+k_m d[n]\pi+\theta)$$

由于 Q 路均为 0，所以只需考虑 I 路，θ 假定为 0，这样就可简化在没有噪声时，$d[n]=0$，y_d输出为 1，$d[n]=1$，y_d输出为−1。

理论上 $\mathrm{BER}_{\mathrm{Awgn}}$为

$$\mathrm{BER}_{\mathrm{Awgn}}=\frac{1}{2}\mathrm{erfc}\left(\sqrt{\frac{E_b}{N_0}}\right)$$

通过仿真可以看到，仿真的次数很大，越接近理论值，如图 5-23 所示。图中 $x[n]$，

$x[n]+n[n]$，$y[n]$只是显示了最后一次仿真的前 20 个仿真的数值。

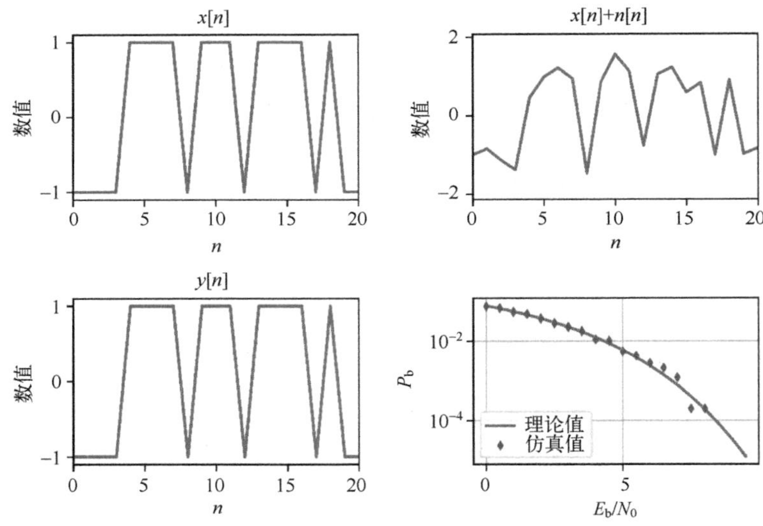

图 5-23　蒙特卡罗仿真 BPSK 误码率图

第 6 章　模拟调制与解调

6.1　幅度调制与解调

幅度调制简称为 AM（Amplitude Modulation），一般是线性调制。主要思想是用调制信号 $m(t)$ 去控制载波信号 $c(t)$ 的幅度参数，使得调制后的载波信号 $sm(t)$（已调信号）含有调制信号的特征，便于解调还原出来。调制的主要目的是减少传播天线的尺寸，将输出信号的频带搬迁到不同载频上，可以实现信号的多路复用，提高信道的利用率和系统的抗干扰性，并提升系统的传输性能。

幅度调制又分为双边带幅度调制（DSB-AM）、常规幅度调制、单边带幅度调制（SSB-AM）和残留边带幅度调制（VSB-AM）。这几种幅度调制的差异主要是为了考虑节约所需的频率带宽资源。

6.1.1　双边带幅度调制 DSB-AM 与解调

在 DSB-AM 中，调制信号 $m(t)$ 作用于载波信号的幅度，已调载波信号的幅度正比于调制信号。在时域中表述为

$$sm(t)=m(t)c(t)=A_c m(t)\cos(2\pi f_c t)$$

根据傅里叶变换有：

$$SM(f)=\frac{A_c}{2}M(f-f_c)+\frac{A_c}{2}M(f+f_c)$$

传输所需的带宽 $B_T=2W$，W 为调制信号（消息信号）的带宽。已调信号功率为

$$P_{sm}=\frac{A_c^2}{2}P_m$$

S/N 为已调信号的信噪比，P_{sm} 为接收端已调信号功率，$N_0/2$ 是噪声功率谱密度，W 是调制信号的带宽，则

$$\left(\frac{S}{N}\right)_i=\frac{P_{sm}}{N_0 W}$$

DSB-AM 的相干解调是将接收到的已调信号和 $\cos(2\pi f_c t)$ 相乘或混频，就可以得到接收信号：

$$r(t)=A_c m(t)\cos(2\pi f_c t)\cos(2\pi f_c t)=\frac{A_c}{2}m(t)+\frac{A_c}{2}m(t)\cos(4\pi f_c t)$$

根据傅里叶变换有：

$$R(f)=\frac{A_c}{2}M(f)+\frac{A_c}{4}M(f-2f_c)+\frac{A_c}{4}M(f+2f_c)$$

通过低通滤波器，将高频部分 $2f_c$ 滤除，就留下$\frac{A_c}{2}M(f)$信号，幅度是原信号 $m(t)$ 的1/2，功率为

$$P_r=\frac{A_c^2}{4}P_m$$

输出信噪比为

$$\left(\frac{S}{N}\right)_o=\frac{4P_r}{N_0W}$$

【例 6-1-1】仿真在 SNR=5dB 时的双边带幅度 DSB-AM 调制解调信号。其中：

【例 6-1-1】代码

$$m(t)=\sqrt{2}\cos(2\pi t)$$
$$c(t)=\cos(20\pi t)$$

根据 $m(t)$ 和 $c(t)$，可以知道 $sm(t)=m(t)c(t)$，由于 SNR=5 dB 比较小，可以看到解调信号（图 6-1 黑线）和 1/2 的原调制信号（图 6-1 蓝线）之间存在误差，而且解调后的信号是原信号幅度的一半。另外从已调信号的频谱可以看到在载波频率两侧均有两个频率，这也是这种调制叫双边带幅度调制的原因。仿真结果如图 6-1 所示。

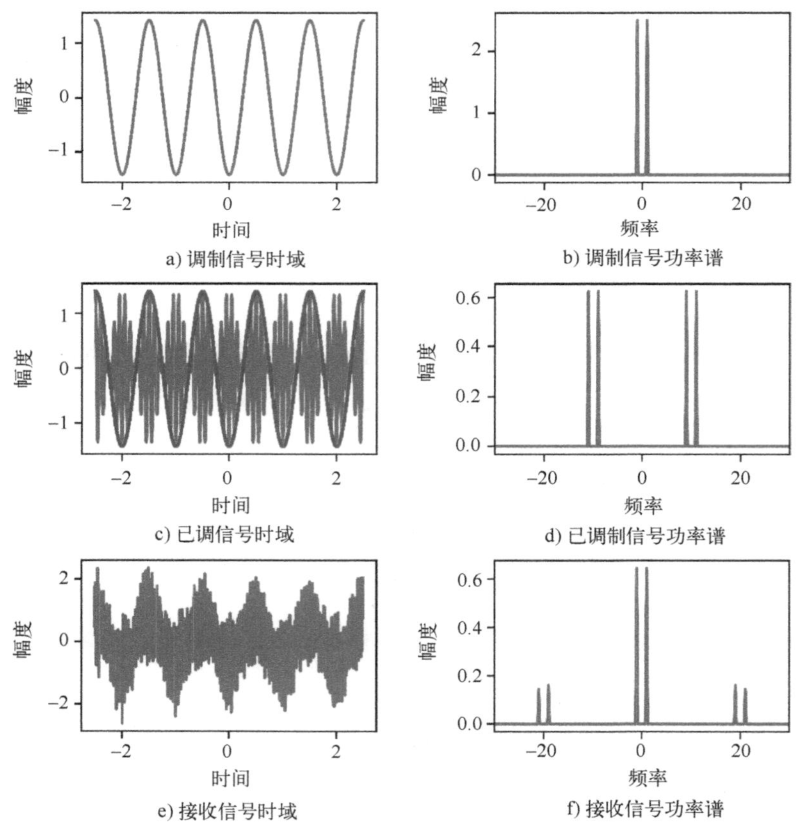

图 6-1　DSB-AM 调制解调示意图

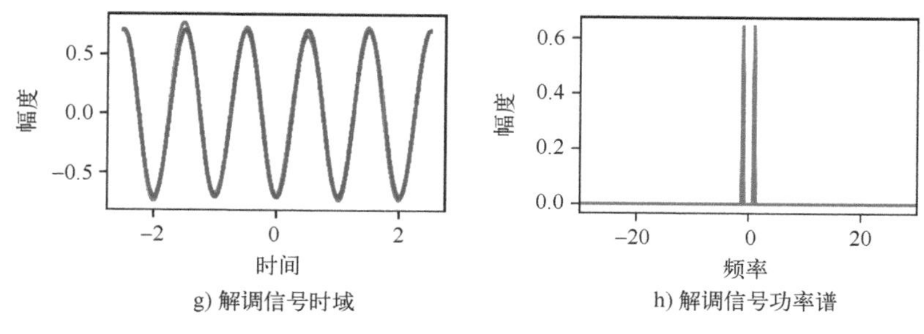

g) 解调信号时域　　h) 解调信号功率谱

图 6-1　DSB-AM 调制解调示意图（续）

在本例的相干解调中，接收端的同步十分重要。若接收端同步的信号有时延，特别是在 π/2 时延时，仿真出来的调制信号（图 6-2 中的黑线）呈一条直线，基本不可能解调出来。

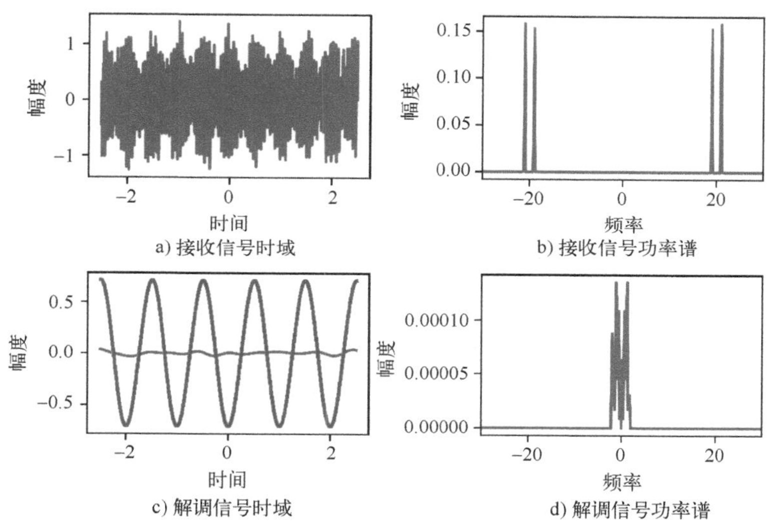

a) 接收信号时域　　b) 接收信号功率谱

c) 解调信号时域　　d) 解调信号功率谱

图 6-2　DSB-AM 相关解调同步时延 π/2 的解调示意图

6.1.2　常规幅度调制与解调

常规幅度调制和 DSB-AM 相似，区别是使用 $1+am_n(t)$ 作为调制信号，代替了原来的 $m(t)$，$m_n(t)$ 是 $m(t)$ 归一化后的调制信号，a 是调制指数，为[0,1]间的常数，且 $1+am_n(t)\geqslant 0$，这就会使得后面信号解调变得很容易，可以采用包络检波器解调。广播系统很多采用该种调制方式。其表达式为

$$sm(t)=A_c[1+am_n(t)]\cos(2\pi f_c t)$$

其傅里叶变换为

$$SM(f)=\frac{A_c}{2}[\delta(f-f_c)+aM_n(f-f_c)+\delta(f+f_c)+aM_n(f+f_c)]$$

传输的带宽 $B_T=2W$，W 为调制信号（消息信号）的带宽。假设 $m_n(t)$ 是均值为 0 的信号，平均功率和调制效率（传输功率和已调信号总功率之比）为

$$P_{sm}=\frac{A_c^2}{2}(1+a^2P_{m_n})$$

$$\eta=\frac{a^2P_{m_n}}{(1+a^2P_{m_n})}$$

S/N 是已调信号信噪比，P_{sm}为接收端已调信号功率，$N_0/2$ 是噪声功率谱密度，W 是调制信号的带宽，则输入信噪比为

$$\left(\frac{S}{N}\right)_i=\frac{P_{sm}}{N_0W}$$

P_r为接收端已调后滤波信号功率，$N_0/2$ 是噪声功率谱密度，W 是调制信号的带宽，在 SNR 较大时的输出信噪比为

$$\left(\frac{S}{N}\right)_o=\frac{P_r}{N_0W}=\frac{a^2P_{m_n}}{N_0W}$$

因为 $m_n(t)$ 是归一化，所以 $\eta<50\%$，由此可见真正应用到传输信号的功率较少，大部分都浪费在载波发送功率上。

常规幅度调制的设计不是想通过相干解调，而是希望采用廉价的包络检测解调方式来节约成本。AM 解调方式是通过 Hilbert 变换等效为低通等效信号，然后计算幅度就可以检测出包络。

【例 6-1-2】仿真在 SNR = 20 dB，调制系数 $a=0.85$ 时的常规幅度 AM 调制解调信号。其中：

$$m(t)=\sqrt{2}\cos(2\pi t)$$
$$c(t)=\cos(20\pi t)$$

根据 $m(t)$ 和 $c(t)$，可以知道 $sm(t)=[1+0.85m(t)]c(t)$，由于 SNR = 20 dB，可以看到解调信号和原调制信号之间存在误差，和图 6-1 中 DSB-AM 解调还原的信号相比，AM 解调还原的信号更差，可见 AM 调制性能并不是很好，只是由于解调简单而在广播系统有广泛应用。仿真结果如图 6-3 所示。

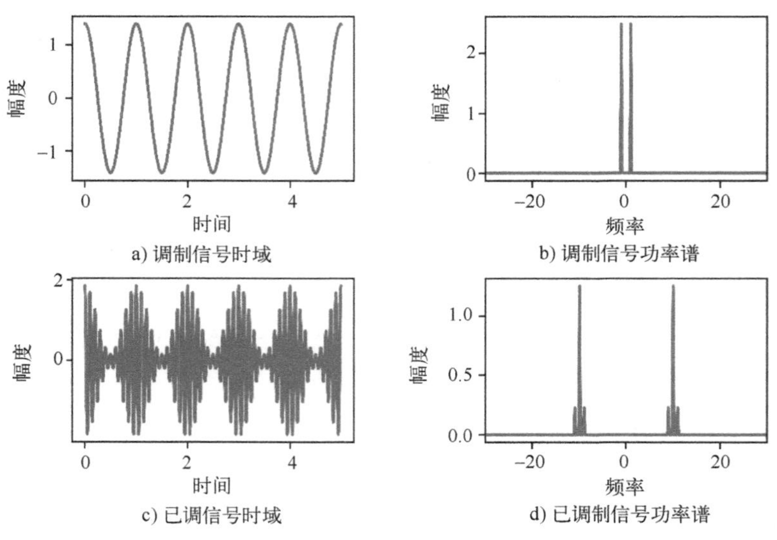

图 6-3 常规 AM 调制解调示意图

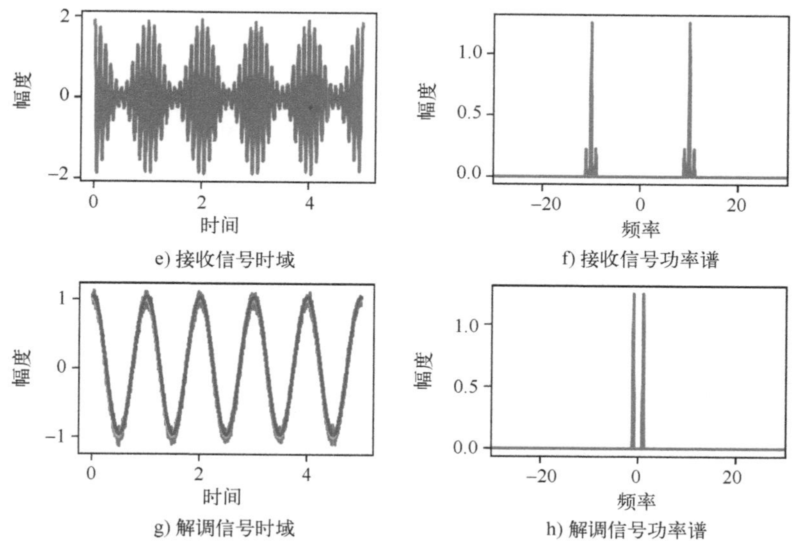

e) 接收信号时域　f) 接收信号功率谱

g) 解调信号时域　h) 解调信号功率谱

图 6-3　常规 AM 调制解调示意图（续）

6.1.3　单边带幅度调制 SSB-AM 与解调

为了节约频率资源，除掉 DSB-AM 的左边或右边的一个边带，将信号发射出去同样可以解调还原信号，这就是单边带幅度调制，分为上边带（USSB-AM）和下边带幅度调制（LSSB-AM）。已调信号的表达式为

$$sm(t)=\frac{A_c}{2}m(t)\cos(2\pi f_c t)\mp\frac{A_c}{2}\hat{m}(t)\cos(2\pi f_c t)$$

式中，$\hat{m}(t)$为$m(t)$的 Hilbert 变换，$sm(t)$的傅里叶变换为

$$SM_{\mathrm{USSB}}(f)=\begin{cases}M(f-f_c)+M(f+f_c), & f_c\leqslant|f|\\0, & \text{其他}\end{cases}$$

$$SM_{\mathrm{LSSB}}(f)=\begin{cases}M(f-f_c)+M(f+f_c) & |f|\leqslant f_c\\0 & \text{其他}\end{cases}$$

SSB-AM 信号的带宽是 DSB-AM 或 AM 带宽的一半，$B_T=W$，W 为调制信号（消息信号）的带宽，已调信号的功率为

$$P_{sm}=\frac{A_c^2}{4}P_m$$

S/N 是已调信号信噪比，P_{sm}为接收端已调信号功率，$N_0/2$ 是噪声功率谱密度，W 是调制信号的带宽：

$$\left(\frac{S}{N}\right)_i=\frac{P_{sm}}{N_0 W}$$

SSB-AM 的解调，是将接收到得已调信号和$\cos(2\pi f_c t)$相乘或混频，就可以得到接收信号：

$$r(t)=\left[\frac{A_c}{2}m(t)\cos(2\pi f_c t)\mp\frac{A_c}{2}\hat{m}(t)\cos(2\pi f_c t)\right]\cos(2\pi f_c t)$$
$$=\frac{A_c}{4}m(t)+\frac{A_c}{4}m(t)\cos(4\pi f_c t)\mp\frac{A_c}{4}\hat{m}(t)\sin(4\pi f_c t)$$

通过低通滤波器，将高频部分滤除，就留下$\frac{A_c}{4}m(t)$信号，幅度是原信号 $m(t)$ 的 1/4。

$$P_r=\frac{A_c^2}{16}P_m$$

P_r为接收端已调信号功率，$N_0/2$ 是噪声功率谱密度，W 是调制信号的带宽，输出信噪比为

$$\left(\frac{S}{N}\right)_o=\frac{4P_r}{N_0 W}$$

【例 6-1-3】仿真在 SNR=5 dB，单边带幅度调制 SSB-AM 调制解调信号。其中：

$$m(t)=\sqrt{2}\cos(2\pi t)$$
$$c(t)=\cos(20\pi t)$$

根据 $m(t)$ 和 $c(t)$，可知 $sm(t)=m(t)c(t)$，由于 SNR=5 dB 比较小，可以看到调制信号和 Hilbert 信号（蓝线）相位相差 π/2，4 倍的解调信号（图 6-4 中第 7 幅图黑线）和原调制信号之间存在误差，而且解调后的信号是原信号幅度的 1/4。从频谱图也可以看到，和 DSB-AM 相比，本例题中只有上边带的功率。

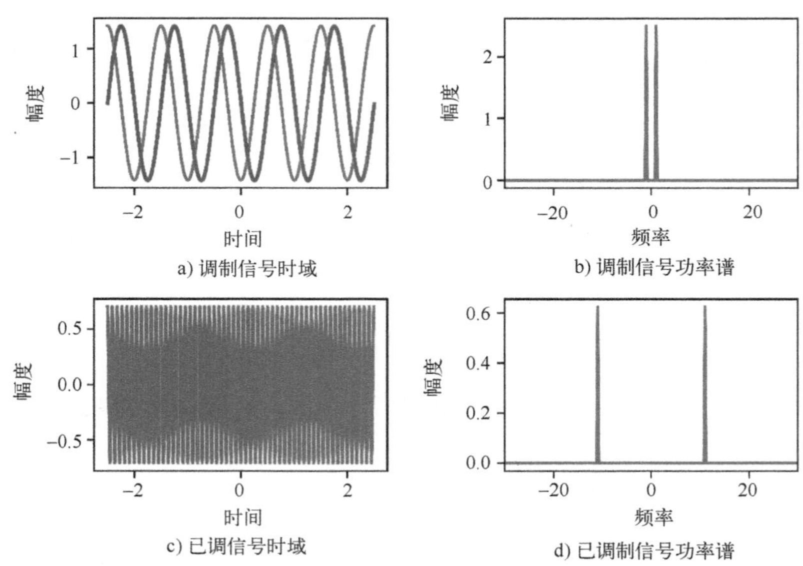

图 6-4　SSB-AM 调制解调示意图

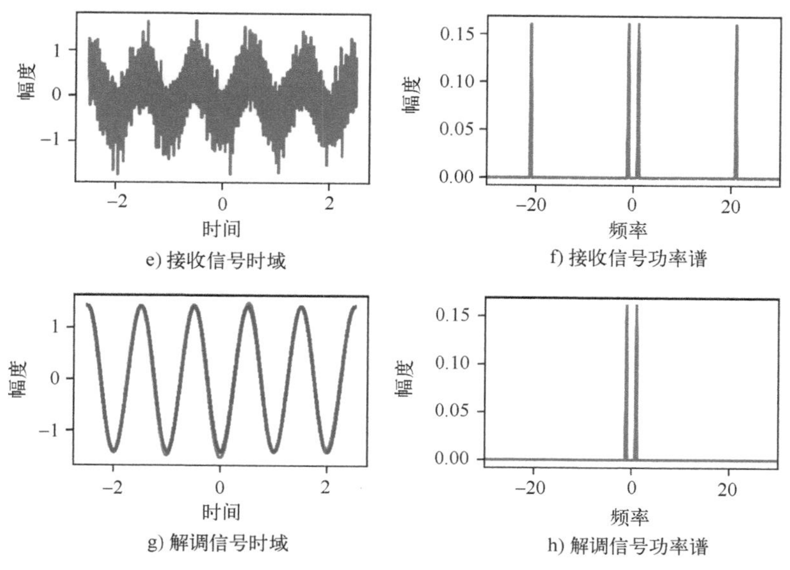

图 6-4　SSB-AM 调制解调示意图（续）

在本例的 SSB-AM 相干解调中，接收端的同步同样十分重要。若接收端同步的信号有时延，特别是在 π/2 时延时，仿真出来的解调信号（图 6-5 中的蓝线）是 Hilbert 信号，根本不是调制信号。

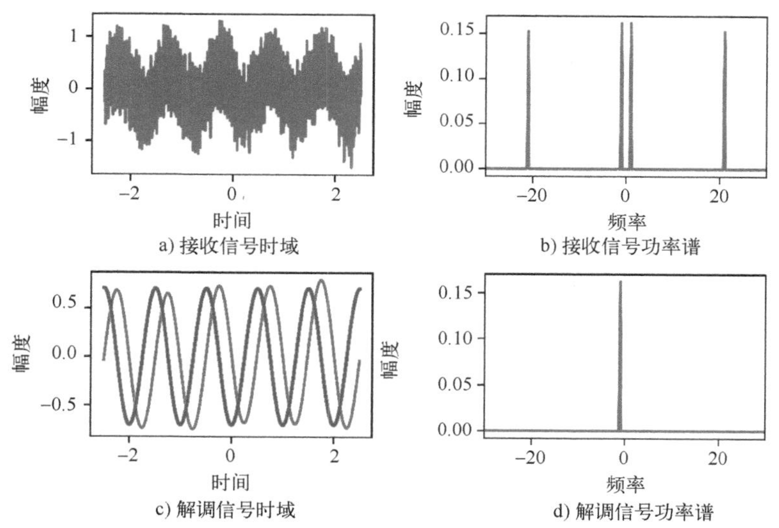

图 6-5　SSB-AM 相关解调同步时延 π/2 的解调示意图

6.1.4　残留边带幅度调制 VSB-AM 与解调

SSB-AM 是为了节约一半的频率资源，但在实际中，矩形式的滤波器是很难实现的，一般都是易于实现的滚降式滤波器。假定滤波器都归一化，为了更符合实际，就设计了一种残留边带幅度调制 VSB-AM，该种已调信号的频率表达式为

$$SM_{\mathrm{VSB}}(f)=SM_{\mathrm{DSB}}(f)\cdot H(f)=\frac{A_c}{2}[M(f-f_c)+M(f+f_c)]H(f)$$

$$H(f-f_c)+H(f+f_c)=C(常数)$$

即 $H(f)$ 为带阻滤波器，在 f_c 处要奇对称，通过截取 f_c 处左右两处的功率，在信号还原时将其合在一起仍为常数。具体参见图 6-6。

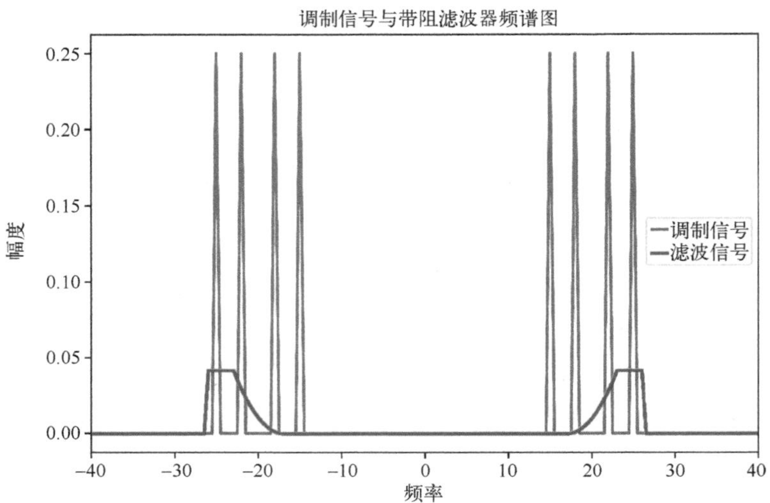

图 6-6　$f_c=20$，VSB-AM 调制信号和滤波器关系图

SSB-AM 传输的带宽 $B_T=\sigma W$，$1<\sigma<2$，W 为调制信号（消息信号）的带宽。则功率为

$$P_{\mathrm{vsm}}=\frac{A_c^2}{2}P_m$$

需要解调出原信号，则解调低通滤波后的信号：

$$R_{\mathrm{VSB}}(f)=\frac{A_c}{2}[H(f-f_c)+H(f+f_c)]M(f)$$

P_r 为接收端已调信号功率，$N_0/2$ 是噪声功率谱密度，W 是调制信号的带宽，则输出信噪比为

$$\left(\frac{S}{N}\right)_0=\frac{P_{\mathrm{vsm}}}{N_0W\sigma}$$

【例 6-1-4】 仿真在 SNR = 20 dB 时，残留边带为 $0.6f_m$，$B=1.2f_m$ 幅度 VSB-AM 调制解调信号。其中：

$$m(t)=\sqrt{2}\cos(10\pi t+4\pi t)$$

$$c(t)=\cos(40\pi t)$$

根据 $m(t)$ 可以知道一个频率为 $f_m=5$ Hz，另一个频率为 2 Hz，残留边带为 $0.6f_m=3$ Hz，就可以将 2 Hz 的频率在 f_c 侧的频谱通过带阻滤波器过滤，从图 6-7 中已调信号功率谱图可以看到 20 MHz 左右两侧均匀信号的能量。最后再通过相干解调还原信号。

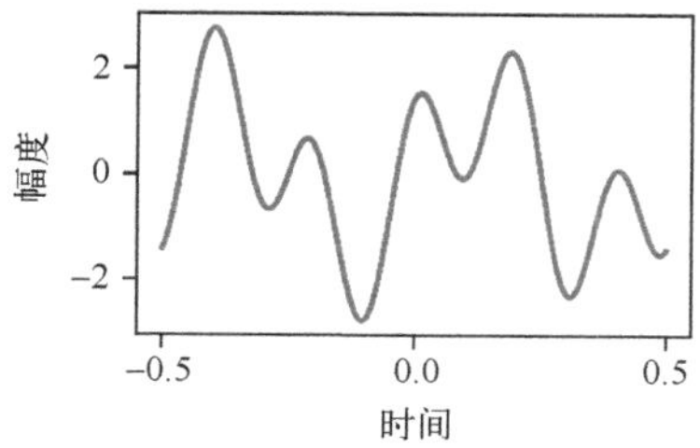

a) 调制信号时域

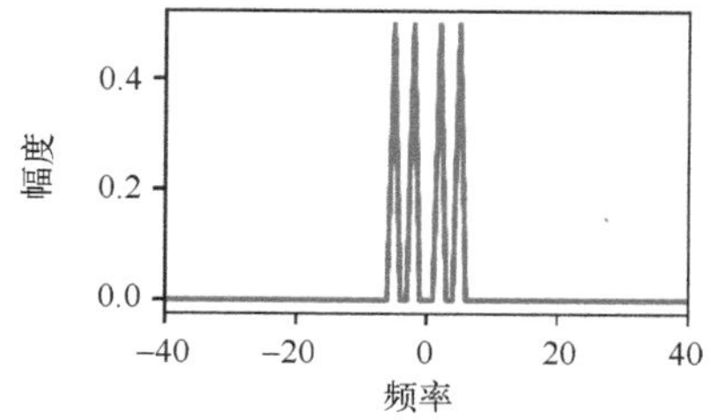

b) 调制信号功率谱

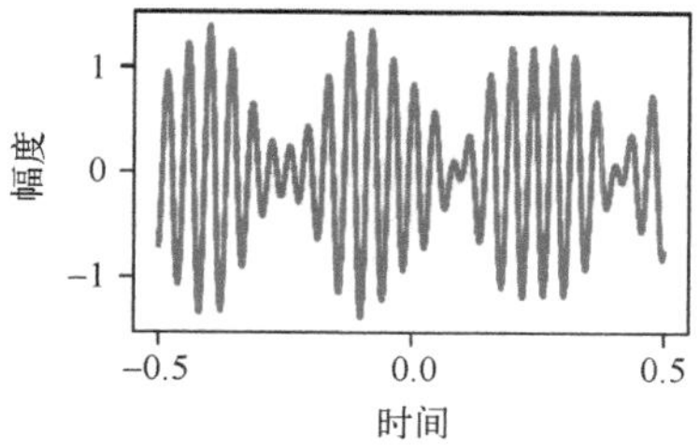

c) VSB已调信号时域

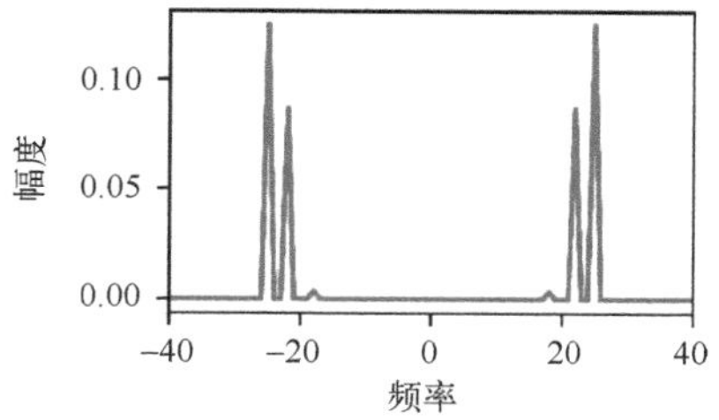

d) 已调制信号功率谱

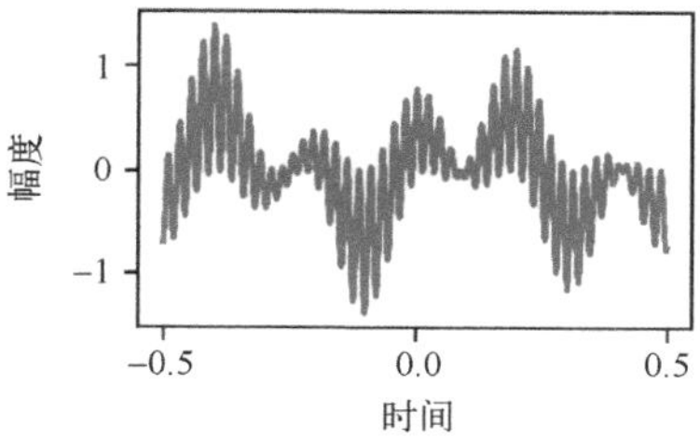

e) VSB解调信号时域

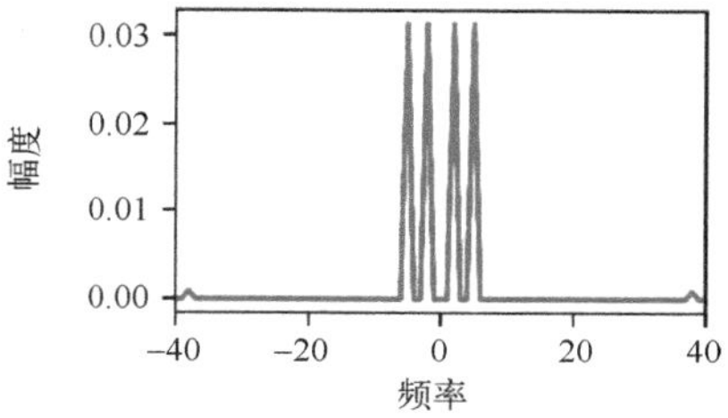

f) VSB解调信号功率谱

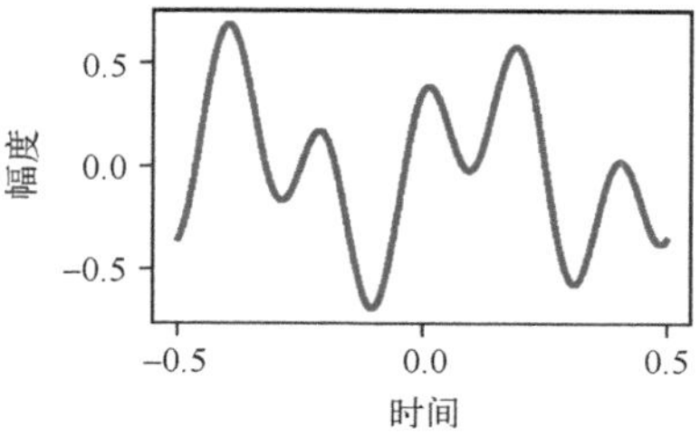

g) VSB解调信号低通滤波后时域

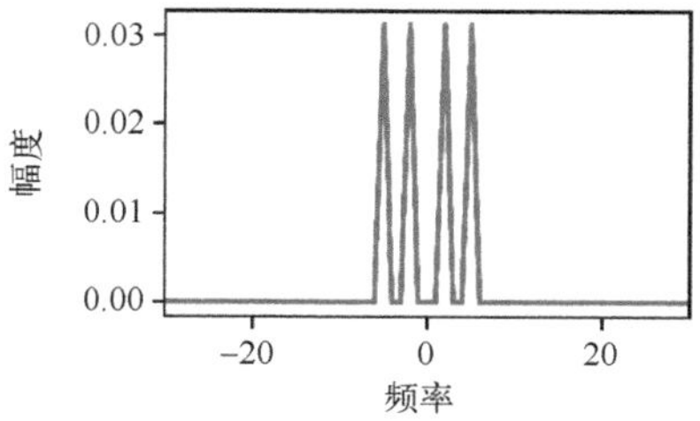

g) VSB解调信号低通滤波后功率谱

图 6-7　VSB-AM 调制解调示意图

6.1.5　几种幅度调制与解调性能比较

几种幅度调制性能的比较参见表 6-1。

表 6-1　几种幅度调制性能比较

调制类型	输入信号	信号带宽 B	输入信号功率	输入信噪比	输出信噪比
AM	$[A+am_n(t)]\cos(2\pi f_c t)$ a 为调制系数， SNR 较大时	$2f_m$	$\frac{1}{2}a^2E[m_n(t)]^2+\frac{1}{2}A^2$	$\left(\frac{1}{2}a^2E[m_n(t)]^2+\frac{1}{2}A^2\right)/(N_0B)$	$(a^2E[m_n(t)]^2)/(N_0B)$

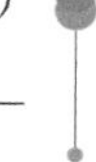

（续）

调制类型	输入信号	信号带宽 B	输入信号功率	输入信噪比	输出信噪比
DSB-AM	$m(t)A\cos(2\pi f_c t)$	$2f_m$	$\frac{1}{2}A^2E[m(t)]^2$	$\frac{1}{2}A^2E[m(t)]^2/(N_0B)$	$A^2E[m(t)]^2/(N_0B)$
SSB-AM	$\frac{A}{2}[m(t)\cos(2\pi f_c t)+\hat{m}(t)\sin(2\pi f_c t)]$	f_m	$\frac{1}{4}A^2E[m(t)]^2$	$\frac{1}{4}A^2E[m(t)]^2/(N_0B)$	$\frac{1}{4}A^2E[m(t)]^2/(N_0B)$
VSB-AM		$f_m<a<2f_m$	$\frac{1}{4}A^2E[m(t)]^2$	$\frac{1}{4}A^2E[m(t)]^2/(N_0B)$	$\frac{a}{4}A^2E[m(t)]^2/(N_0B)$

【例 6-1-5】在 SNR=20 dB，调制系数 $a=0.85$，残留边带为 $0.6f_m$，$B=1.2f_m$ 的情况下，比较 DSM-AM、AM、SSB-AM 和 VSB-AM 调制解调信号并输出调制增益。其中：

【例 6-1-5】代码

$$m(t)=\sqrt{2}\cos(6\pi t+2\pi t)$$

$$c(t)=\cos(40\pi t)$$

根据仿真结果如图 6-8 所示，各调制增益为

DSB-AM 增益：1.9999999997944828

AM 增益：0.3106311119707399

SSB-AM 增益：1.0000003575998486

VSB-AM 增益：1.2089556129327086

从仿真效果看，AM 调制效果最差，其他三种都可以正确还原信号。

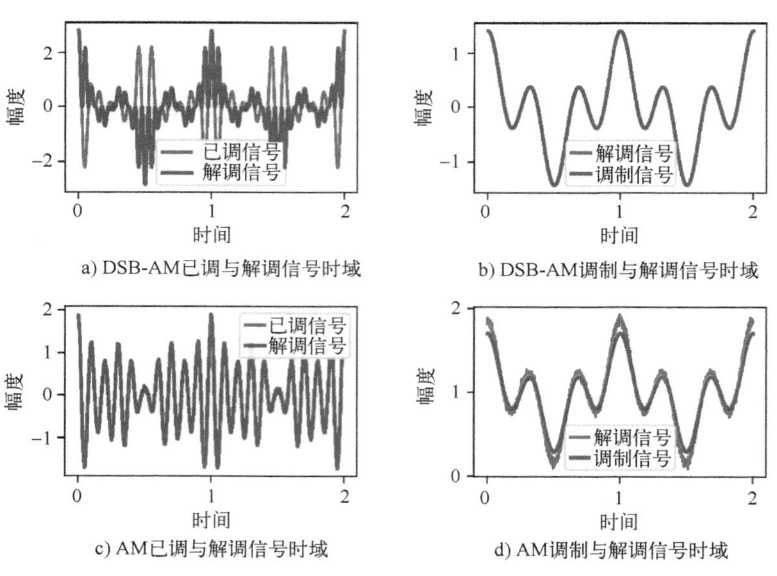

图 6-8　几种幅度调制解调比较示意图

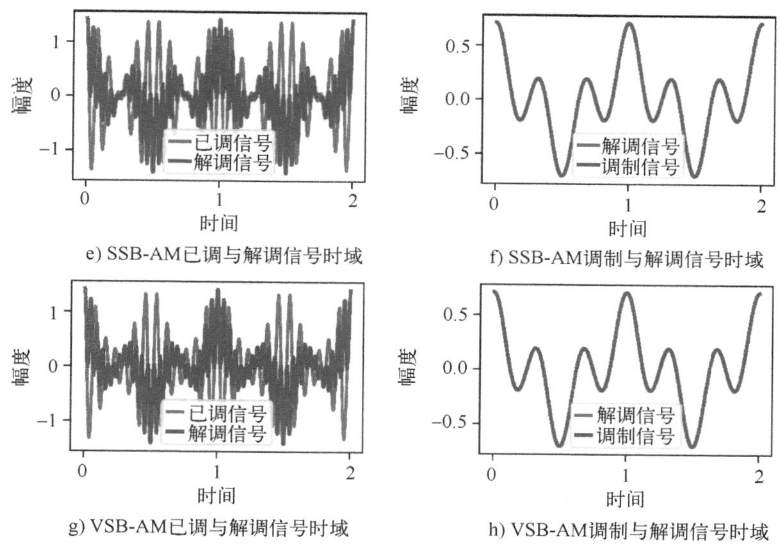

e) SSB-AM已调与解调信号时域　f) SSB-AM调制与解调信号时域

g) VSB-AM已调与解调信号时域　h) VSB-AM调制与解调信号时域

图 6-8　几种幅度调制解调比较示意图（续）

6.2　角调制与解调

角调制属于非线性调制，包括频率调制（FM）和相位调制（PM）。这类调制是用频率带宽换取高信噪比。在高保真 FM 广播、微波载波调制和点对点通信中运用比较多。

设载波 $c(t)=A_c\cos(2\pi f_c t)$，消息信号为 $m(t)$，则角调制信号的时域表示为

$$sm(t)=\begin{cases}A_c\cos[2\pi f_c t+k_p m(t)] & \text{PM}\\ A_c\cos\left[2\pi f_c t+2\pi k_f\int_{-\infty}^{t}m(\tau)\mathrm{d}\tau\right] & \text{FM}\end{cases}$$

其中 k_p和 k_f分别为 PM 和 FM 的偏离常数。$m(t)$函数不同，复杂程度不同，为简化讨论，本章节只讨论 $m(t)$为正余弦函数形式，对 PM 系统，$m(t)=A_m\cos(2\pi f_m t)$，对 FM 系统，$m(t)=-A_m\sin(2\pi f_m t)$，根据 $m(t)$的变换，$sm(t)$变化为

$$sm(t)=\begin{cases}A_c\cos[2\pi f_c t+k_p A_m\cos(2\pi f_m t)] & \text{PM}\\ A_c\cos\left[2\pi f_c t+\dfrac{k_f A_m}{f_m}\cos(2\pi f_m t)\right] & \text{FM}\end{cases}$$

$\beta_p=k_pA_m$和 $\beta_f=\dfrac{k_fA_m}{f_m}=\dfrac{\Delta w}{w_m}=\dfrac{\Delta f}{f_m}$分别称为调相指数和调频指数。由于调频和调相之间存在关系，将调制信号先微分，再调频得到的就是调相信号，也可以将调制信号先积分，再调相就是调频信号。

正余弦信号的调频信号带宽 $B=2(\beta+1)f_m$，β 为调制指数。非正弦信号的带宽为 W，调制指数定义为

$$\begin{cases}\beta_{\mathrm{p}}=k_{\mathrm{p}}\max|m(t)| \\ \beta_{\mathrm{f}}=\dfrac{k_{\mathrm{p}}\max|m(t)|}{W}\end{cases}$$

非正弦信号的已调信号的带宽 $B=2(\beta+1)W$。

S/N 为已调信号的信噪比，P_{sm} 为接收端已调信号功率，$N_0/2$ 是噪声功率谱密度，B_{FM} 是调频信号的带宽：

$$\left(\frac{S}{N}\right)_{\mathrm{i}}=\frac{P_{\mathrm{sm}}}{N_0B_{\mathrm{FM}}}=\frac{A_{\mathrm{c}}^2A_{\mathrm{m}}^2}{2N_0B_{\mathrm{FM}}}$$

对于角调制来说，解调的方法一般是非相干解调，调频一般通过微分后再包络检测法来解调，调相一般通过微分、包络检测后再积分来解调。由于调相和调频有相似性，下面主要讲调频。调频包络检测后的输出信号可表示为

$$r(t)=k_dk_fm(t)$$

大信噪比情况下，调频解调后输出信噪比为

$$\left(\frac{S}{N}\right)_{\mathrm{o}}=\frac{3A_{\mathrm{c}}^2k_{\mathrm{f}}^2A_{\mathrm{m}}^2}{8\pi^2N_0f_{\mathrm{m}}^3}$$

【例 6-2-1】在 SNR = 20 dB，载波中心频率为 200 Hz，$k_{\mathrm{f}}=50$，$k_{\mathrm{p}}=50$。其中：

【例 6-2-1】代码

$$m(t)=\cos(2\pi t)$$

$$c(t)=\sqrt{2}\cos(400\pi t)$$

仿真画出其调制信号、调频（相）信号、调频（相）解调信号的时域及频域图并计算调频增益。

根据仿真图 6-9 可以看到，调频和调相都能恢复信号，只是积分的顺序不同。调频的调制增益为 74. 99999999999994。

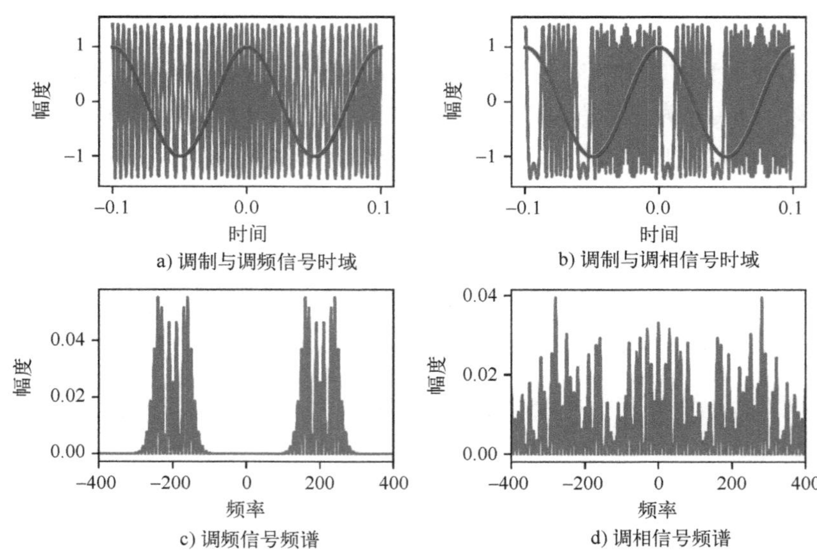

图 6-9　调频调相解调示意图

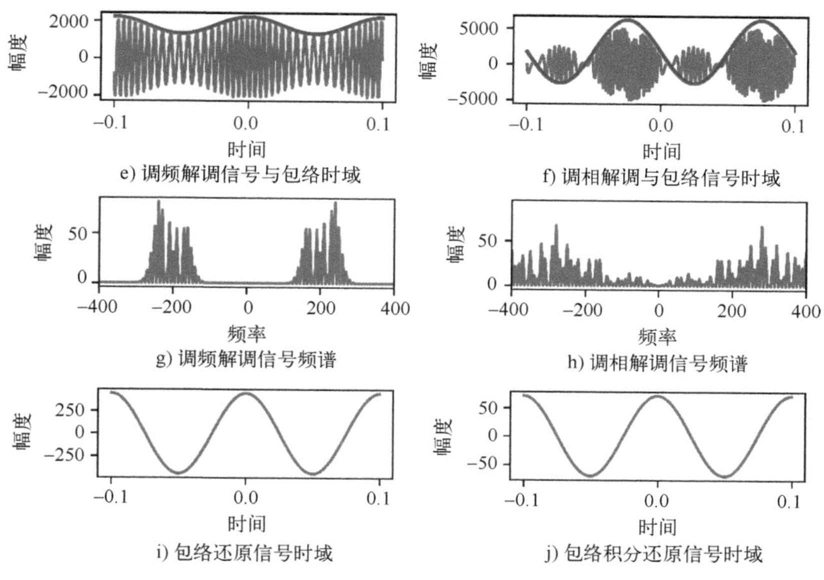

e) 调频解调信号与包络时域　f) 调相解调与包络信号时域

g) 调频解调信号频谱　h) 调相解调信号频谱

i) 包络还原信号时域　j) 包络积分还原信号时域

图 6-9　调频调相解调示意图（续）

第7章　模数信号数字传输

模拟信号的传输，一般要经过抽样、量化和编码三个过程。本章抽样不详细讲解，具体参见4.4.1节。由于数字处理有很多优势，如可复制、可处理、可压缩等，所以很多模拟信号的信息源会将其先数字化再进行传输。本章主要讨论模拟数字的方法和技术。

7.1　无噪声编码

模拟信号有两种方式来转换为数字信号，分别为无噪声编码（无损数据压缩）和量化（有损数据压缩），以便用最少的比特来表示模拟信号。

无噪声编码是有一种码，它的码率可以尽量接近信源的熵。其中Huffman编码和Lempel-Ziv编码可以称为无噪声编码。Huffman编码就是将较长的码字分配给较少概率的信源字符，将较短的码字分配给概率高的信源字符。在编码中，通常先将最低概率的两个信源字符，分别编码为0和1，然后合并成一个新信源字符，这个新的信源字符的概率为前两个信源字符概率的和，不停重复该过程，直到只有一个输出为止。每次合并均将两个分支分别编码为0和1，这种方法编码的码字最短。

$\bar{L}$为Huffman编码后的概率平均码长，$H(X)$为熵，则编码效率为

$$\eta=\frac{H(X)}{\bar{L}}$$

【例7-1-1】某信息源符号集由a、b、c、d、e、f、g、h组成，设每个符号独立出现，其概率分别为1/4、1/8、1/16、3/16、1/32、3/32、5/64和11/64。求信源abacaabcabedaccedeacfachead-ageageagedaheadbaccabadbade的信息量并给出Huffman编码及其编码效率。

根据统计信源共54个字符，其中18个a，6个b，8个c，7个d，9个e，1个f，3个g，2个h，根据信息量公式计算：

$$I=18\log_2 4+6\log_2 8+8\log_2 16+7\log_2 16/3+9\log_2 32+\log_2 32/3+3\log_2 64/5+2\log_2 64/11=167.4357\ \text{bit}$$

每个符号的算术平均信息量为=167.4357 bit/54=3.10066 bit/符号

若根据熵计算$H(X)$=2.778238854805814 bit/符号

仿真结果为：

信息量=167.43565247229407 bit；平均字符长度=3.100660230968409 bit/符号

Huffman编码平均码长=2.8281 bit/符号

概率=[0.03125, 0.0625, 0.078125, 0.09375, 0.125, 0.171875, 0.1875, 0.25]

编码=['11010', '11011', '1100', '010', '011', '111', '00', '10']

熵值=2.778238854805814 bit/符号

编码效率＝0. 98

从仿真可以看到熵是最小的，Huffman 编码的码长是大于熵但居中，采用每个符号的算术平均信息量的长度是最大的。

当信息所有字符的概率都是 2 的负指数时，Huffma 编码效率就是 1。

7.2　量化

无噪声编码的前提是信源离散，但在实际中很多信号是连续的，这样每个信源输出所需的比特数就是不确定的，为了进行数字处理，就需要把信源量化到有限数值上，这个过程就会导致信源信息的丢失，也就是说在后期不可能完全恢复。

随机变量 X 的范围分成 N 个不重叠的区域 a_i，每个区域内选取某个单一点的电平值作为这个区域的电平取值，这个单一点的电平就称为量化电平。第 i 个区域量化到 i 个量化电平上，用$\hat{x}_i$表示。$f_X(x)$为随机变量的概率密度，则量化后的均方误差为

$$D = \sum_{i=1}^{N} \int_{a_1}^{a_N} (x - \hat{x}_i)^2 f_X(x)\,\mathrm{d}x$$

$E[X^2]$为随机变量 X 的功率，量化后信源的信噪比 SQNR 定义为

$$\mathrm{SQNR(dB)} = 10\log_{10}\frac{E[X^2]}{D}$$

量化有两种方式，均匀量化和非均匀量化。

7.2.1　均匀量化

均匀量化就是除去第一段和最后一段区域后，将其他区域均匀地分成 N-2 段，在各个量化区域内，最佳量化的电平为

$$\hat{x}_i = E[X \mid X \in a_i] = \frac{\int_{a_{i-1}}^{a_i} x f_X(x)\,\mathrm{d}x}{\int_{a_{i-1}}^{a_i} f_X(x)\,\mathrm{d}x} \quad 1 \leqslant i \leqslant N$$

均匀量化器确定 a_i后，可以通过$\hat{x}_i$和 D 等式，求量化电平和均方差，进一步计算量化后信噪比。在有些特殊情况下，量化电平可以采用量化区域中点的电平来表示。

7.2.2　非均匀量化

非均匀量化就是除去第一段和最后一段区域后，将其他区域均任意分成 N-2 段，在各个量化区域内，只要满足 Llord-Max 条件，其量化的结果都会好于均匀量化。Llord-Max 条件为

$$\begin{cases} \hat{x}_i = \dfrac{\int_{a_{i-1}}^{a_i} x f_X(x)\,\mathrm{d}x}{\int_{a_i}^{a_{i+1}} f_X(x)\,\mathrm{d}x} \\ a_i = \dfrac{\hat{x}_{i+1} + \hat{x}_i}{2} \end{cases}$$

该条件就是要求量化的电平为量化区域的质心，量化的边界为量化电平的中间值，所以电平量化的效果会比均匀量化要好。

7.2.3 均匀量化与非均匀量化比较

通过实际仿真来比较均匀量化和非均匀量化的量化区域，量化电平和信噪比。

【例 7-2-1】对均方差为 1，均值为 0 的正态分布概率密度的随机变量 X 进行均匀量化和满足 Llord-Max 条件的非均匀量化，均匀量化的区域为[-10,-8,-6,-4,-2,0,2,4,6,8,10]，量化区域为 10 段，非均匀量化也为 10 段，左右边界分别为-10 和 10。请分别仿真计算均匀分布和非均匀分布的最后量化区域，量化电平和信噪比。

均匀仿真量化和非均匀仿真量化分别如图 7-1 和图 7-2 所示。通过仿真计算，满足 Llord-Max 条件的非均匀量化的信噪比比均匀量化要好很多。

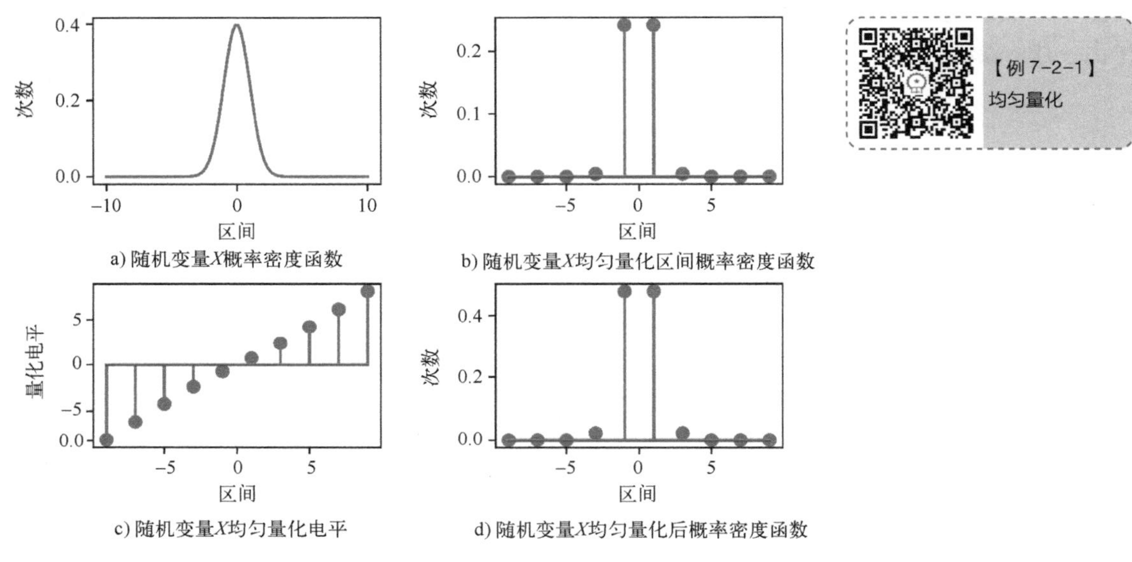

a) 随机变量X概率密度函数

b) 随机变量X均匀量化区间概率密度函数

c) 随机变量X均匀量化电平

d) 随机变量X均匀量化后概率密度函数

图 7-1 均匀量化示意图

均匀量化区域 a=[-10 -8 -6 -4 -2 0 2 4 6 8 10]

均匀量化电平[-8.12186159 -6.15896988 -4.22602399 -2.37107855 -0.72316415 0.72241546 2.37018813 4.22507055 6.15799386 8.12087592]

均匀量化 SQNR=0.6110762221639814

均匀量化噪声=0.2448633449325067

非均匀量化区域 a=[-1.00000000e+01 -2.01530198e+00 -1.37090604e+00 -8.71728338e-01 -4.28482025e-01 -6.49140419e-03 4.15654754e-01 8.59308781e-01 1.35924287e+00 2.00481129e+00 1.00000000e+01]

非均匀量化电平[-2.38695149 -1.6364988 -1.09835626 -0.639631 -0.21476673 0.20147776 0.62676992 1.08601533 1.62514359 2.37703486]

非均匀量化 SQNR=1.63747093001206

非均匀量化噪声=0.023058567616798996

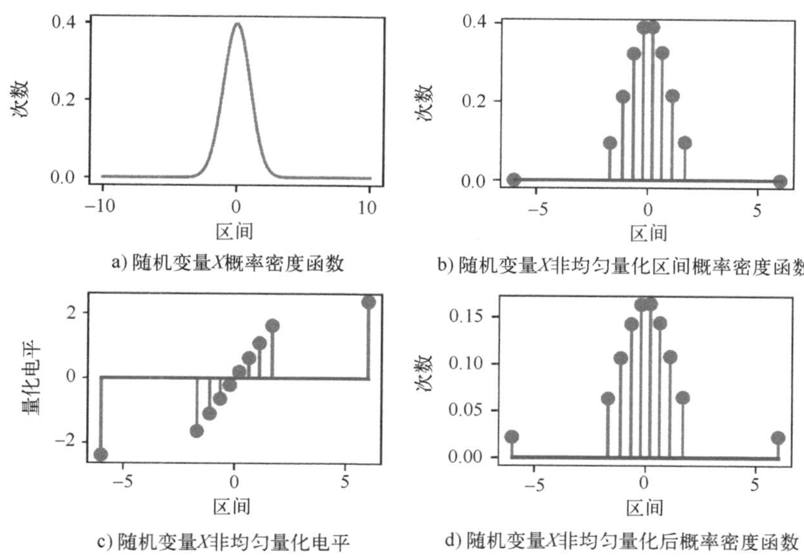

a) 随机变量X概率密度函数　b) 随机变量X非均匀量化区间概率密度函数

c) 随机变量X非均匀量化电平　d) 随机变量X非均匀量化后概率密度函数

图 7-2　非均匀量化示意图

【例 7-2-1】
非均匀量化

7.3　脉冲编码调制中的量化编码

在脉冲编码调制前，首先要对模拟信号进行抽样，然后对样本进行量化。假设模拟信号采样后的信号电平都集中在$[-x_{max}, x_{max}]$区域内，对采样后的信号电平可以采用等距离的均匀 PCM 量化，也可采用不等距离的非均匀 PCM 量化。

7.3.1　均匀 PCM 量化编码

均匀 PCM 量化中，信号电平长度在$[-x_{max}, x_{max}]$内被划分为 N 个相等的子区间，每个子区间的长度为$\Delta=2x_{max}/N$，如果 N 很大，可以认为每个子区间内输入电平的概率密度函数是均匀分布的，则该量化后的噪声为 $D=\Delta^2/12$，信号采样后的功率为：$S=\int_{-x_{max}}^{x_{max}} X_k \frac{1}{4x_{max}} dX_k = \frac{(N\Delta)^2}{12}$，则 $SQNR=S/D$。

若 N 为 2 的倍数，$N=2^v$，则量化后最低电平用 v 个 0 表示，最高电平用 v 个 1 表示，其余按相应值从低到高进行编码。

【例 7-3-1】对信号 $X=\sin(2\pi t)$ 进行均匀 PCM 量化，量化段分别为 16 和 64。仿真计算其量化电平、码字和信噪比。

【例 7-3-1】
代码

$N=16$ 时，均匀 PCM 仿真量化如图 7-3 所示，根据仿真计算：

SQNR = 25.288336807927884

均匀 PCM 量化电平：[−0.93749536　−0.81249597　−0.68749659　−0.56249721　−0.43749783　−0.31249845　−0.18749907　−0.06249969　0.06249969　0.18749907

0.31249845 0.43749783 0.56249721 0.68749659 0.81249597 0.93749536]

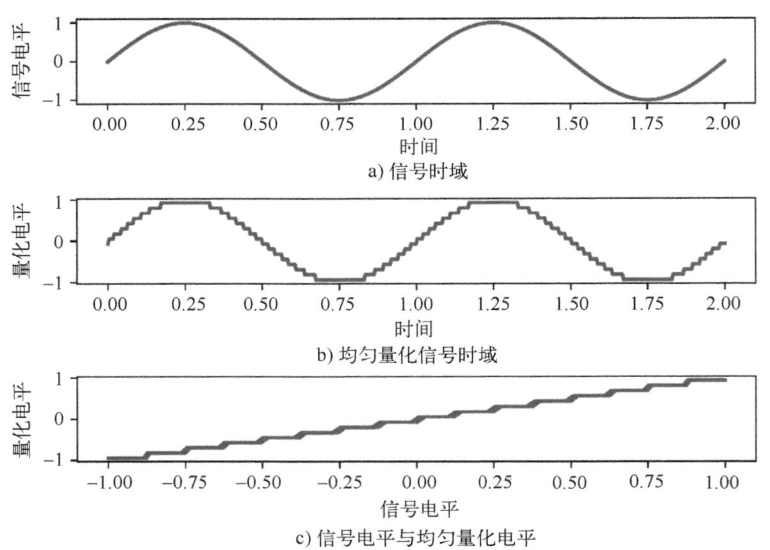

图 7-3 $N=16$ 均匀 PCM 量化图

均匀 PCM 量化电平码字：[0 0 0 0] [0 0 0 1] [0 0 1 0] [0 0 1 1] [0 1 0 0] [0 1 0 1] [0 1 1 0] [0 1 1 1] [1 0 0 0] [1 0 0 1] [1 0 1 0] [1 0 1 1] [1 1 0 0] [1 1 0 1] [1 1 1 0] [1 1 1 1]

$N=64$ 时，均匀 PCM 仿真量化如图 7-4 所示，根据仿真计算：

SQNR = 37.554109107826996

均匀 PCM 量化电平：[-0.98437012 -0.95312028 -0.92187043 -0.89062059 -0.85937074 -0.8281209 -0.79687105 -0.76562121 -0.73437136 -0.70312152 -0.67187167 -0.64062183 -0.60937198 -0.57812214 -0.54687229 -0.51562245 -0.4843726 -0.45312275 -0.42187291 -0.39062306 -0.35937322 -0.32812337 -0.29687353 -0.26562368 -0.23437384 -0.20312399 -0.17187415 -0.1406243 -0.10937446 -0.07812461 -0.04687477 -0.01562492 0.01562492 0.04687477 0.07812461 0.10937446 0.1406243 0.17187415 0.20312399 0.23437384 0.26562368 0.29687353 0.32812337 0.35937322 0.39062306 0.42187291 0.45312275 0.4843726 0.51562245 0.54687229 0.57812214 0.60937198 0.64062183 0.67187167 0.70312152 0.73437136 0.76562121 0.79687105 0.8281209 0.85937074 0.89062059 0.92187043 0.95312028 0.98437012]

均匀 PCM 量化电平码字：[0 0 0 0 0 0] [0 0 0 0 0 1] [0 0 0 0 1 0]
[0 0 0 0 1 1] [0 0 0 1 0 0] [0 0 0 1 0 1] [0 0 0 1 1 0] [0 0 0 1 1 1]
[0 0 1 0 0 0] [0 0 1 0 0 1] [0 0 1 0 1 0] [0 0 1 0 1 1] [0 0 1 1 0 0]
[0 0 1 1 0 1] [0 0 1 1 1 0] [0 0 1 1 1 1] [0 1 0 0 0 0] [0 1 0 0 0 1]
[0 1 0 0 1 0] [0 1 0 0 1 1] [0 1 0 1 0 0] [0 1 0 1 0 1] [0 1 0 1 1 0]
[0 1 0 1 1 1] [0 1 1 0 0 0] [0 1 1 0 0 1] [0 1 1 0 1 0] [0 1 1 0 1 1]

[011100] [011101] [011110] [011111] [100000]
[100001] [100010] [100011] [100100] [100101]
[100110] [100111] [101000] [101001] [101010]
[101011] [101100] [101101] [101110] [101111]
[110000] [110001] [110010] [110011] [110100]
[110101] [110110] [110111] [111000] [111001]
[111010] [111011] [111100] [111101] [111110]
[111111]

量化分段越多，则信噪比越好，所需要的码字越长。

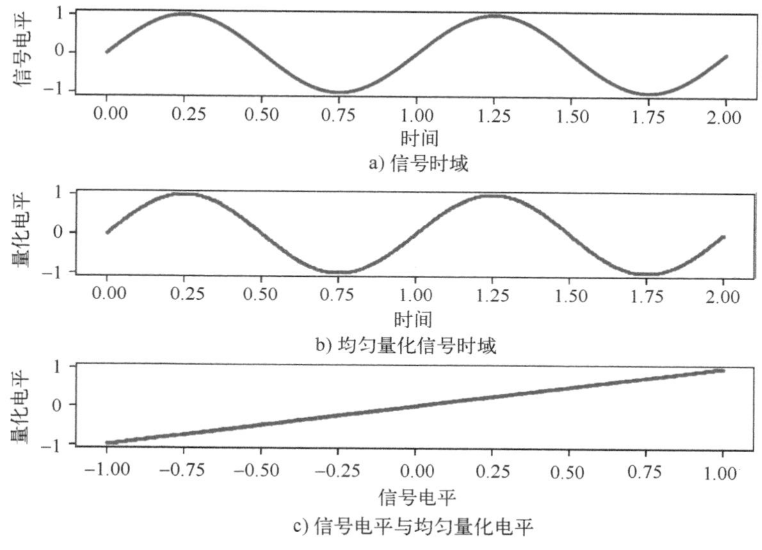

图 7-4　$N=64$ 均匀 PCM 量化图

7.3.2　非均匀 PCM 量化编码

非均匀 PCM 量化时，一般先通过一个非线性环节，以减少输入电平范围，再将输出信号电平采样均匀 PCM 量化。语音信号广泛使用 μ 律或 A 律来进行 PCM 量化。

（1）μ 律的非线性定义为

$$y=\frac{\ln(1+\mu|x|)}{\ln(1+\mu)}\operatorname{sgn}(x)$$

其中 x 为归一化输入，$\mu=255$。μ 律的逆函数为

$$x=\frac{(1+\mu)^{|y|}-1}{\mu}\operatorname{sgn}(y)$$

（2）A 律的非线性定义为

$$y=\begin{cases}\dfrac{A|x|}{1+\ln A}\operatorname{sgn}(x) & 0<|x|\leqslant 1/A\\[2ex] \dfrac{1+\ln(A|x|)}{1+\ln A}\operatorname{sgn}(x) & 1/A<|x|\leqslant 1\end{cases}$$

同样 x 为归一化输入，$A=87.6$。A 律的逆函数为

$$x=\begin{cases}\dfrac{(1+\ln A)y}{A} & 0<|y|\leqslant 1/(1+\ln A)\\ \dfrac{e^{(1+\ln A)|y|-1}}{A}\operatorname{sgn}(y) & 1/(1+\ln A)<|y|\leqslant 1\end{cases}$$

图 7-5 是 μ 律和 A 律的非线性图，两个图十分接近。

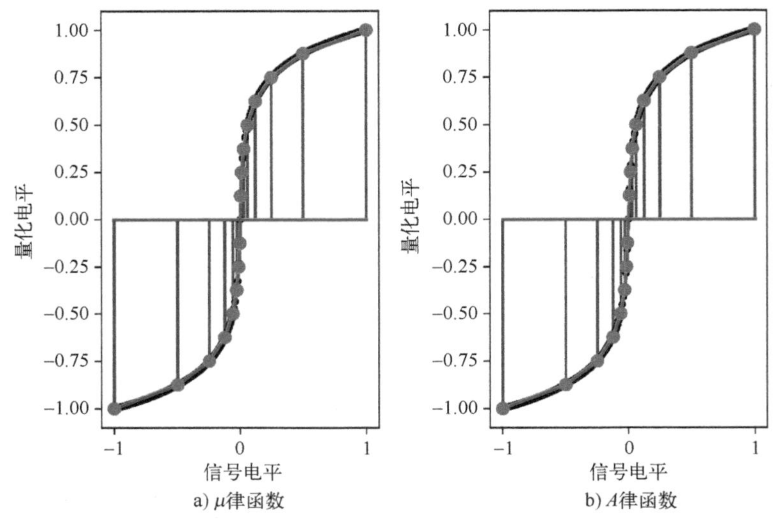

图 7-5　μ 律和 A 律非线性图

【例 7-3-2】对信号 $X=\sin(2\pi t)$ 进行 μ 律和 A 律非均匀 PCM 量化，量化段分别为 16 和 64。请仿真计算其量化电平、码字和信噪比。

$N=16$ 时，μ 律和 A 律仿真量化如图 7-6 所示，根据仿真计算：

μ 律量化 SQNR = 12.803524923518097

μ 律量化电平：[-0.70595468　-0.35101657　-0.17354751　-0.08481298　-0.04044572　-0.01826208　-0.00717027　-0.00162436　0.00717027　0.01826208　0.04044572　0.08481298　0.17354751　0.35101657　0.70595468]

μ 律量化电平码字：[0 0 0 0] [0 0 1 0] [0 0 1 1] [0 1 0 0] [0 1 0 1] [0 1 1 0] [0 1 1 1] [1 0 0 0] [1 0 0 1] [1 0 1 0] [1 0 1 1] [1 1 0 0] [1 1 0 1] [1 1 1 0] [1 1 1 1]

A 律量化 SQNR = 12.966636506435119

A 律量化电平：[-0.71031001　-0.35838359　-0.18082076　-0.09123227　-0.04603081　-0.02322463　-0.01171788　-0.00390465　0.00390465　0.01171788　0.02322463　0.04603081　0.09123227　0.18082076　0.35838359　0.71031001]

A 律量化电平码字：[0 0 0 0] [0 0 0 1] [0 0 1 0] [0 0 1 1] [0 1 0 0] [0 1 0 1] [0 1 1 0] [0 1 1 1] [1 0 0 0] [1 0 0 1] [1 0 1 0] [1 0 1 1] [1 1 0 0] [1 1 0 1] [1 1 1 0] [1 1 1 1]

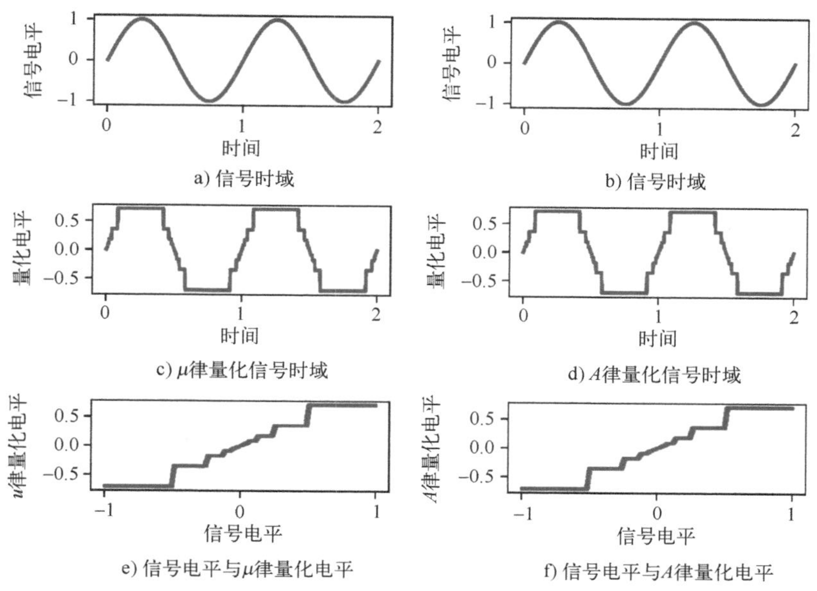

图 7-6　$N=16$ 非均匀 PCM 量化图

$N=64$ 时，μ 律和 A 律仿真量化如图 7-7 所示，根据仿真计算：

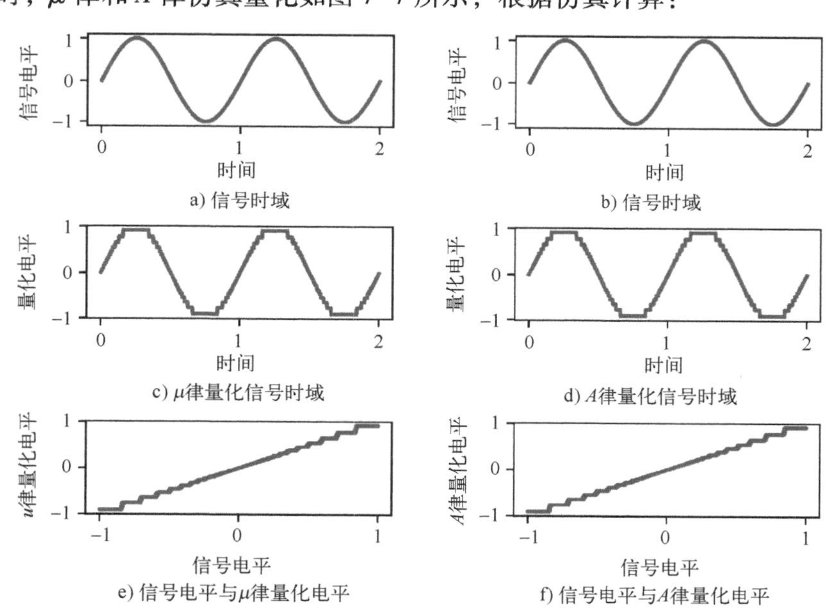

图 7-7　$N=64$ 非均匀 PCM 量化图

μ 律量化 SQNR=24. 970759933846054

μ 律量化电平：[-9. 16674027e-01　-7. 70203971e-01　-6. 47037826e-01
-5. 43467855e-01　-4. 56376239e-01　-3. 83141211e-01　-3. 21558138e-01
-2. 69773153e-01　-2. 26227345e-01　-1. 89609831e-01　-1. 58818294e-01
-1. 32925802e-01　-1. 11152898e-01　-9. 28441408e-02　-7. 74483726e-02

-6.45021264e-02 -5.36156743e-02 -4.44612958e-02 -3.67634117e-02
-3.02902886e-02 -2.48470626e-02 -2.02698733e-02 -1.31843697e-02
-6.24969103e-03 -3.54930526e-04 6.24969103e-03 1.31843697e-02 2.02698733e-02
2.48470626e-02 3.02902886e-02 3.67634117e-02 4.44612958e-02 5.36156743e-02
6.45021264e-02 7.74483726e-02 9.28441408e-02 1.11152898e-01 1.32925802e-01
1.58818294e-01 1.89609831e-01 2.26227345e-01 2.69773153e-01 3.21558138e-01
3.83141211e-01 4.56376239e-01 5.43467855e-01 6.47037826e-01 7.70203971e-01
9.16674027e-01]

μ律量化电平码字：[0 0 0 0 0 0] [0 0 0 0 1 0] [0 0 0 0 1 1]
[0 0 0 1 0 0] [0 0 0 1 0 1] [0 0 0 1 1 1] [0 0 1 0 0 0] [0 0 1 0 1 0]
[0 0 1 0 1 1] [0 0 1 1 0 0] [0 0 1 1 0 1] [0 0 1 1 1 1] [0 1 0 0 0 0]
[0 1 0 0 1 0] [0 1 0 0 1 1] [0 1 0 1 0 0] [0 1 0 1 0 1] [0 1 0 1 1 0]
[0 1 0 1 1 1] [0 1 1 0 0 0] [0 1 1 0 1 1] [0 1 1 1 0 0] [0 1 1 1 0 1]
[0 1 1 1 1 1] [1 0 0 0 0 0] [1 0 0 0 1 0] [1 0 0 0 1 1] [1 0 0 1 0 0]
[1 0 0 1 1 1] [1 0 1 0 0 0] [1 0 1 0 0 1] [1 0 1 0 1 0] [1 0 1 0 1 1]
[1 0 1 1 0 0] [1 0 1 1 0 1] [1 0 1 1 1 1] [1 1 0 0 0 0] [1 1 0 0 1 0]
[1 1 0 0 1 1] [1 1 0 1 0 0] [1 1 0 1 0 1] [1 1 0 1 1 1] [1 1 1 0 0 0]
[1 1 1 0 1 0] [1 1 1 0 1 1] [1 1 1 1 0 0] [1 1 1 1 0 1] [1 1 1 1 1 0]
[1 1 1 1 1 1]

A 律量化 SQNR = 25.135051073334015

A 律量化电平：[-0.91803739 -0.77372283 -0.65209438 -0.5495858
-0.46319146 -0.39037823 -0.32901116 -0.27729094 -0.23370108 -0.19696351
-0.16600104 -0.13990584 -0.11791279 -0.09937701 -0.08375505 -0.07058884
-0.05949234 -0.05014021 -0.04225822 -0.03561527 -0.03001658 -0.02529801
-0.01796952 -0.01276399 -0.00683313 -0.00097616 0.00683313 0.01276399
0.01796952 0.02529801 0.03001658 0.03561527 0.04225822 0.05014021
0.05949234 0.07058884 0.08375505 0.09937701 0.11791279 0.13990584
0.16600104 0.19696351 0.23370108 0.27729094 0.32901116 0.39037823
0.46319146 0.5495858 0.65209438 0.77372283 0.91803739]

A 律量化电平码字：[0 0 0 0 0 0] [0 0 0 0 1 0] [0 0 0 0 1 1]
[0 0 0 1 0 0] [0 0 0 1 0 1] [0 0 0 1 1 1] [0 0 1 0 0 0] [0 0 1 0 1 0]
[0 0 1 0 1 1] [0 0 1 1 0 0] [0 0 1 1 0 1] [0 0 1 1 1 0] [0 0 1 1 1 1]
[0 1 0 0 0 0] [0 1 0 0 1 0] [0 1 0 0 1 1] [0 1 0 1 0 0] [0 1 0 1 0 1]
[0 1 0 1 1 1] [0 1 1 0 0 0] [0 1 1 0 0 1] [0 1 1 0 1 1] [0 1 1 1 0 0]
[0 1 1 1 0 1] [0 1 1 1 1 1] [1 0 0 0 0 0] [1 0 0 0 1 0] [1 0 0 0 1 1]
[1 0 0 1 0 0] [1 0 0 1 1 0] [1 0 0 1 1 1] [1 0 1 0 0 0] [1 0 1 0 1 0]
[1 0 1 0 1 1] [1 0 1 1 0 0] [1 0 1 1 0 1] [1 0 1 1 1 1] [1 1 0 0 0 0]
[1 1 0 0 0 1] [1 1 0 0 1 0] [1 1 0 0 1 1] [1 1 0 1 0 0] [1 1 0 1 0 1]
[1 1 0 1 1 1] [1 1 1 0 0 0] [1 1 1 0 1 0] [1 1 1 0 1 1] [1 1 1 1 0 0]

[1 1 1 1 0 1] [1 1 1 1 1 0] [1 1 1 1 1 1]

和前面均匀 PCM 量化仿真相比，其信噪比还要差，主要是非均匀 PCM 量化更适合电平幅度变换比较大的信号量化，对幅度变换不大的信号，它们是没有优势。对于 μ 律和 A 律量非均匀量化，它们量化的电平有一点差异，信噪比也有点差异，但总体而言差别不是很大。

7.3.3 DPCM 量化编码

PCM 体制需要 64 kbit/s 的速率传输 1 路数字电话信号，而传输 1 路模拟电话只需要 3 kHz 带宽，为了降低数字电话信号的比特率，可以采用预测编码方法，差分脉冲编码调制（DPCM）则是较常用的方法之一。DPCM 量化编码的方法原理为：根据前面抽样值预测一个当前值，通过当前抽样值和预测值之差的编码传输来进行信号传送，由于去除了连续信号之间的冗余信息，所以编码比特率会降低。在 DPCM 中是将前一个抽样值当作预测值，其编码和解码原理如图 7-8 和图 7-9 所示。

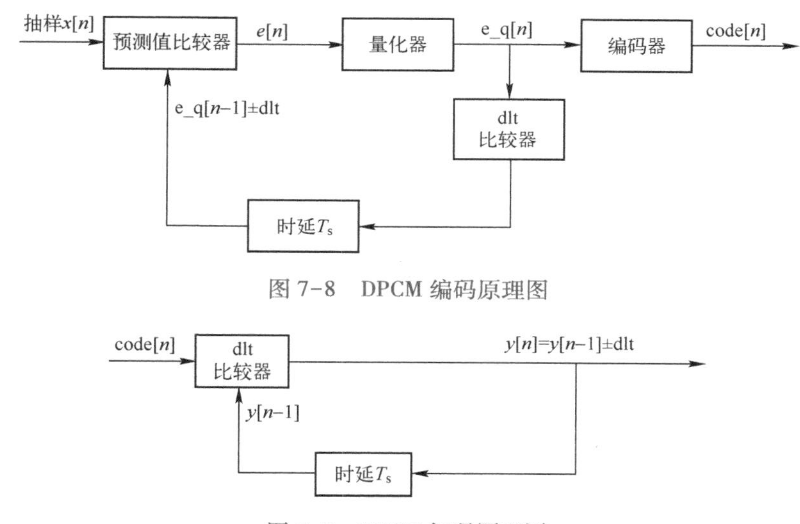

图 7-8　DPCM 编码原理图

图 7-9　DPCM 解码原理图

图中 dlt 比较器就是通过量化值和偏差值来进行下一个值的预测，若是均匀变化则为线性预测，若为非均匀变化则为非线性预测。偏差值要考虑输入函数的斜率和最大电平的振幅值。在 DPCM 中要注意初值，否则会引入较大噪声。

【例 7-3-3】对信号 $X=\sin(2\pi t+1/8\pi)$ 进行 DPCM 量化，假设 $f_s=100$。请仿真计算其码字和信噪比。

【例 7-3-3】代码

由于函数的斜率为 2π，振幅为 A，振幅最大为 1，所以 $2\pi A\leqslant \mathrm{dlt}*f_s$，$0\leqslant \mathrm{del}\leqslant 0.02\pi$。在 2 个周期内的仿真结果为：

DPCM 量化 SQNR=27.72772849013328

DPCM 量化编码[1 1 1 1 1 1 1 1 1 1 1 1 1 1 1 1 1 1 1 1 1 1 0 0 0 0 0 0 0 0 0 0 0 0 0 0 0 0 0
0 0 0 0 0 0 0 0 0 0 0 0 0 0 0 0 0 0 0 0 0 0 0 0 0 0 0 0 0 0 0 0 0 0 0 0 0 0 0 0 0 0 0 0 0 0 0 0 0 0 0
0 0 0 0 1 1 1 1 1 1 1 1 1 1 1 1 1 1 1 1 1 1 1 1 1 1 1 1 1 1 1 1 1 1 1 1 1 0 0 0 0 0 0 0 0 0 0 0 0 0 0

0 0 0 0 0 0 0 0 0 0 0 0 0 0 0 0 0 0 0 0 0 0 0 0 0 0 0 0 0 0 0 0 0 0 0 0 0 0 0 0 0 0 0 0 0 0 0 0 0 0 0 0 0 0 0 0 1 1
1 1 1 1 1 1 1 1 1]

仿真 DPCM 的信噪比为 27 dB，而 PCM 可以达到 30 dB 以上，所以 DPCM 的编码信噪比要比 PCM 要差一些，但 PCM 编码每个码字要 4 位（16 个量化段），而 DPCM 每个编码只需要 1 位，故 DPCM 的编码效率与之相比要高 4 倍，需要的传送带宽更少。

还要注意 DPCM 的初值问题，考虑初值 DPCM 量化 SQNR = 27. 72772849013328，相差 10 dB，仿真图如图 7-10 所示。若不考虑初值 DPCM 量化也可以恢复原信号，但需要一个收敛过程，SQNR = 17. 209831502625597，仿真图如图 7-11 所示。

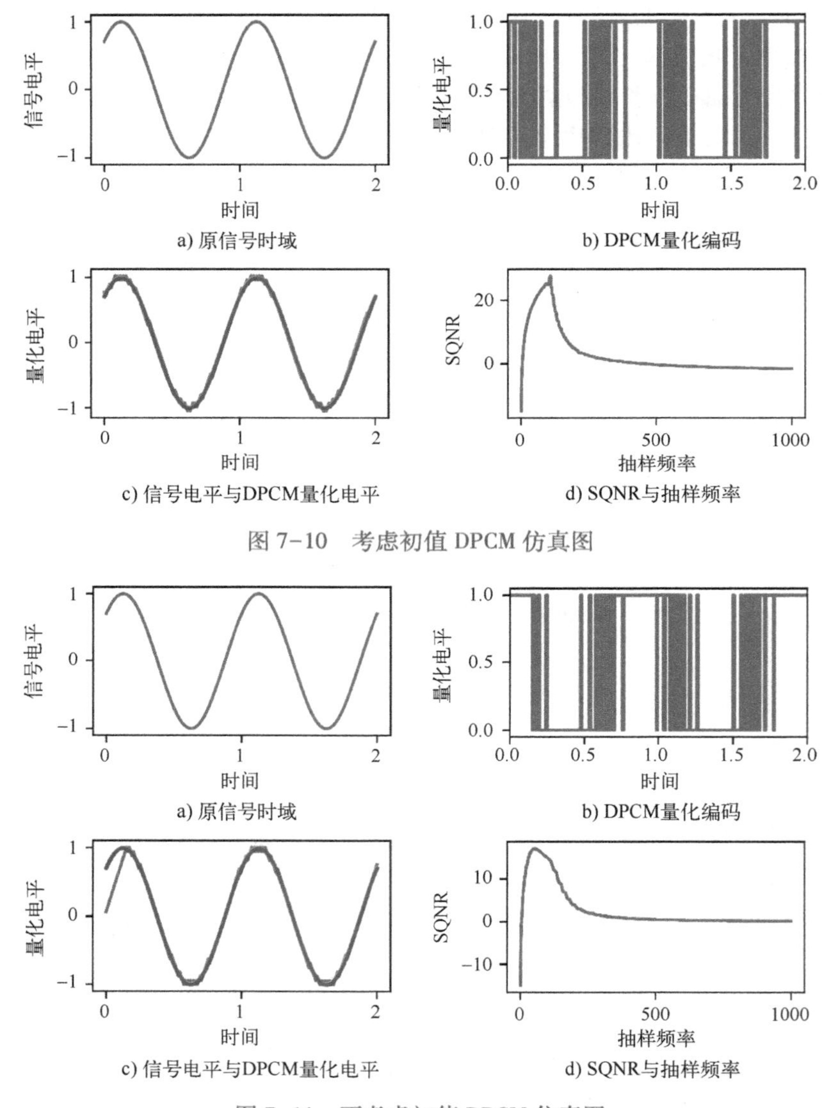

图 7-10　考虑初值 DPCM 仿真图

图 7-11　不考虑初值 DPCM 仿真图

第 8 章 基带信号数字传输

数字信号在传输时一般要经过编码，编码后选用一种取值有限的离散波来表示，这些离散波可以进行调制与不调制两种传输。离散波不经载波调制就直接传输称为基带信号数字传输。它们的频谱主要集中在零频或低频段，主要用在低通特性的有线信道或距离不远的信道中传输。而需要调制和解调过程进行传输的称为载波调制信号数字传输系统。基带信号数字传输的过程具体如图 8-1 所示。

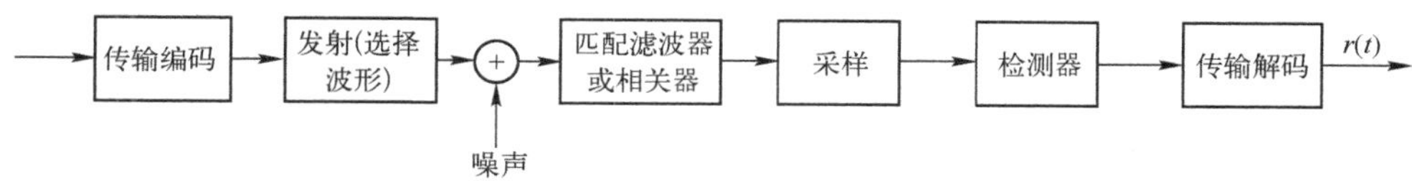

图 8-1　基带信号数字传输示意图

本章主要介绍传输编码的码型、发射的波形、常用的基带信号传输方式及基带传输系统性能的评估方法——眼图。

8.1 基带信号传输码型

基带信号在存储中常用二进制代码“0”和“1”的形式，但在实际传输中，常采用不同的传输波形来表示。传输波形有正交、正负双极性和开关型理想波形，实际应用中多采用高斯脉冲或升余弦脉冲波形发送。

为了满足所选波形的信道传输，一般要求传输码型不含直流，低频分量尽量少，有定时信号，带宽较窄，不受信息源统计特性影响，有纠错能力且译码简单经济的码型。通信系统中主要的传输码型以下几种。

差分码：电平跳变表示为“1”，电平不变表示为“0”。差分码有直流分量，无纠错能力，但可以消除设备初始状态影响，在相位调制中可以解决载波相位模糊问题。

AMI 码：将基带信号中的“1”交替地变为“+1”和“-1”，“0”保持不变。该码没有直流成分，极性交错有误码纠错能力，接收波形整形后可提取定时信息，信号中有长串“0”时则解码变得困难。

HDB_3码：解决 AMI 码长“0”的问题。其他特点和 AMI 类似，译码方便，误码纠错能力强，该码的编码规则如下。

1）将其中的“1”交替的变为“+1”和“-1”，“0”码不变。

2）对超过 4 个“0”的标记为破坏节“B00V”，“V”为破坏码，“B”为调节码，“B”不为“0”时，要和 1）中的“+1”“-1”依次交替极性，“V”和前一个非“0”一致，破坏极性交替的规则。

① 若破环节“B00V”在第一个非 0 前面时，根据非 0 前 B 数量的奇偶设置为第一个“B”为“-1”或“+1”，非 0 前面的其他“B”码根据第一个“B”码的设置依次交替极性设置为“+1”或“-1”。

② 若破环节“B00V”在第一个非 0 后面且非尾部时，依次检测相邻“+1”“-1”或“-1”和“+1”之间“B”的数量，数量为奇数时，将相邻的第一个“B”设置为“0”，其余“B”和前面的非“0”保持极性交替，设置为“-1”或“+1”；数量为偶数时，将其余“B”和前面的非“0”保持极性交替，设置为“-1”或“+1”。

③ 若破环节“B00V”在最尾部非“0”的后面时，将最尾部非“0”相邻的第一个“B”设置为“0”，其余“B”和前面的非“0”保持极性交替，设置为“-1”或“+1”。

3）检测“V”码前面的第一个“B”码，若“B”为“0”则“V”码和“B”码前一个非“0”相同，若“B”码不为“0”，则“V”码和“B”码相同。

4）统一检测相邻“V”码是否极性相反，通过“B”码调节，保证“1”“-1”“B”极性交替，相邻“V”极性交替。

双相码：用“10”表示“1”，用“01”表示“0”。“10”为一个周期的正负对称波形，“01”表示“10”的反向波形。没有直流分量，有定时信息。

CMI 码：“1”码交替用“11”“00”表示，固定用“01”表示“0”。没有直流分量，有定时信息。

【例 8-1-1】 仿真随机信号的差分码、AMI、HDB3、双相码、CMI 码的码型及频谱特性。

从仿真频谱图看双相码和 CMI 码更像是基带信号调制的波形，而不像是传输编码。随机信号的前 20 位为：[0 0 0 0 0 0 1 0 1 0 1 1 0 1 0 1 0 1 1 1]，其各种码的波形及频谱如图 8-2 所示。

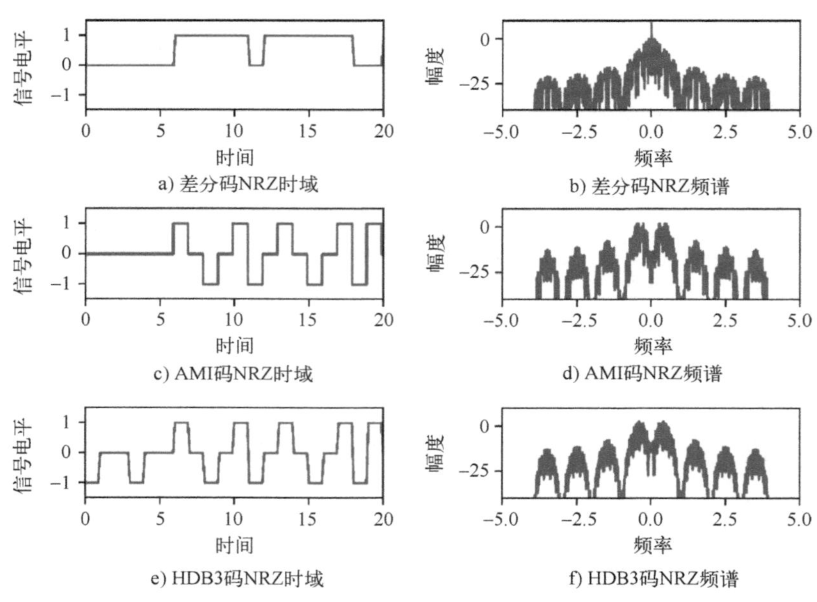

图 8-2　各种传输码型时域和频域示意图

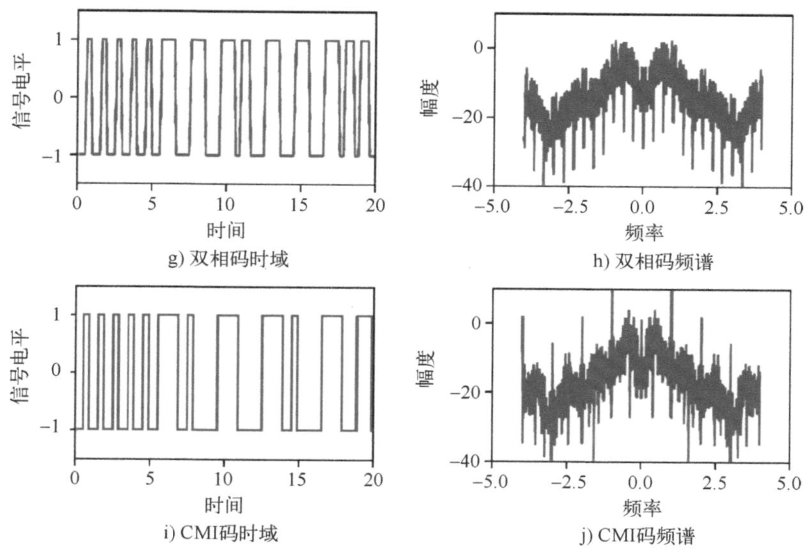

g) 双相码时域　h) 双相码频谱

i) CMI码时域　j) CMI码频谱

图 8-2　各种传输码型时域和频域示意图（续）

8.2　基带信号主要波形

基带信号的波形主要有单极性码和双极性码，单极性码又分归零码（RZ）和非归零码（NRZ），双极性码分为双极性归零码（DRZ）和双极性非归零码（DNRZ）。

非归零码单极性码（NRZ）有直流分量，只适用于距离近的传输，频谱带宽较窄。

归零码单极性码（RZ）有直流分量和定时信息，但频谱带宽较宽。

双极性非归零码（DNRZ）无直流分量，接收端判决电平为“0”，不受传输信道影响，频谱带宽较窄。

双极性归零码（DRZ）无直流分量，接收端判决电平为“0”，有同步信息，但频谱带宽较宽。

归零码中的占空比可记为 τ/T_s。

基带信号采用统一的公式描述为

$$s(t) = \sum_{n=-\infty}^{\infty} a_n g(t - nT_s)$$

【例 8-2-1】仿真基带随机信号的 NRZ、RZ、DNRZ、DRZ 的波形及频谱特性，占空比为 50%。

【例 8-2-1】代码

从仿真看 NRZ 和 DNRZ 码的频谱带宽是 RZ 和 DRZ 码频谱的一半。随机信号为［0 0 1 1 0 1 0 0 1 1 0 0 1 1 1 0 1 1 0 1］，其各种码的波形及频谱如图 8-3 所示。

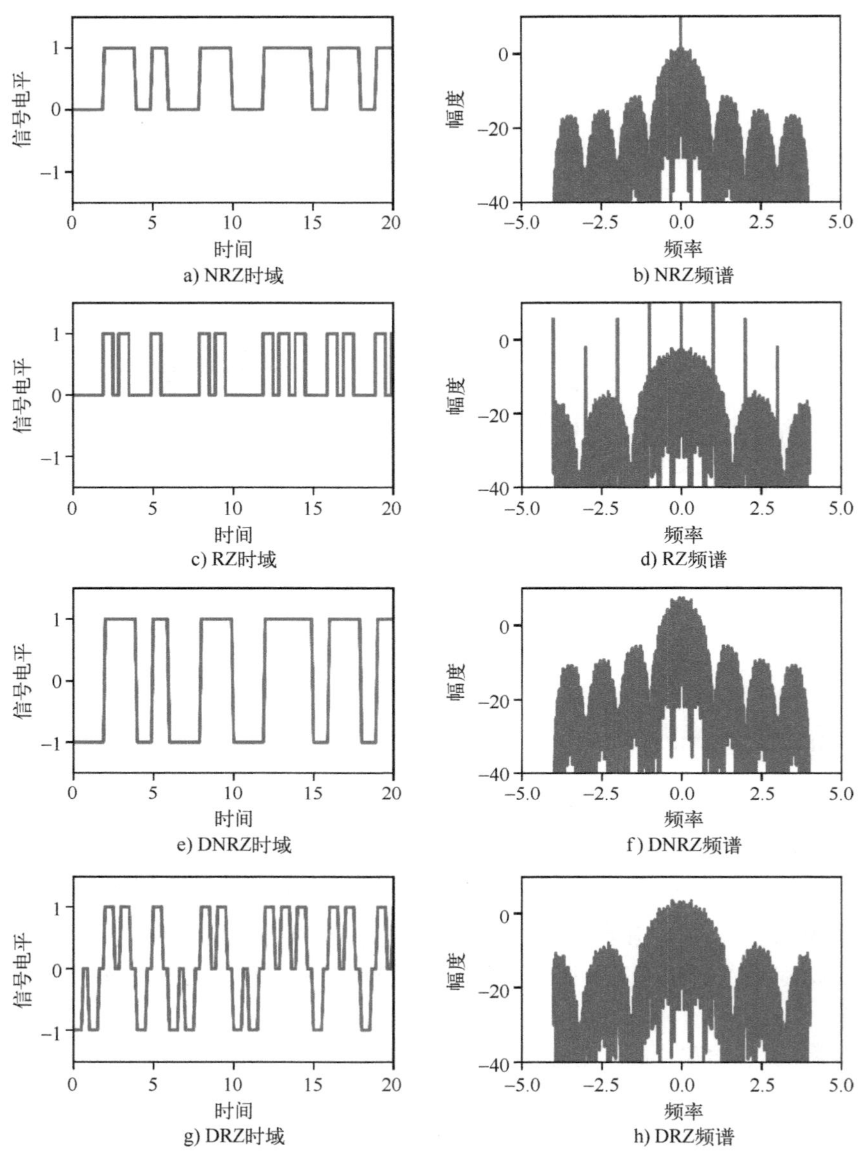

图 8-3　基带信号波形的时域和频域示意图

8.3　基带信号传输

基带信号二进制代码“0”和“1”的传输方式主要有三种：第一种通过正交的波形传输；第二种通过反极性波形传输；第三种就是通过开关量波形来传输。

8.3.1　正交波形传输

在正交波形传输中，如图 8-4 所示，“1”采用s_0波形传输，“0”采用s_1波形传输，s_0与s_1是正交的，周期都为T_b。

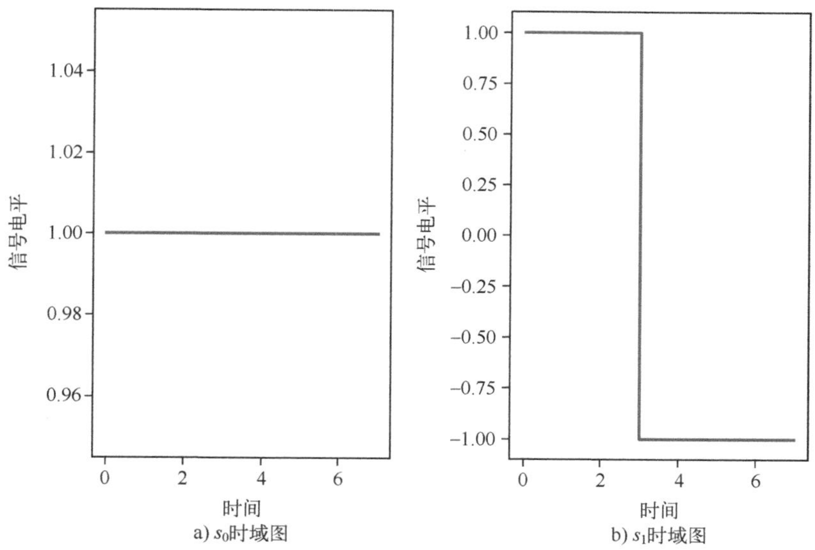

a) s_0时域图　　b) s_1时域图

图 8-4　正交波形示意图

波形经过加性白噪声信道 $n(t)$，$n(t)$ 功率谱为 $N_0/2$，接收信号为

$$r(t)=s_i(t)+n(t)$$

$r(t)$经过 AWGN 最佳信道接收机（相关器或匹配滤波器和检测器）输出抽样检测的信号“1”或“0”。

相关器有点类似相关解调，一个是积分，一个是相乘，但都是为了解调信号。在 T_b 周期内和输入的波形相乘后积分。接收信号 $r(t)$ 需要和 $s_0(t)$ 和 $s_1(t)$ 做相关积分，公式为

$$r_0=\int_0^t r(\tau)s_0(\tau)\mathrm{d}\tau$$

$$r_1=\int_0^t r(\tau)s_1(\tau)\mathrm{d}\tau$$

相关积分后在整数倍 T_b 的值上采样，比较采样值 r_0 及 r_1，再确定输出为“0”或“1”值。

另一种匹配滤波器则是 $r(t)$ 和两个冲激响应信号进行卷积，冲激响应信号分别为

$$h_0=s_0(T_b-t)$$

$$h_1=s_1(T_b-t)$$

卷积后在整数倍 T_b的值上采样，比较采样值 r_0及 r_1，再确定输出为“0”或“1”值。

相关或匹配滤波器后检测时，只要 r_0大于 0，则输出为“1”，否则为“0”。根据高斯白噪声的假定，正交波形传输的误码率推导为

$$p_e=Q\left(\sqrt{\frac{S}{N_0}}\right)$$

【例 8-3-1】 仿真基带随机信号，“1”和“0”分别经过图 8-4 中 s_0，s_1正交波形传输后，经过相关和匹配滤波器后检测的结果并仿真其误码率。

注意仿真中的白噪声功率谱为 N_0，不是 $N_0/2$，所以在理论计

算时要转换一下。仿真结果如图 8-5 所示，在 S/N 为 14.5 dB 时，两种方法都可以正确检测出基带信号。

输入随机信号：[1 1 1 0 0 0 1 0 1 1 1 0 0 0 1 1 0 0 0 1]

相关检测信号：[1 1 1 0 0 0 1 0 1 1 1 0 0 0 1 1 0 0 0 1]

匹配滤波检测信号：[1 1 1 0 0 0 1 0 1 1 1 0 0 0 1 1 0 0 0 1]

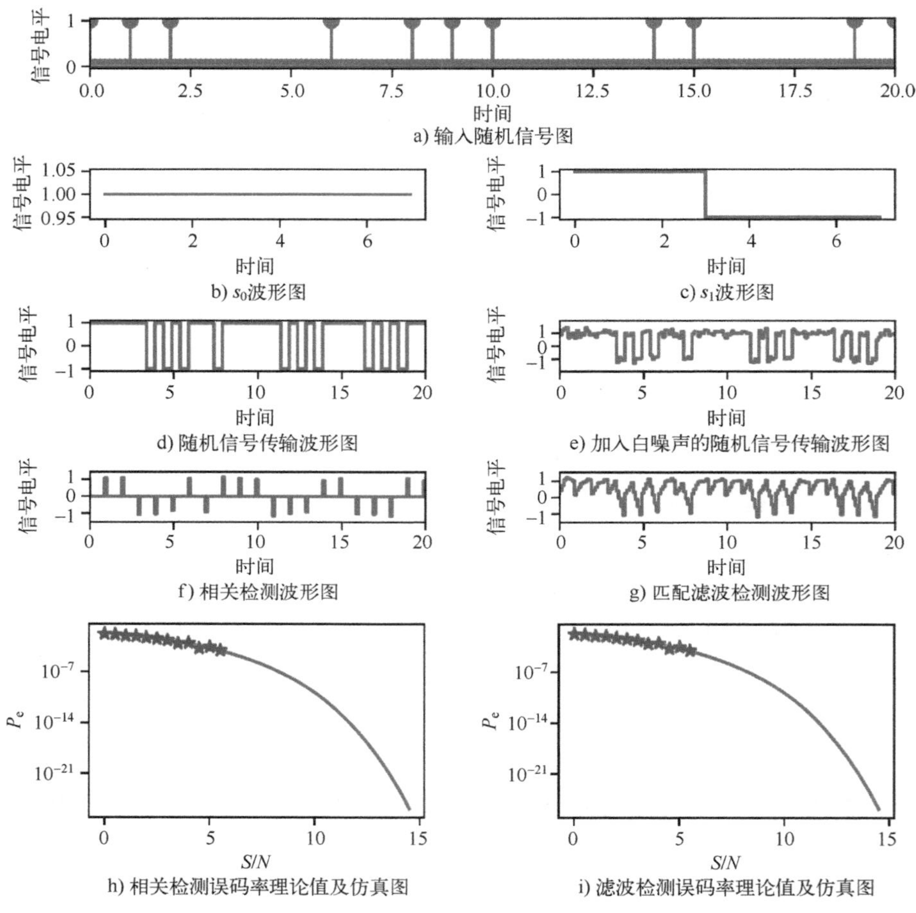

图 8-5 正交波形传输仿真示意图

8.3.2 反极性波形传输

在反极性波形传输中，例如：“1” 采用 s_0 “10” 波形传输，“0” 采用 s_1 “01” 波形传输，$s_0=-s_1$，周期为 T_b。波形经过加性白噪声信道 $n(t)$，$n(t)$ 功率谱为 $N_0/2$，则接收信号为

$$r(t)=s_i(t)+n(t)$$

$r(t)$ 经过 AWGN 最佳信道接收机（相关器或匹配滤波器和检测器）输出抽样检测的信号 “1” 或 “0”。

相关器解调在 T_b 周期内和输入的波形相乘后积分。接收信号 $r(t)$ 需要和 $s_i(t)$ 做相关积分，公式为

$$r_i = \int_0^t r(\tau) s_i(\tau) \mathrm{d}\tau$$

相关积分后在整数倍 T_b 的值上采样，比较 r_i 的值，确定输出为“0”或“1”值。

匹配滤波器则是 $r(t)$ 和一个冲激响应信号进行卷积，冲激响应信号分别为

$$h_i = s_i(T_b - t)$$

卷积后在整数倍 T_b 的值上采样，比较 r_i 的值，确定输出为“0”或“1”值。

相关或匹配滤波器后检测时，比较 r_i，r_i 大于 0 则输出为“1”，否则为“0”。根据高斯白噪声的假定，正交波形传输的误码率为

$$p_e = Q\left(\sqrt{\frac{2S}{N_0}}\right)$$

【例 8-3-2】 仿真基带随机信号，经过 s_0，s_1 反极性波形传输后经过相关检测和匹配滤波器后检测的图并仿真误码率。

仿真结果如图 8-6 所示，根据仿真，在 S/N 为 14.5 dB 时

输入随机信号：[1 0 1 0 1 0 0 1 1 1 0 1 0 0 0 0 0 1 0 1]

相关检测信号：[1 0 1 0 1 0 0 1 1 1 0 1 0 0 0 0 0 1 0 1]

匹配滤波检测信号：[1 0 1 0 1 0 0 1 1 1 0 1 0 0 0 0 0 1 0 1]

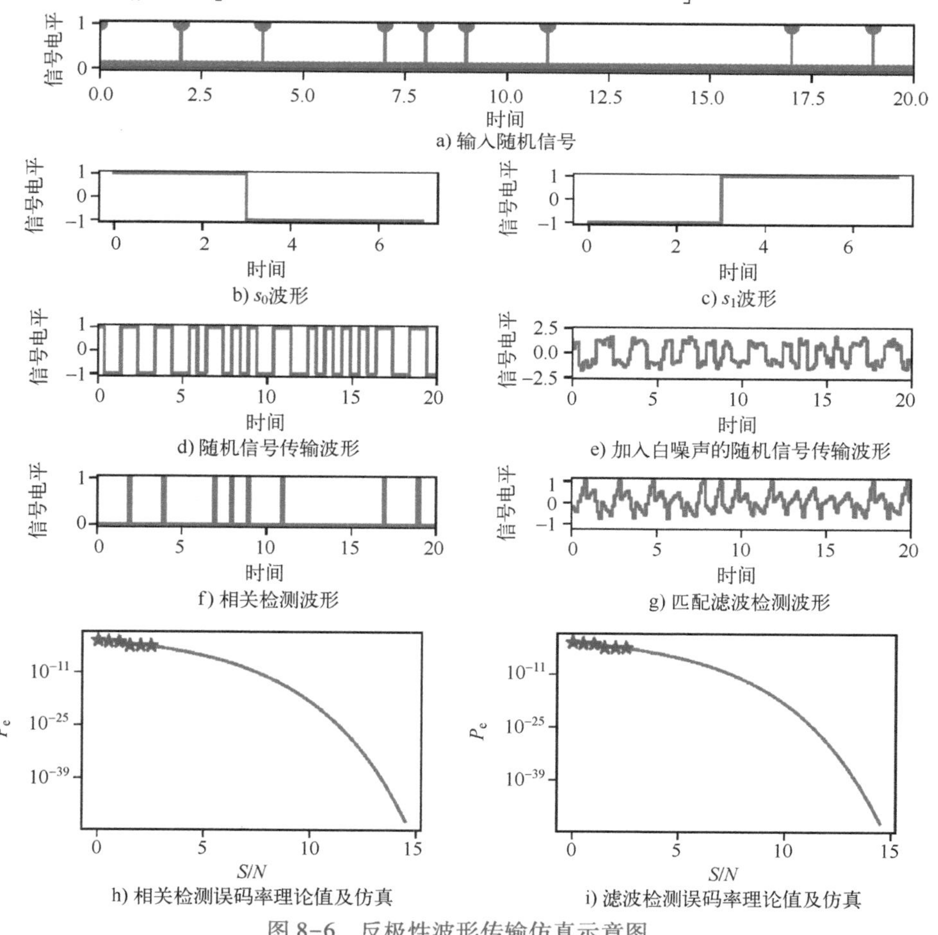

图 8-6　反极性波形传输仿真示意图

8.3.3 开关波形传输

在开关波形传输中，例如："1" 采用 s_0 "1" 波形传输，"0" 采用 s_1 "0" 波形传输，周期为 T_b。波形经过加性白噪声信道 $n(t)$，$n(t)$ 功率谱为 $N_0/2$，接收信号为

$$r(t)=\begin{cases}n(t) & ，输入为“0” \\ s(t)+n(t) & ，输入为“1”\end{cases}$$

$r(t)$ 经过 AWGN 最佳信道接收机（相关器或匹配滤波器和检测器）输出抽样检测的信号 "1" 或 "0"。相关器解调在 T_b 周期内和输入的波形相乘后积分。接收信号 $r(t)$ 需要和 s_0 做相关积分，公式为

$$r=\int_0^t r(\tau)s_0(\tau)\mathrm{d}\tau$$

相关积分后在整数倍 T_b 的值上采样，比较 r 的值，确定输出为 "0" 或 "1" 值。

另一种匹配滤波器则是 $r(t)$ 和冲激响应信号进行卷积，冲激响应信号分别为

$$h_0=s_0(T_b-t)$$

卷积后在整数倍 T_b 的值上采样，比较 r 的值，确定输出为 "0" 或 "1" 值。

相关或匹配滤波器后检测时，比较 r，$r\geqslant 1/2$ 则输出为 "1"，否则为 "0"。根据高斯白噪声的假定，正交波形传输的误码率为

$$p_e=Q\left(\sqrt{\frac{S}{2N_0}}\right)$$

【例 8-3-3】某基带随机信号 "1" 和 "0" 分别采用 s_0，s_1 开关波形传输后，经过相关检测和匹配滤波器，仿真该信号波形及误码率。

【例 8-3-3】代码

仿真结果如图 8-7 所示，根据仿真，在 S/N 为 14.5 dB 时

输入随机信号：[0 0 1 0 1 0 0 1 1 1 1 0 0 1 1 0 0 1 1 1]

相关检测信号：[0 0 1 0 1 0 0 1 1 1 1 0 0 1 1 0 0 1 1 1]

匹配滤波检测信号：[0 0 1 0 1 0 0 1 1 1 1 0 0 1 1 0 0 1 1 1]

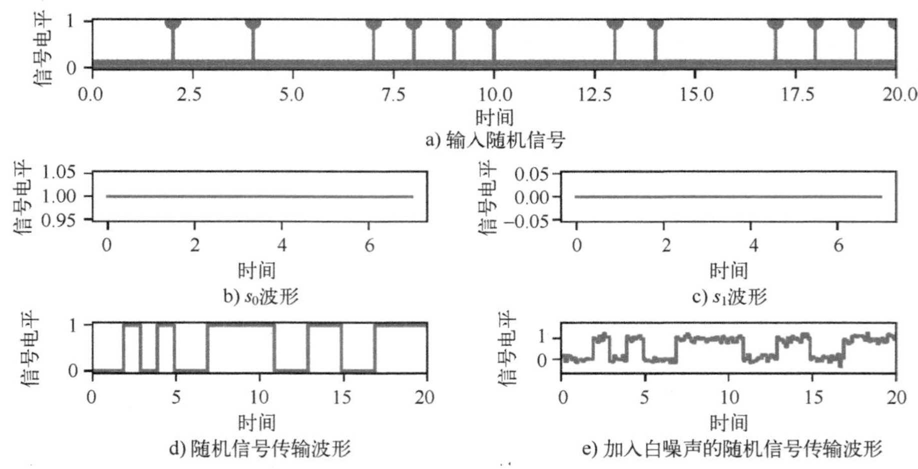

图 8-7 开关波形传输仿真示意图

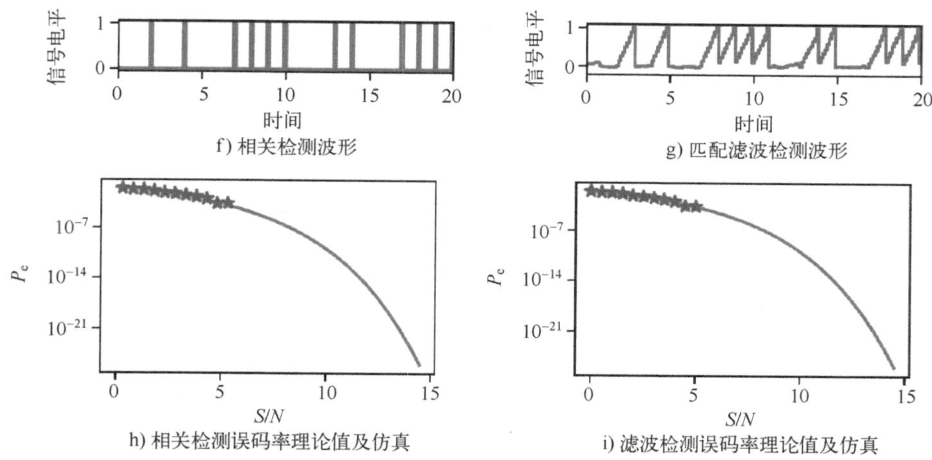

f) 相关检测波形　g) 匹配滤波检测波形

h) 相关检测误码率理论值及仿真　i) 滤波检测误码率理论值及仿真

图 8-7　开关波形传输仿真示意图（续）

8.3.4　4 幅度电平波形传输

在 4 幅度电平波形传输中，例如：编码“0”，采用电平为−3 的 s_3波形传输；编码“1”，采用电平为−1 的 s_2波形传输；编码“2”，采用电平为+1 的 s_1波形传输；编码“3”，采用电平为+3 的 s_0波形传输，波形的周期均为 T_b。

波形经过加性白噪声信道 $n(t)$，$n(t)$功率谱为 $N_0/2$，接收信号为

$$r(t)=s_i(t)+n(t)$$

$r(t)$经过 AWGN 最佳信道接收机（相关器或匹配滤波器和检测器）输出抽样检测的信号“3”“2”“1”或“0”。

相关解调在 T_b周期内和输入的波形相乘后积分。接收信号 $r(t)$只需要和 $s_1(t)$（电平幅度全为 1）做相关积分，公式为

$$r_0=\int_0^t r(\tau)s_1(\tau)\mathrm{d}\tau$$

相关积分后在整数倍 T_b的值上采样，比较 r_0的值，确定输出为“0”　“1”　“2”或“3”值。

另一种匹配滤波器则是 $r(t)$和一个冲激响应信号进行卷积，冲激响应信号分别为

$$h_0=s_1(T_b-t)$$

卷积后在整数倍 T_b的值上采样，比较 r_0的值，确定输出为“0”“1”“2”“3”值。

相关或匹配滤波器后检测时，比较 r_0，$r_0>2$ 则输出为“3”，$0<r\leqslant 2$ 则输出为“2”，$-2<r\leqslant 0$ 则输出为“1”，$r_0\leqslant -2$ 则输出为“0”。根据高斯白噪声的假定，4 幅度电平波形传输的误码率为

$$p_e=\frac{2(M-1)}{M}Q\left(\sqrt{\frac{6\log_2 MS}{(M^2-1)N_0}}\right)$$

【例 8-3-4】仿真基带随机信号，经过 s_0，s_1，s_2，s_3波形传输后再经过相关检测和匹配滤波器后检测的图，并仿真误码率。

仿真结果如图 8-8 所示，根据仿真，在 S/N 为 14.5 dB 时

输入随机信号：[1 3 2 3 2 0 1 3 1 2 0 0 1 3 2 1 1 2 2 3]
相关检测信号：[1 3 2 3 2 0 1 3 1 2 0 0 1 3 2 1 1 2 2 3]
匹配滤波检测信号：[1 3 2 3 2 0 1 3 1 2 0 0 1 3 2 1 1 2 2 3]

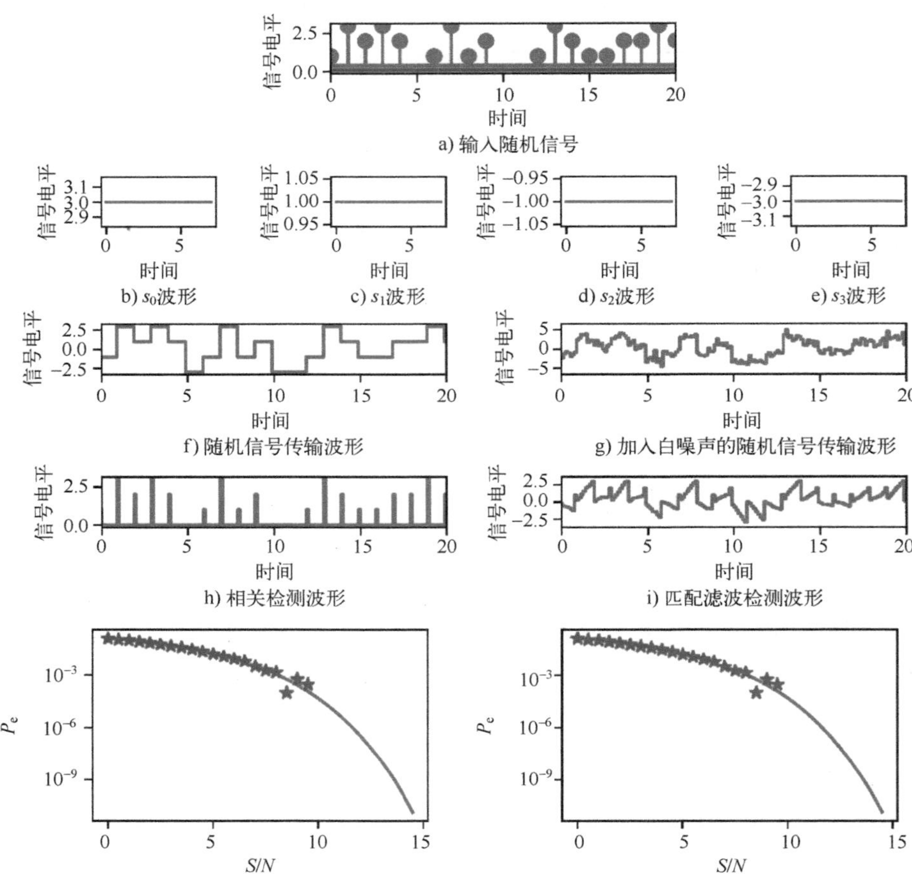

图 8-8　4 幅度电平波形传输仿真示意图

8.4　基带信号传输的码间串扰

在实际基带传输过程中，基带信号的波形不是完全理想的，由于波形发生器设备元器件和信道的非线性，会导致码元的波形向相邻的码元扩散，从而影响相邻码元的检测，导致误码率提升。

根据图 8-1，$s(t)$信号要经过选择波形，信道传输和匹配滤波及抽样得到 $r(t)$信号。通过选择波形 $s(t)$可表示为

$$s(t) = d(t) * g(t) = \sum_{n=-\infty}^{\infty} a_n g(t - nT_s)$$

信道传输和积分匹配滤波 $r(t)$表达式为

$$r(t)=\int_0^t\sum_{n=-\infty}^{\infty}a_n[g(t-nT_s)+n(t)]\mathrm{d}t=a_n\int_0^t\sum_{n=-\infty}^{\infty}g(t-nT_s)\mathrm{d}t+n_r(t)$$

然后对 $r(t)$ 进行第 k 个码元采样，表达式为

$$r_k=a_n\int_{kT_s}^{(k+1)T_s}\sum_{n=-\infty}^{\infty}g(t-nT_s)\mathrm{d}t+n_r(t)=a_k\int_0^{T_s}g(t)\mathrm{d}t+n_r(t)$$

$$+a_n\int_0^{T_s}\sum_{n\neq k,n=-\infty}^{\infty}g[t-(n-k)T_s]\mathrm{d}t+n_r(t)$$

高斯噪声 $n_r(t)$ 是均值为 0，方差为 $N_0/2$（白噪声双边功率谱密度）的高斯随机变量。

r_k 前面一项就是无码间干扰时或理想滤波器时的积分检测的结果，后一项则是码间干扰的影响。故无码间干扰的时域条件则是：

$$\begin{cases}\int_0^{T_s}g[t-(n-k)T_s]\mathrm{d}t=0, & n\neq k\\ \int_0^{T_s}g(t)\mathrm{d}t=1, & n=k\end{cases}$$

令 $f_0=f(t-0*T_s)=\int_0^{T_s}g(t)\mathrm{d}t$，则 $f_k=f(t-kT_s)=\int_0^{T_s}g(t-kT_s)\mathrm{d}t$，则无码间干扰时域条件可简化为

$$f_k=\begin{cases}1, & k=0\\ 0, & k\neq 0\end{cases}$$

另一方面从频域分析，假设 $f(t)$ 函数是匹配滤波后的综合表达式，则接收信号 $r(t)$ 表达式为

$$r(t)=\sum_{n=-\infty}^{\infty}a_nf(t-nT_s)$$

其中，$f(t)$ 可以采用傅里叶逆变换函数表示：

$$f(t)=\int_{-\infty}^{+\infty}F(f)\mathrm{e}^{\mathrm{j}2\pi ft}\mathrm{d}f$$

在 kT_s 抽样时，则：

$$f_k=f(kT_s)=\int_{-\infty}^{+\infty}F(f)\mathrm{e}^{\mathrm{j}2\pi fkT_s}\mathrm{d}f=\sum_{m=-\infty}^{+\infty}\int_{2m\pi/T_s}^{2(m+1)\pi/T_s}F(f)\mathrm{e}^{\mathrm{j}2\pi fkT_s}\mathrm{d}f$$

$$=\sum_{m=-\infty}^{+\infty}\int_0^{2\pi/T_s}F\left(f+\frac{2m\pi}{T_s}\right)\mathrm{e}^{\mathrm{j}2\pi\left(f+\frac{2m\pi}{T_s}\right)kT_s}\mathrm{d}f$$

$$=\int_0^{2\pi/T_s}\sum_{m=-\infty}^{+\infty}F\left(f+\frac{2m\pi}{T_s}\right)\mathrm{e}^{\mathrm{j}2\pi fkT_s}\mathrm{d}f$$

根据周期为 $2\pi/T_s$ 的函数 $f(t)$ 可以采用傅里叶级数表示为

$$F(f)=\sum_{k=-\infty}^{\infty}f_k\mathrm{e}^{\mathrm{j}2\pi fkT_s}$$

$$f_n=T_s\int_0^{2\pi/T_s}F(f)\mathrm{e}^{\mathrm{j}2\pi fkT_s}\mathrm{d}f$$

故无码间干扰的频域特性为：

$$\sum_{m=-\infty}^{+\infty}F\left(f+\frac{2m\pi}{T_s}\right)=T_s\quad |2f|\leqslant\pi/T_s$$

这就是奈奎斯特第一准则，即抽样频率要大于信号频率的 2 倍。

下面主要讨论几种理想波形，以及余弦滚降波形和构造波形传输时的码间干扰。

8.4.1 理想低通波形传输

理想低通波形频域表达式为

$$F(f)=\begin{cases}T_s, & |2f|\leqslant \pi/T_s\\ 0, & 其他\end{cases}$$

时域表达式为

$$f(t)=\frac{\sin\left(\dfrac{\pi t}{T_s}\right)}{\dfrac{\pi t}{T_s}}=\mathrm{sa}(\pi t/T_s)$$

其时域和频域及无码间干扰的间隔图如图 8-9 所示。

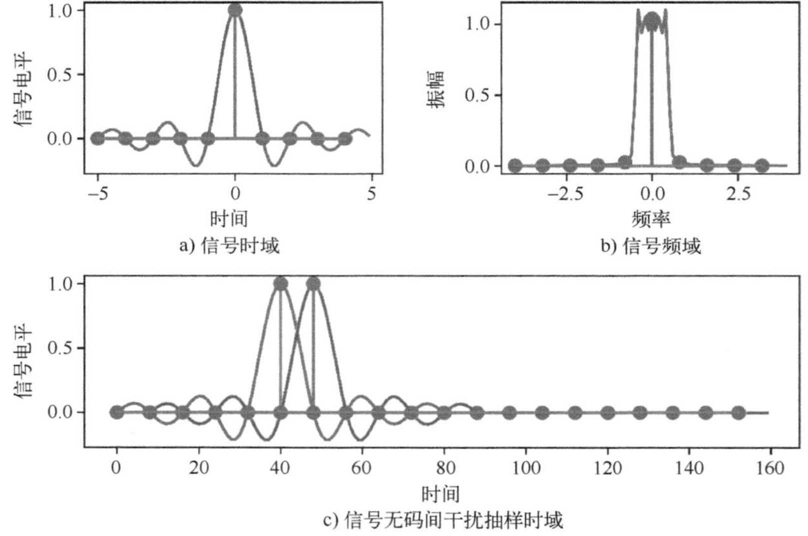

a) 信号时域　b) 信号频域

c) 信号无码间干扰抽样时域

图 8-9　理想低通波形及无码间干扰抽样时域示意图

图中就是利用 $t=kT_s(k\neq 0)$，$f(t)=0$，当抽样在 kT_s时，若数据以 $R_B=1/T_s$的速度传输，刚好可以实现无码间干扰传输。同时通过图可以看出 $T_B=T_s$。

【例 8-4-1】仿真在理想低通波形 $f(t)$ 无拖尾和有拖尾的情况下，经过基带传输及相关检测和匹配滤波器后检测的图并仿真误码率。

【例 8-4-1】代码

$$f(t)=\mathrm{sa}(\pi t/T_s)$$

注意仿真中的白噪声功率谱为 N_0，在理论计算时要转换一下。仿真时函数的抽样频率为 8，每个信号传输的抽样也是 8，即 $R_B=\dfrac{1}{T_s}$。仿真结果如图 8-10～图 8-13 所示，根据仿真在 S/N 为 25 dB 时，输入随机信号：[1 1 0 0 1 0 0 0 1 0 0 0 1 1 1 1 0 0 0 0 1 1 0 1 1 0 0 1 0 0]
无拖尾 s_0 波形检测信号：[1 1 0 0 1 0 0 0 1 0 0 0 1 1 1 1 0 0 0 0 1 1 0 1 0 0 1 0 0]
有拖尾 s_1 波形检测信号：[1 1 0 0 1 0 0 0 1 0 0 0 1 1 1 1 0 0 0 0 1 1 0 1 1 0 0 1 0 0]
误码率仿真图和开关波形传输是一致的。
比较发现，理想低通波形基带传输可以在 $T_B = T_s$ 时无码间干扰的解码。

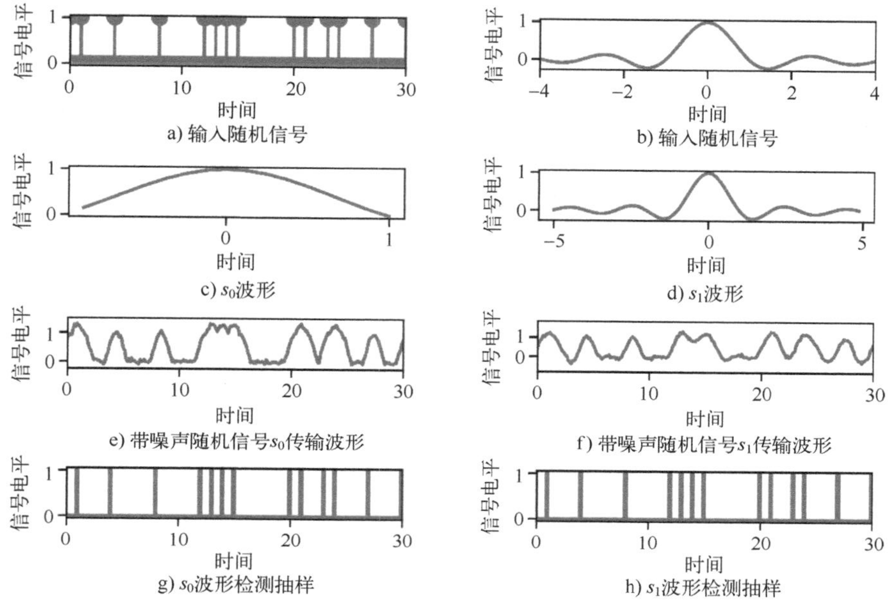

图 8-10　$T_B = 1$ 波特理想低通波形传输仿真示意图

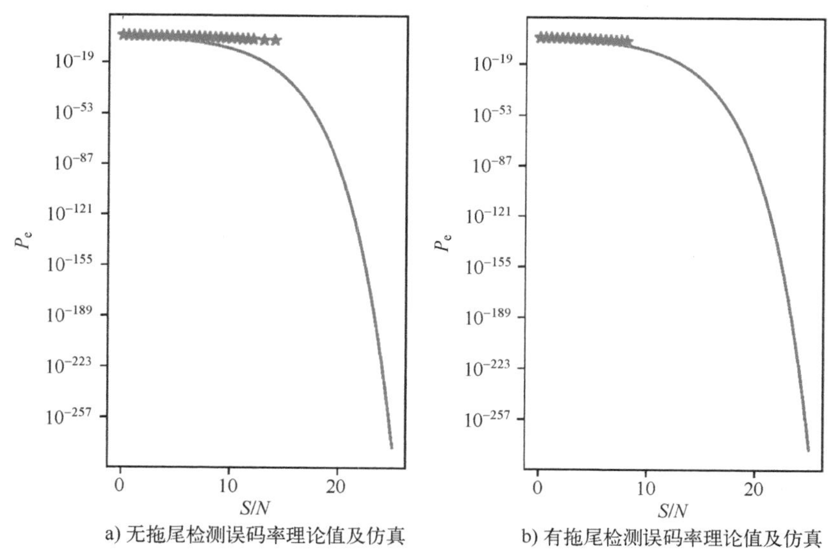

图 8-11　$T_B = 1$ 波特理想低通波形传输误码率仿真示意图

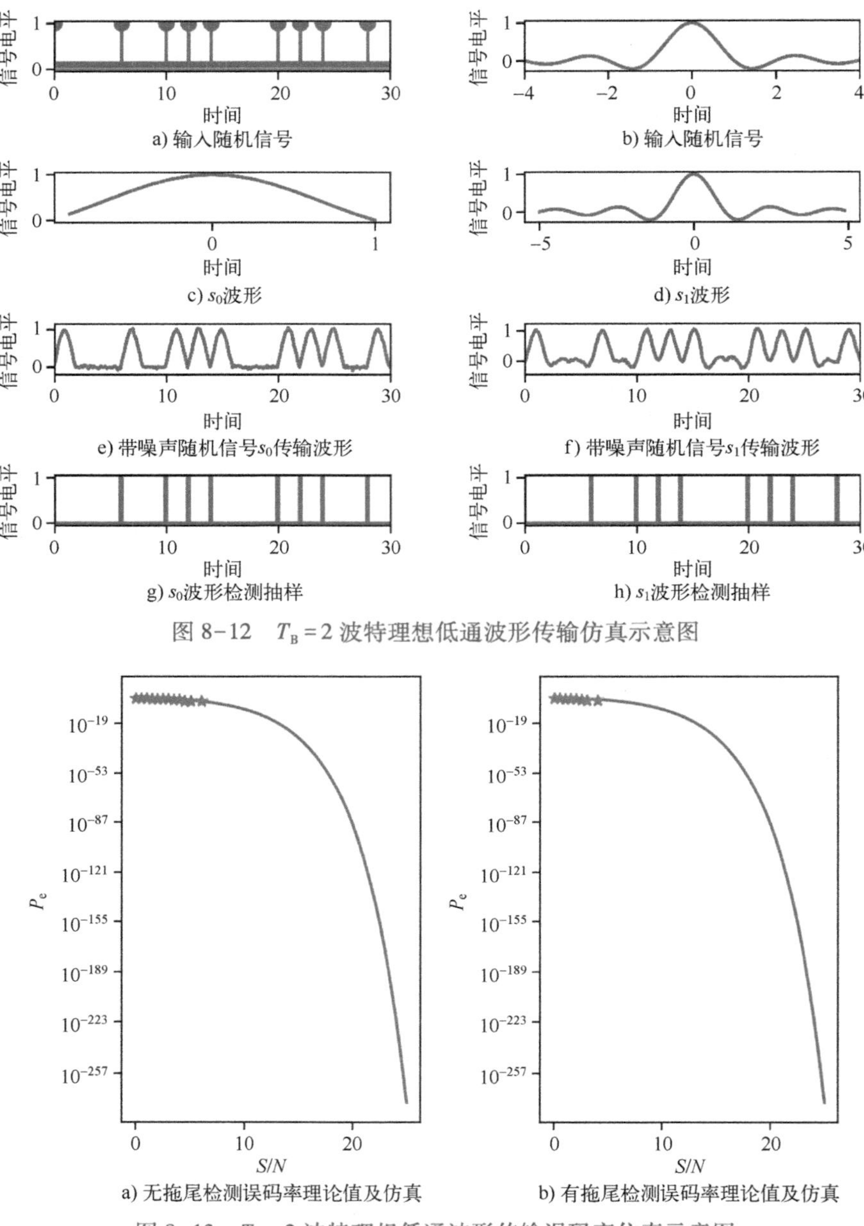

图 8-12　$T_B=2$ 波特理想低通波形传输仿真示意图

图 8-13　$T_B=2$ 波特理想低通波形传输误码率仿真示意图

8.4.2　余弦滚降波形传输

余弦滚降波形频域表达式为

$$F(f)=\begin{cases} T_s & 0\leqslant |2f|<(1-\alpha)/T_s \\ \dfrac{T_s}{2}\left[1+\sin\left(\dfrac{T_s}{2\alpha}\left(\dfrac{\pi}{T_s}-2\pi f\right)\right)\right] & (1-\alpha)/T_s\leqslant |2f|<(1+\alpha)/T_s \\ 0 & |2f|\geqslant(1+\alpha)/T_s \end{cases}$$

时域表达式为

$$f(t)=\frac{\sin\left(\frac{\pi t}{T_s}\right)}{\frac{\pi t}{T_s}}\cdot\frac{\cos\left(\alpha\frac{\pi t}{T_s}\right)}{1-\frac{4\alpha^2t^2}{T_s^2}}\quad \alpha=f_\Delta/f_N$$

f_N为奈奎斯特带宽，f_Δ为超出奈奎斯特带宽扩展量。$\alpha=0.5$ 时，其时域和频域及无码间干扰的间隔图如图 8-14 所示。

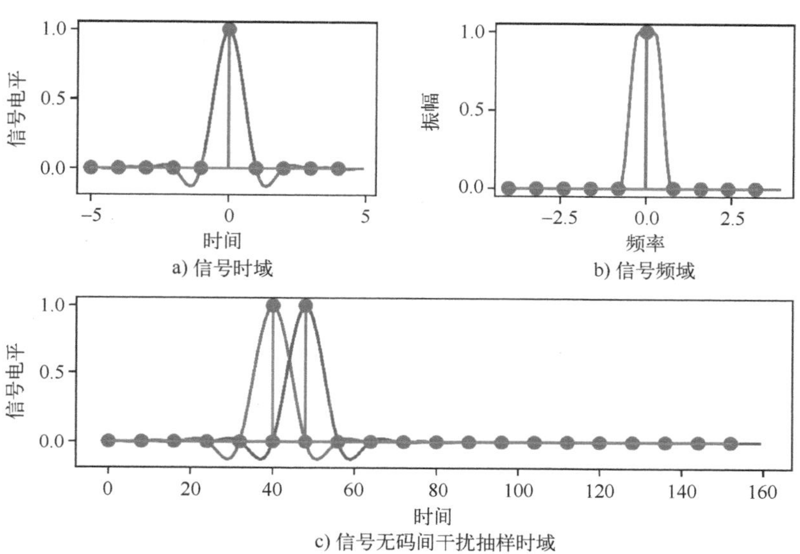

a) 信号时域　b) 信号频域

c) 信号无码间干扰抽样时域

图 8-14　$\alpha=0.5$ 余弦滚降波形及无码间干扰采样时域示意图

图中同样利用 $t=kT_s(k\neq0)$，$f(t)=0$，当抽样在零点时，刚好可以实现无码间干扰传输，同时可以看出 $T_B=T_s$。

【例 8-4-2】仿真在 $\alpha=0.5$ 余弦滚降波形 $f(t)$ 无拖尾和有拖尾情况下，经过基带传输及相关检测和匹配滤波器后检测的图并仿真误码率。

【例 8-4-2】代码

$$f(t)=\frac{\sin\left(\frac{\pi t}{T_s}\right)}{\frac{\pi t}{T_s}}\cdot\frac{\cos\left(0.5\times\frac{\pi t}{T_s}\right)}{1-\frac{4\times0.5^2t^2}{T_s^2}}$$

注意仿真中的白噪声功率谱为 N_0，在理论计算时要转换一下。仿真时函数的抽样频率为 8，每个信号传输的抽样也是 8，即 $B=\frac{1}{2T_s}, R_B=\frac{1}{T_s}$。仿真图如图 8-15～图 8-18 所示，根据仿真在 S/N 为 25 dB 时

输入随机信号：[1 0 1 0 0 0 1 0 0 0 0 1 1 1 0 0 0 0 1 1 1 0 0 1 0 1 1 1 0 0]

无拖尾 s_0波形检测信号：[1 0 1 0 0 0 1 0 0 0 0 1 1 1 0 0 0 0 1 1 1 0 0 1 1 1 1 1 0 0]

有拖尾 s_1 波形检测信号：［1 0 1 0 0 0 1 0 0 0 0 1 1 1 0 0 0 0 0 1 1 1 0 0 1 0 1 1 1 0 0］

误码率仿真图和开关波形传输是一致的。

同样余弦滚降波形基带传输也可以在 $T_B = T_s$ 时无码间干扰的解码。

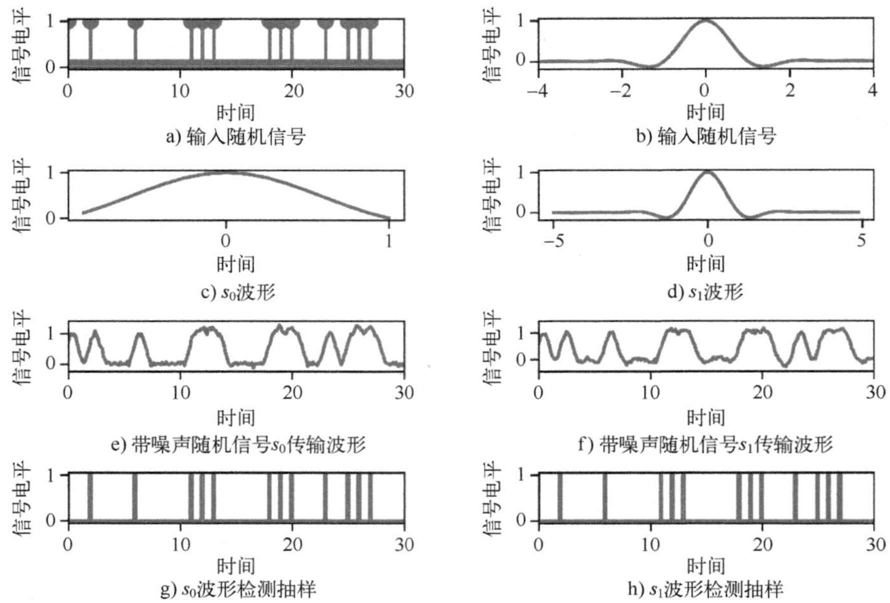

图 8-15　$T_B=1$ 波特 $\alpha=0.5$ 余弦滚降波形传输仿真示意图

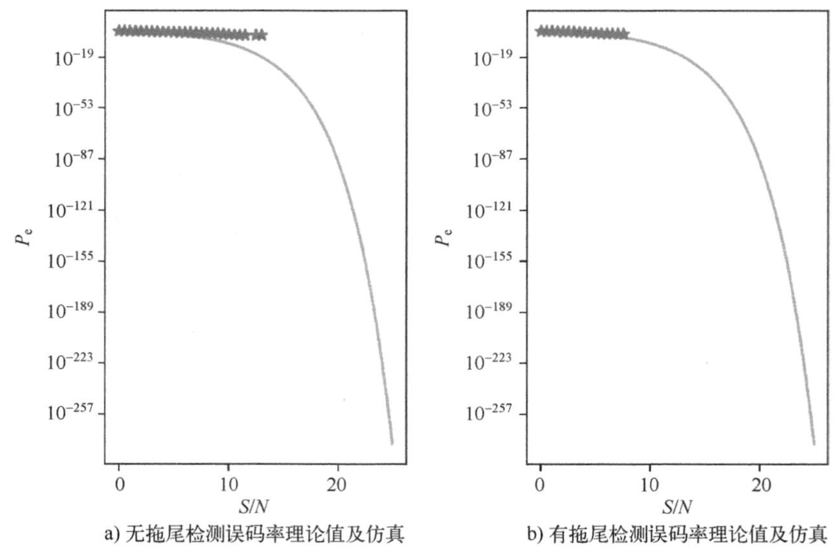

图 8-16　$T_B=1$ 波特 $\alpha=0.5$ 余弦滚降波形传输误码率仿真示意图

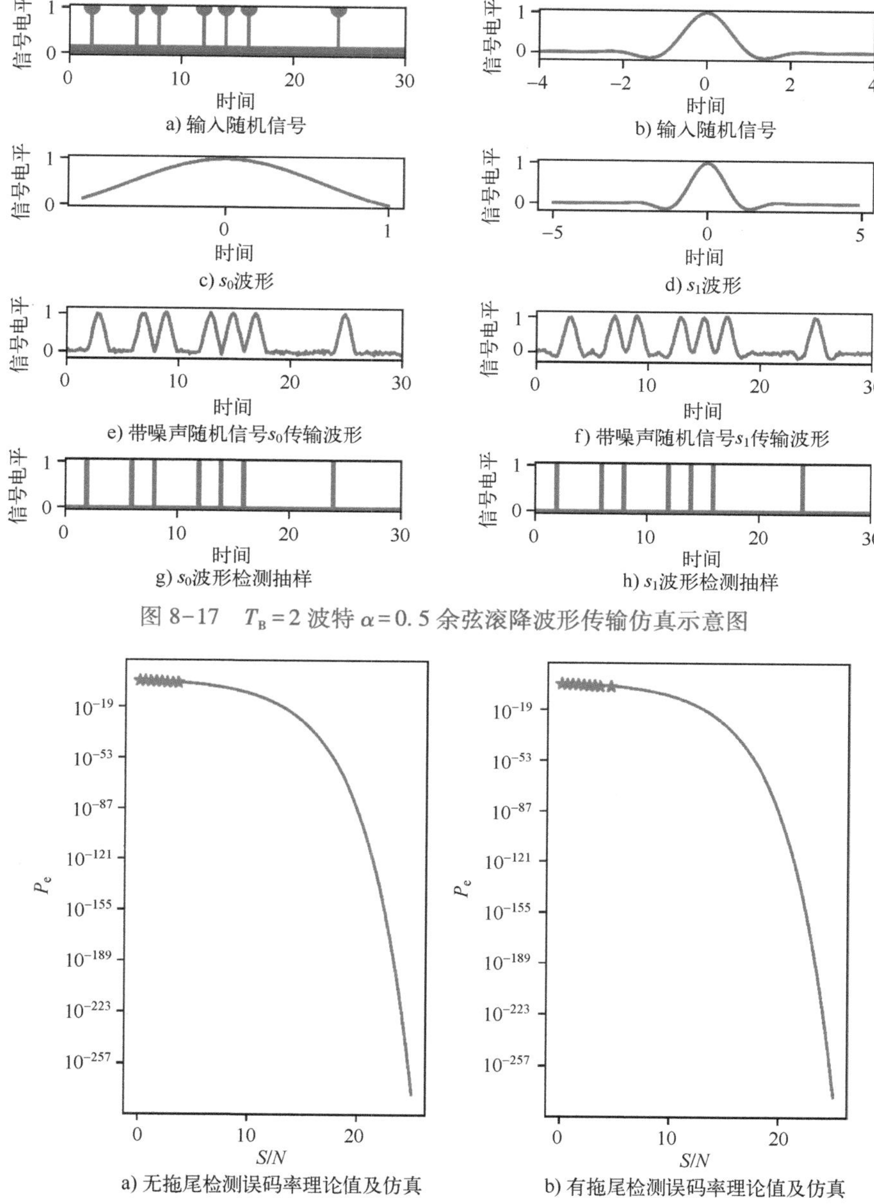

a) 输入随机信号　b) 输入随机信号　c) s_0波形　d) s_1波形　e) 带噪声随机信号s_0传输波形　f) 带噪声随机信号s_1传输波形　g) s_0波形检测抽样　h) s_1波形检测抽样

图 8-17　$T_B=2$ 波特 $\alpha=0.5$ 余弦滚降波形传输仿真示意图

a) 无拖尾检测误码率理论值及仿真　b) 有拖尾检测误码率理论值及仿真

图 8-18　$T_B=2$ 波特 $\alpha=0.5$ 余弦滚降波形传输误码率仿真示意图

8.4.3　余弦函数构造波形传输

前面两种波形均是利用 $t=kT_s(k\neq0)$，$f(t)=0$，当抽样在零点时，刚好可以实现无码间干扰传输。也可以构造一种波形，让其在采样周期内其他积分为 0 时，同样可以实现无码间干扰。根据积分为 0 的要求构造函数时域表达式为

$$f(t)=\begin{cases}\cos(\pi t), & |t|\leqslant T_s\\ 0.1\cos(2\pi t), & \text{其他}\end{cases}$$

其时域和频域及无码间干扰的间隔图如图 8-19 所示。

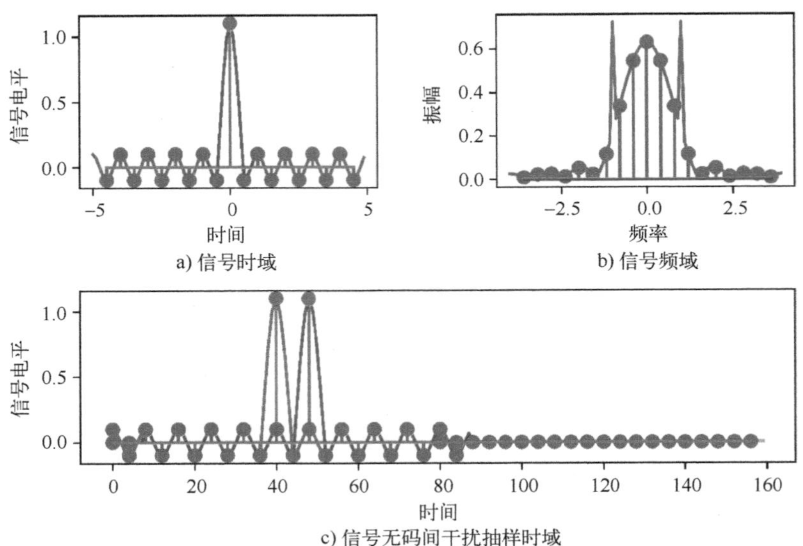

a) 信号时域　b) 信号频域

c) 信号无码间干扰抽样时域

图 8-19　构造波形及无码间干扰采样时域示意图

根据图形将采样点放置在 $T_B=2T_s$ 处，其采样处其他拖尾的波在采样周期内积分为 0，故也可以实现无码间干扰采样。但实际仿真时在 $T_B=T_s$ 处，同样可以解码，从图 8-20 可以看到，此时干扰码的积分很小，对主码影响很小而可以解码，使得码元的波特速率达到理想极限。

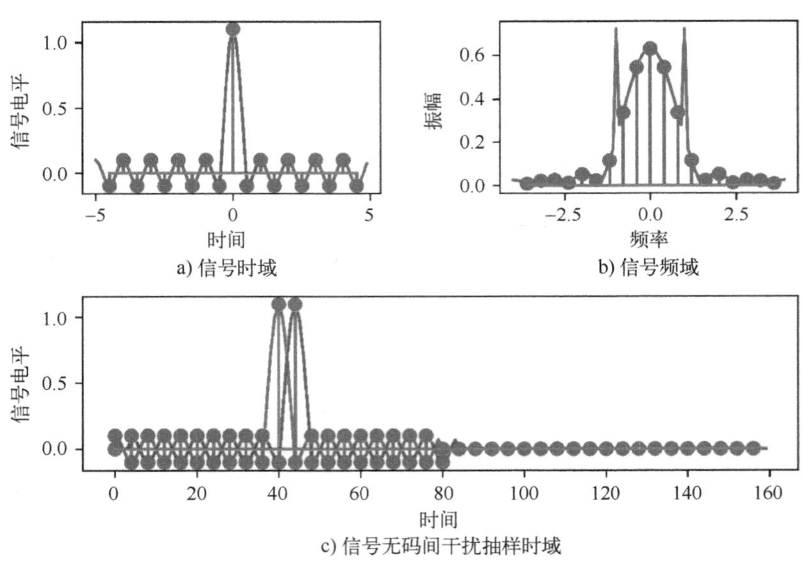

a) 信号时域　b) 信号频域

c) 信号无码间干扰抽样时域

图 8-20　构造波形及 T_s 码间干扰采样时域示意图

【例 8-4-3】仿真在构造波形 $f(t)$ 无拖尾和有拖尾的情况下，经过基带传输及相关检测和匹配滤波器后检测的图并仿真误码率。

$$f(t)=\begin{cases}1.0\cos(\pi t), & |t|\leqslant T_s\\ 0.1\cos(2\pi t), & \text{其他}\end{cases}$$

注意仿真中的白噪声功率谱为 N_0，在理论计算时要转换一下。仿真图如图 8-21～图 8-24 所示，根据仿真在 S/N 为 25 dB 时

输入随机信号：[1 1 1 0 0 0 1 0 1 1 0 0 1 1 1 1 0 1 0 0 1 1 1 0 1 1 1 0 1 1]

无拖尾 s_0 波形检测信号：[1 1 1 0 0 0 1 0 1 1 0 0 1 1 1 1 0 1 0 0 1 1 1 0 1 1 1 0 1 1]

有拖尾 s_1 波形检测信号：[1 1 1 0 0 0 1 0 1 1 0 0 1 1 1 1 0 1 0 0 1 1 1 0 1 1 1 0 1 1]

误码率仿真图和开关波形传输是一致的。

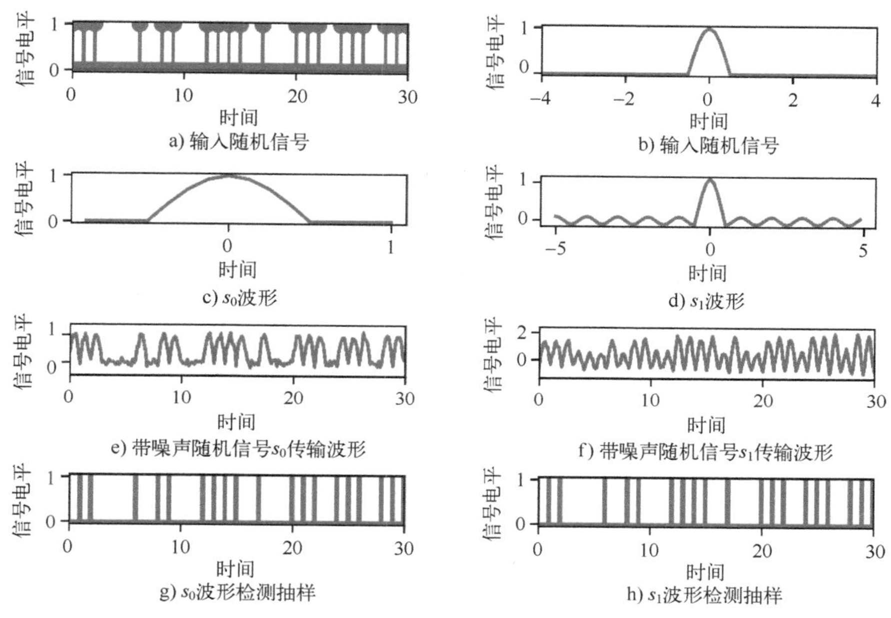

图 8-21　$T_B = 1$ 波特构造波形传输仿真示意图

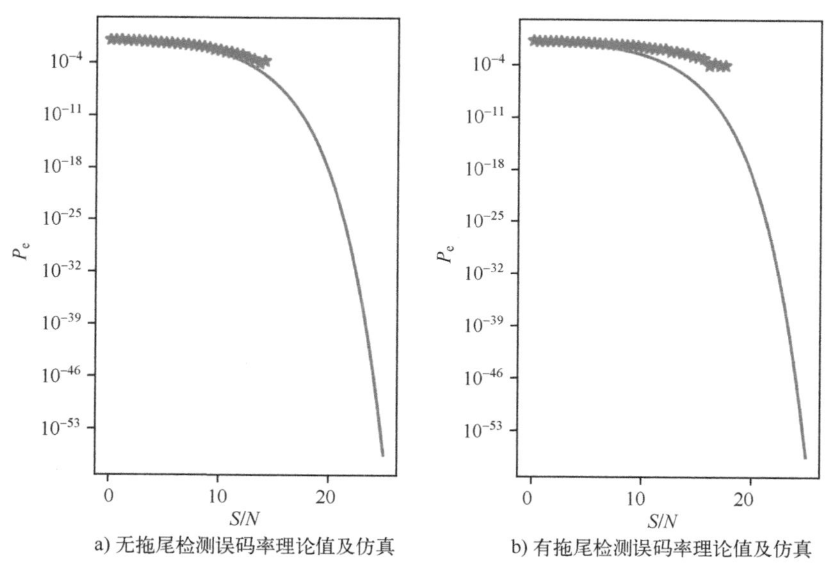

图 8-22　$T_B = 1$ 波特构造波形传输误码率仿真示意图

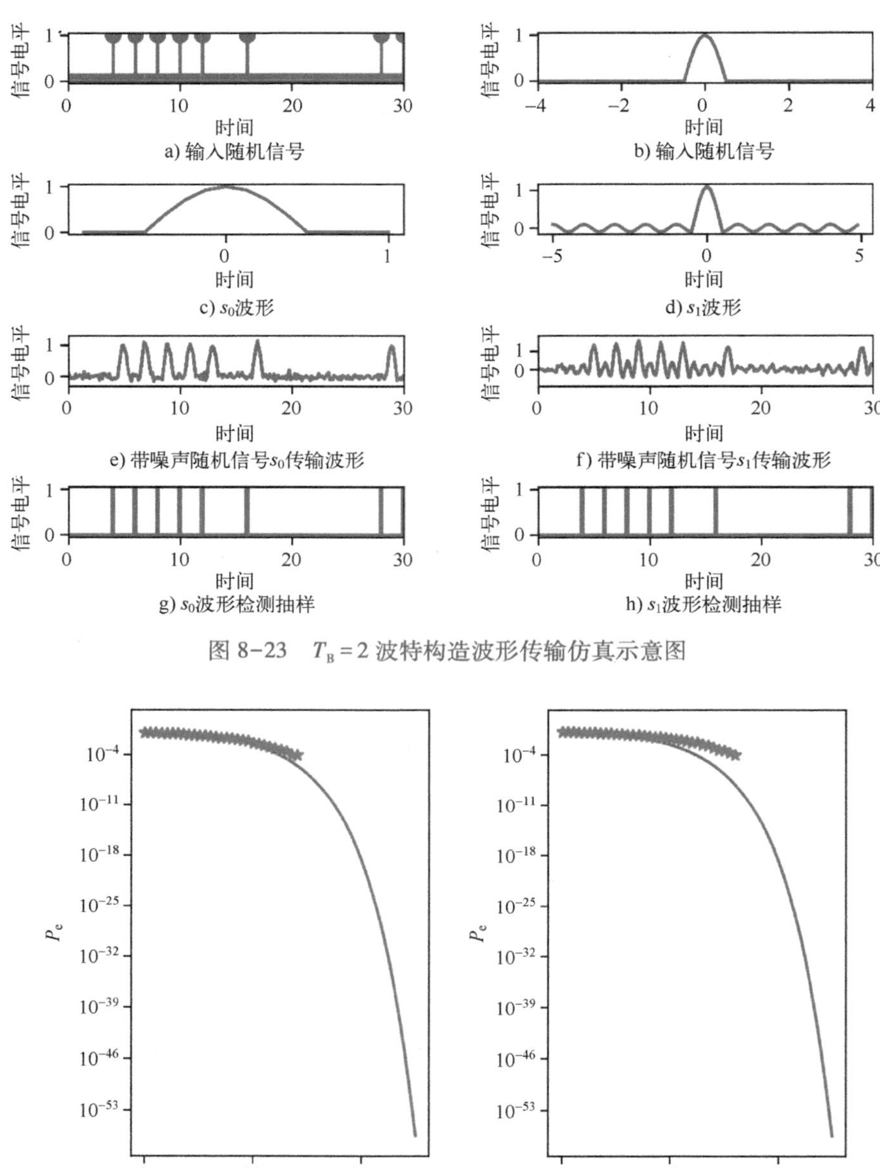

图 8-23　$T_B=2$ 波特构造波形传输仿真示意图

图 8-24　$T_B=2$ 波特构造波形传输误码率仿真示意图

构造函数的波特接近极限值 2，这个与拖尾的波形周期有关，拖尾周期越短误码率就越低。而且仿真时在 $T_B=1.5$ 时，也可以解码，因为在 T_s周期内仍然可以保证干扰码积分影响小而能保证正确解码。相比理想波形传输，其误码率很大。

8.4.4　余弦滚降函数构造波形传输

余弦滚降另一个构造函数时域表达式为：

$$f(t)=\mathrm{sa}\left[\frac{\pi\left(t+\frac{T_s}{2}\right)}{T_s}\right]+\mathrm{sa}\left[\frac{\pi\left(t-\frac{T_s}{2}\right)}{T_s}\right]$$

其时域和频域及无码间干扰的间隔图如图 8-25 所示。

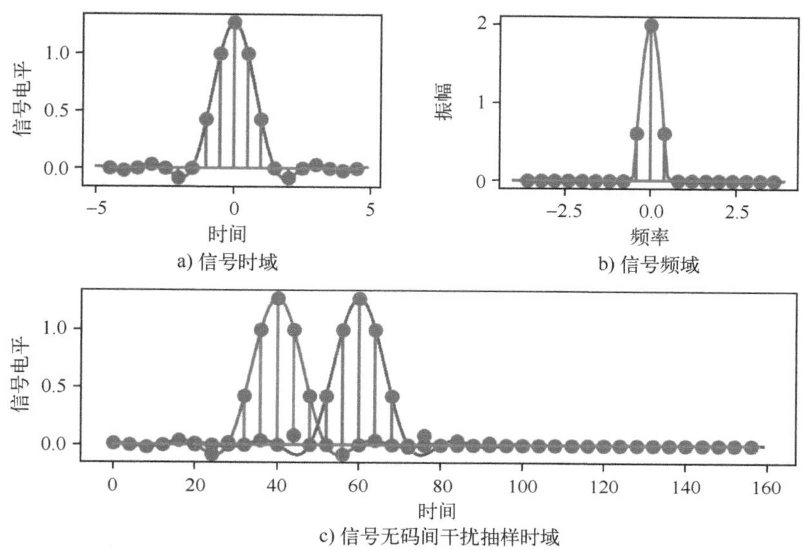

a) 信号时域　b) 信号频域

c) 信号无码间干扰抽样时域

图 8-25　构造波形及无码间干扰采样时域示意图

图中同样利用 $t=kT_s(k\neq0)$，$f(t)=0$，当抽样在零点时，刚好可以实现无码间干扰传输，同时可以看出 $T_B=5/3T_s$。

【例 8-4-4】仿真在波形 $f(t)$ 无拖尾和有拖尾的情况下，经过基带传输及相关检测和匹配滤波器后检测的图并仿真误码率。

【例 8-4-4】代码

$$f(t)=\mathrm{sa}\left[\frac{\pi\left(t+\frac{T_s}{2}\right)}{T_s}\right]+\mathrm{sa}\left[\frac{\pi\left(t-\frac{T_s}{2}\right)}{T_s}\right]$$

注意仿真中的白噪声功率谱为 N_0，在理论计算时要转换一下。仿真图如图 8-26～图 8-29 所示，根据仿真在 S/N 为 25 dB 时

输入随机信号：[0 0 1 1 1 0 0 0 1 0 0 1 0 1 0 0 1 1 0 0 0 1 1 0 1 1 1 1 0 0]

无拖尾 s_0 波形检测信号：[0 0 1 1 1 0 0 0 1 0 0 1 0 1 0 0 1 1 0 0 0 1 1 0 1 1 1 1 0 0]

有拖尾 s_1 波形检测信号：[0 0 1 1 1 0 0 0 1 0 0 1 0 1 0 0 1 1 0 0 0 1 1 0 1 1 1 1 0 0]

误码率仿真图和开关波形传输是一致的。

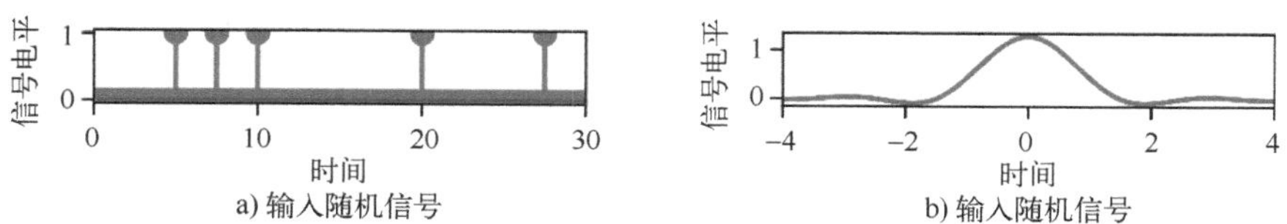

a) 输入随机信号　b) 输入随机信号

图 8-26　$T_B=5/6$ 波特构造波形传输仿真示意图

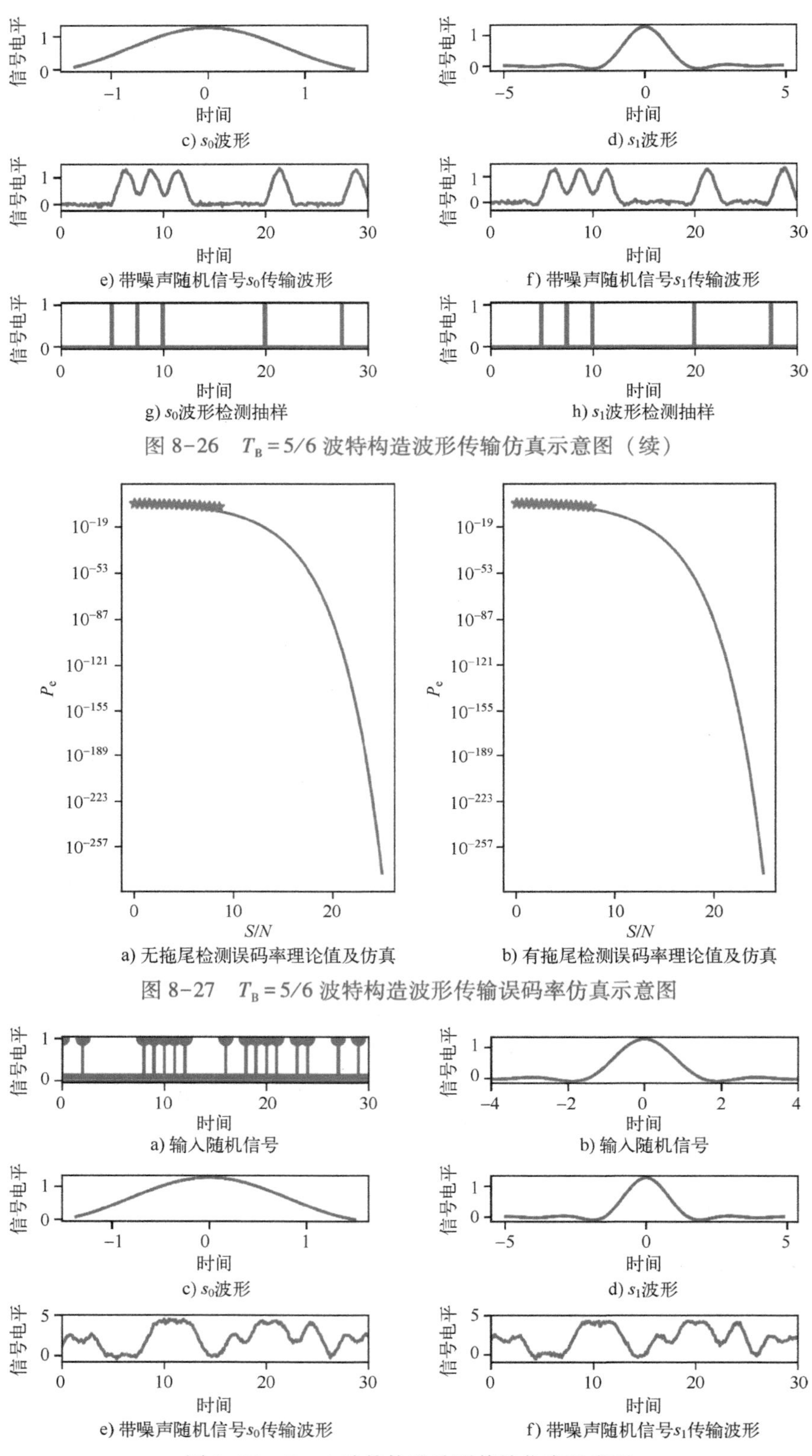

图 8-26　$T_B=5/6$ 波特构造波形传输仿真示意图（续）

图 8-27　$T_B=5/6$ 波特构造波形传输误码率仿真示意图

图 8-28　$T_B=1$ 波特构造波形传输仿真示意图

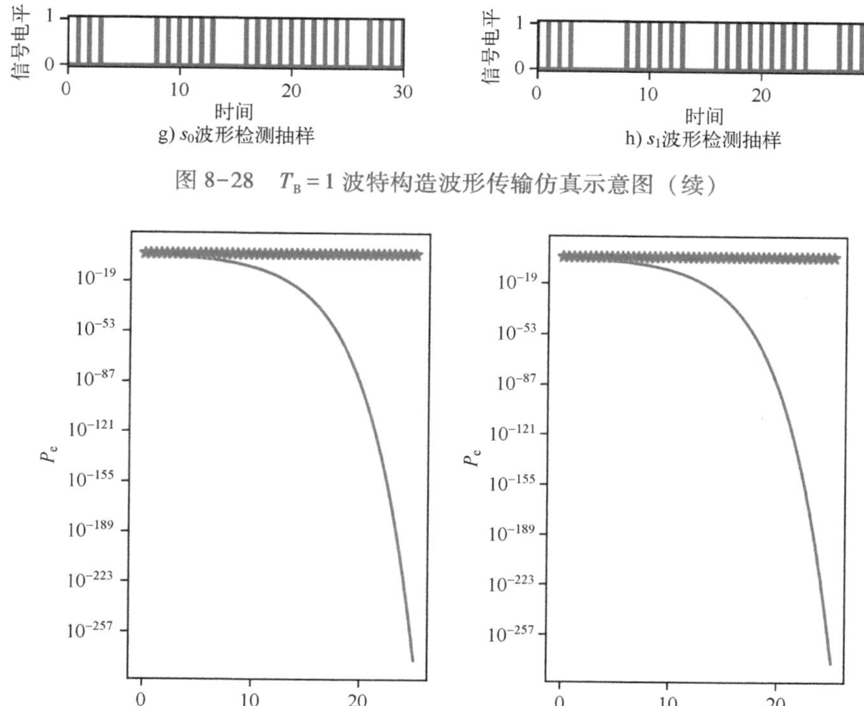

a) 无拖尾检测误码率理论值及仿真　　b) 有拖尾检测误码率理论值及仿真

图 8-29　$T_B=1$ 波特构造波形传输误码率仿真示意图

比较发现该构造函数的波特达不到极限值 2，而是 6/5。有些书上描述可以达到极限值，实际肯定达不到，从图 8-30 可知，其构造函数在 T_s处两个波形叠加，积分不为 0 且对解码影响较大，导致误码率比较高。为降低误码率，只能牺牲码元传输速率。

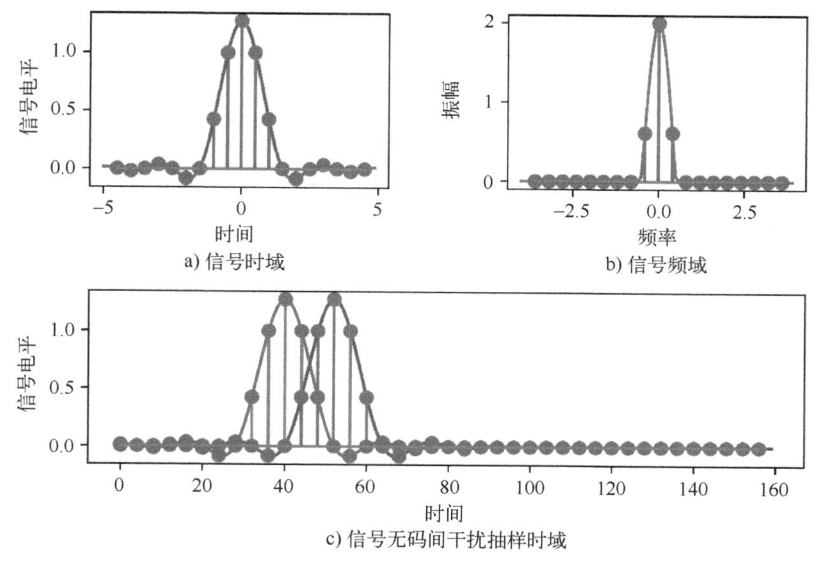

图 8-30　构造波形及 T_s处码间干扰采样时域示意图

8.5 眼图

在实际中由于无法实现理想的基带传输，码间串扰和噪声会同时存在，为了在实际应用中采用简单的实验手段来定性评估基带传输系统的性能，就发明了一种眼图评估方法。眼图就是通过采用示波器观察接收端的基带信号波形来估计基带传输系统的性能。当示波器水平扫描周期和接收码元同步时，传输二进制信号波形在示波器上显示的图形和人的眼睛很像，故称为“眼图”。眼图张开的角度、扫描线的重合情况、清晰程度都反映系统的性能。

【例 8-5-1】 仿真在余弦滚降波形 $f(t)$ 无拖尾和有拖尾的情况下，经过基带传输无加性噪声后的眼图。

$$f(t)=\frac{\sin\left(\frac{\pi t}{T_s}\right)}{\frac{\pi t}{T_s}}\cdot\frac{\cos\left(\alpha\frac{\pi t}{T_s}\right)}{1-\frac{4\alpha^2 t^2}{T_s^2}}\quad \alpha=f_\Delta/f_N$$

从仿真图 8-31～图 8-33 可以看到，无拖尾的图形明显比有拖尾的图清晰，“眼睛”张开更大，而且越理想的波形斜率越小，对定时误差的时间要求越高。

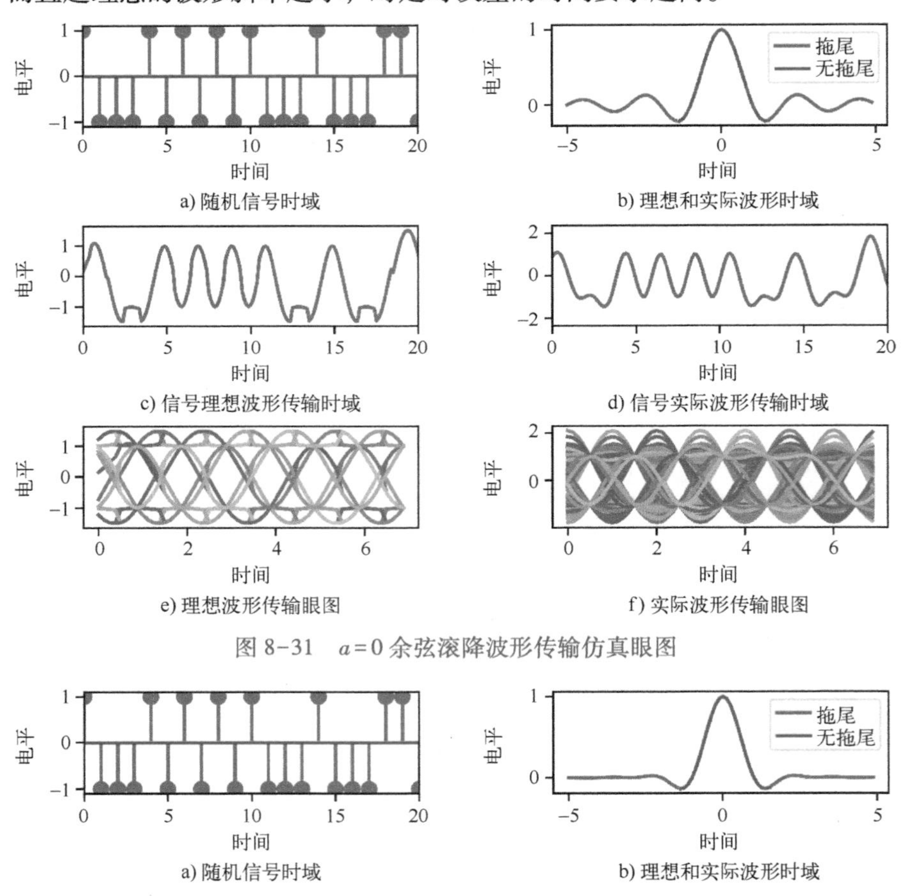

a) 随机信号时域　b) 理想和实际波形时域

c) 信号理想波形传输时域　d) 信号实际波形传输时域

e) 理想波形传输眼图　f) 实际波形传输眼图

图 8-31　$a=0$ 余弦滚降波形传输仿真眼图

a) 随机信号时域　b) 理想和实际波形时域

图 8-32　$a=0.5$ 余弦滚降波形传输仿真眼图

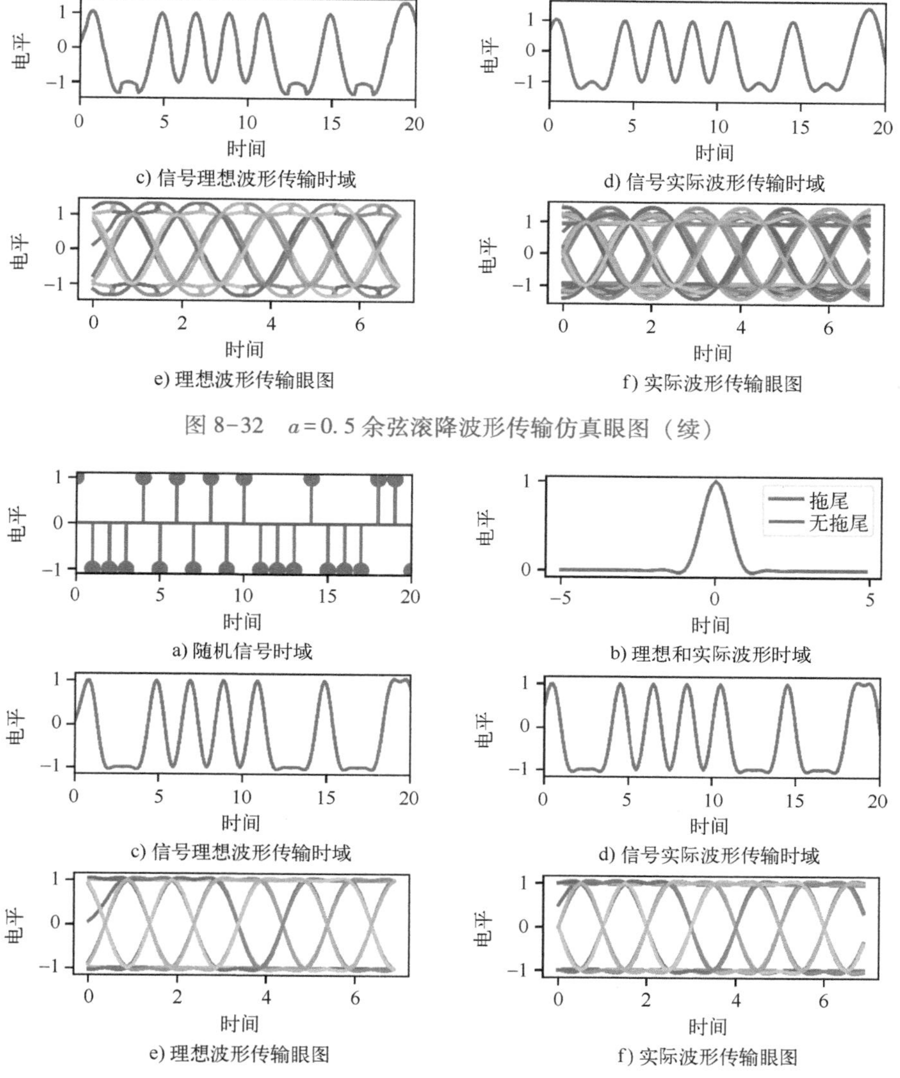

图 8-32　$a=0.5$ 余弦滚降波形传输仿真眼图（续）

图 8-33　$a=1$ 余弦滚降波形传输仿真眼图

第 9 章　载波调制信号数字传输

前面一章已经介绍过数字基带信号直接传输，而载波调制信号的数字传输泛指那些不能直接传送的数字基带信号，在发送端必须将数字基带信号调制到载波上进行发送，在接收端通过解调滤波将其还原为数字基带信号的解调，这种包括数字调制和解调过程的系统称为载波调制信号数字传输系统，载波调制的目的主要是让其适合信道传输，同时降低传输的损耗，让其传送更远。

按照借助调制信号的幅度、相位和频率分别称幅度 ASK、相位键控 PSK 和频移键控 FSK。解调方法主要有相干解调和非相干解调。本章默认 $T_b = 1$，同时将模拟调制与载波信号相乘的解调方法统称为模拟相干解调方法，以便和基带相干解调方法区分。

9.1　二进制 ASK 调制与解调

假定基带信号为

$$s(t) = \sum_{n=-\infty}^{\infty} a_n g(t - nT_s)$$

a_n是波形的幅度，$g(t-nT_s)$是某种脉冲波形，它决定了传输信号的频谱特性，通过前面基带信号主要波形分析，传输信号 $s(t)$ 的频谱都是低频，假设集中在$|f|\leqslant W$之内，W是脉冲波形的带宽，当 a_n只取“0”和“1”且等概率发送时，$s(t)$就是二进制脉冲波形。ASK 载波幅度调制就是将二进制基带信号 $s(t)$ 和载波 $\cos(2\pi f_c)$ 相乘，将基带信号调制到f_c载波上发送出去（$f_c>W$），调制信号可以表示为

$$u(t) = s(t)\cos(2\pi f_c t) = \sum_{n=-\infty}^{\infty} a_n g(t - nT_s)\cos(2\pi f_c t)$$

理想情况下，$g(t)$是个矩形波形，为了归一化能量，设置$g(t)$为

$$g(t)=\begin{cases}\sqrt{\dfrac{2}{T_s}}, & 0\leqslant t\leqslant T_s\\ 0, & \text{其他}\end{cases}$$

解调方法有三种，可以采用类似模拟信号的解调（相干解调法和包络解调）方法，也可以采用基带传输的相干解调方法。

9.1.1　ASK 调制模拟相干解调

模拟相干解调法和第 7 章幅度调制解调方法一致，通过 $u(t)$ 乘以 $g(t-nT_s)\cos(2\pi f_c t)$ 信号，表达式为

$$r_{\text{ASK}}(t) = u(t)g(t - nT_s)\cos(2\pi f_c t)$$

$$= \sum_{n=-\infty}^{\infty} a_n[1 + \cos(4\pi f_c t)]$$

然后通过低通滤波将 $a_n\cos(4\pi f_c t)$ 滤除，就可以通过抽样还原 a_n 信号。

另一方面根据傅里叶变换可知，ASK 模拟相干解调法调制后能量分别集中在 f_c 两侧。$s(t)$ 信号的功率谱为

$$P_s(f) = f_s P(1-P)|G(f)|^2 + \sum_{m=-\infty}^{\infty} |f_s P(1-P)G(mf_s)|^2 \delta(f - mf_s)$$

当“0”和“1”等概率发送，且 $g(t)$ 是理想矩形波形时，

$$P_s(f) = 1/4f_s|G(f)|^2 + |1/4f_s G(0)|^2\delta(f)$$

$u(t)$ 的功率谱函数为

$$P_u(f) = \frac{1}{4}[P_s(f-f_c) + P_s(f+f_c)]$$

$r_{ASK}(t)$ 滤波后的功率谱函数为

$$P_{ASK}(f) = P_s(f)$$

ASK 模拟相干解调的最佳判决电平为 $a/2$，其误码率为

$$P_e = \frac{1}{2}\mathrm{erfc}\left(\sqrt{\frac{r}{4}}\right) \quad r = \frac{a^2}{2\sigma^2}$$

【例 9-1-1】仿真随机二进制信号 ASK 调制解调，采用单极性的理想低通波形 $g(t)$，$t_b = 1$，$f_c = 20$ Hz 的余弦波调制，经过模拟相干解调后检测的图形，输出脉冲波形，调制信号和解调后信号的功率，并仿真其解调后的误码率。

【例 9-1-1】代码

$$g(t) = \begin{cases} \sqrt{2}, & 0 \leqslant t \leqslant t_b \\ 0, & \text{其他} \end{cases}$$

注意在实际仿真中的白噪声功率谱为 N_0，不是 $N_0/2$，在理论计算时要转换一下。

$$s(t) = \sum_{n=-\infty}^{\infty} a_n g(t - nT_s)$$

$$\mathrm{smt}(t) = s(t)\cos(2\pi f_c t) = \sum_{n=-\infty}^{\infty} a_n g(t - nT_s)\cos(2\pi f_c t)$$

$$r_{ASK}(t) = \mathrm{smt}(t) g(t - nT_s)\cos(2\pi f_c t)$$

仿真结果如图 9-1 和图 9-2 所示，在 SNR = 9.5 dB 时仿真的结果如下。

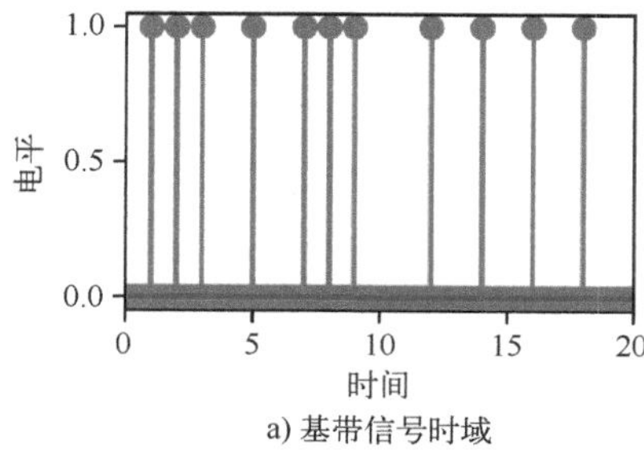

a) 基带信号时域

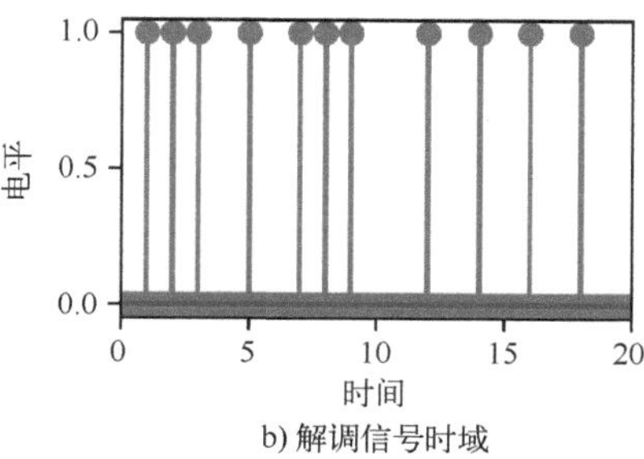

b) 解调信号时域

图 9-1　ASK 调制及模拟相干解调仿真图

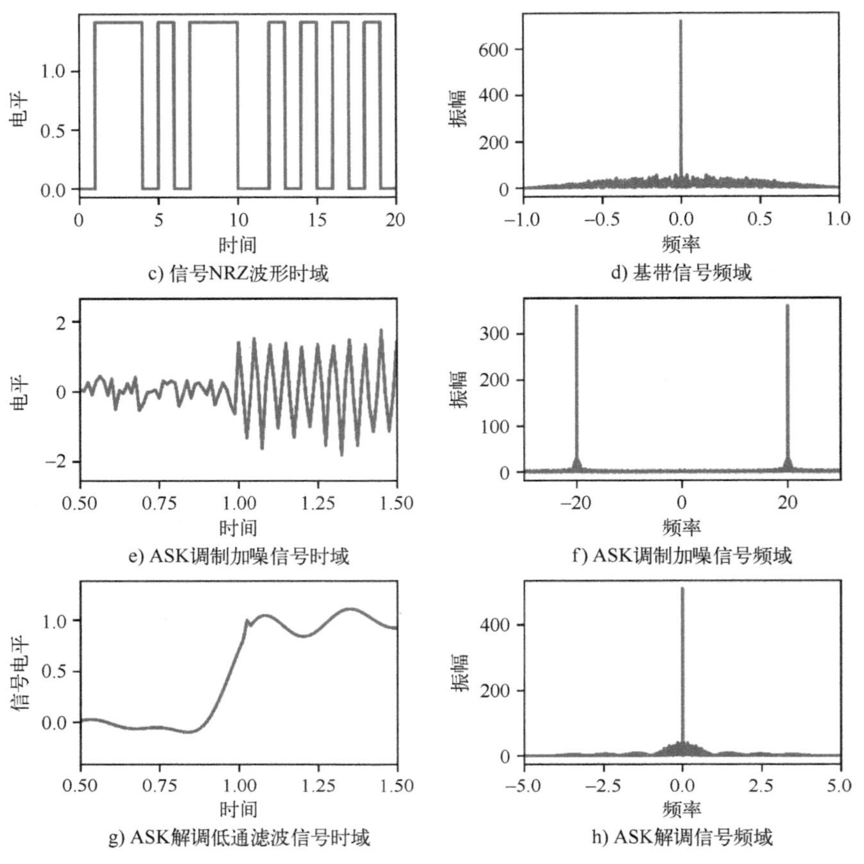

图 9-1　ASK 调制及模拟相干解调仿真图（续）

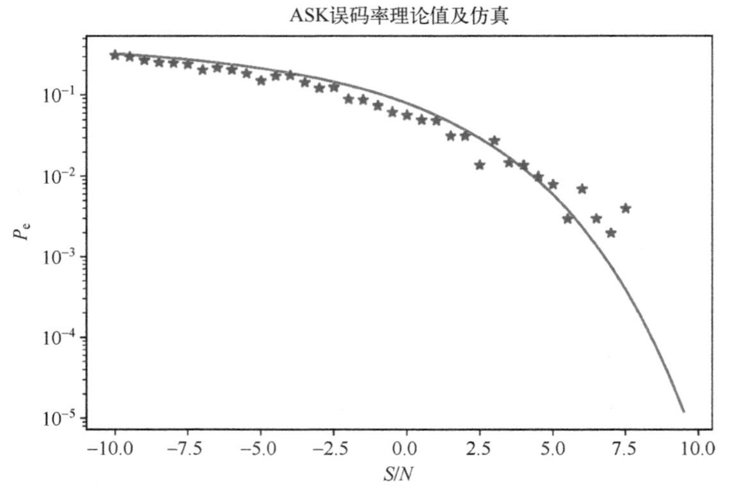

图 9-2　ASK 调制及模拟相干解调仿真误码率图

$s(t)$单波形平均功率：1.0159999999993499

smt(t)单波形平均功率：0.5079999999998118

$r(t)$单波形平均功率：1.0741239633957846
前 10 个原数据：[0 1 1 1 0 1 0 1 1 1]
前 10 个解调数据：[0 1 1 1 0 1 0 1 1 1]

9.1.2　ASK 调制包络解调

ASK 包络解调法和模拟调制解调方法一致，调制信号为

$$u(t)=s(t)\cos(2\pi f_c t)=\sum_{n=-\infty}^{\infty}a_n g(t-nT_s)\cos(2\pi f_c t)$$

直接对 $u(t)$通过 Hilbert 变换提取包络，然后进行抽样解调。包络解调只能针对单极性码有用，对双极性码无法解调。包络解调最佳判决电平为 $a/2$，其误码率为

$$P_e=\frac{1}{2}\mathrm{erfc}\left(\sqrt{\frac{r}{4}}\right)+\frac{1}{2}\mathrm{e}^{-r/4}\quad r=\frac{a^2}{2\sigma^2}$$

【例 9-1-2】仿真随机二进制信号 ASK 调制解调，采用单极性的理想低通波形 $g(t)$，$t_b=1$，$f_c=20$ Hz 的余弦波调制，经过模拟包络解调后检测的图形，输出脉冲波形、调制信号和解调后信号的功率并仿真误码率。

$$g(t)=\begin{cases}1, & 0\leqslant t\leqslant t_b\\0, & \text{其他}\end{cases}$$

统一要注意仿真中的白噪声功率谱为 N_0，在理论计算时要转换一下。

$$s(t)=\sum_{n=-\infty}^{\infty}a_n g(t-nT_s)$$

$$u(t)=s(t)\cos(2\pi f_c t)=\sum_{n=-\infty}^{\infty}a_n g(t-nT_s)\cos(2\pi f_c t)$$

仿真结果如图 9-3 和图 9-4 所示，在 SNR=9.5 dB 时仿真的结果如下。
$s(t)$单波形平均功率：0.5039874999996785
smt(t)单波形平均功率：0.25198749999990777
$m(t)$单波形平均功率：0.560046369181675
前 10 个原数据：[1 0 1 0 0 1 1 0 0 1]
前 10 个解调数据：[1 0 1 0 0 1 1 0 0 1]

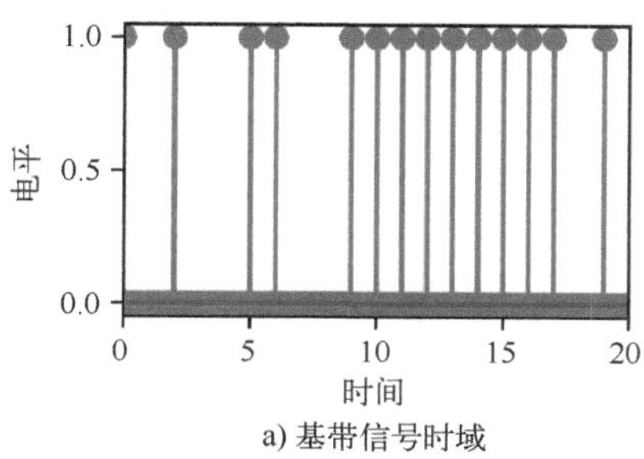

a) 基带信号时域

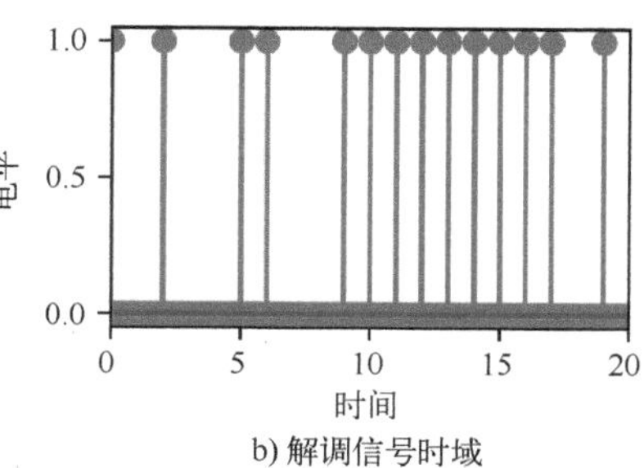

b) 解调信号时域

图 9-3　ASK 调制及包络解调仿真图

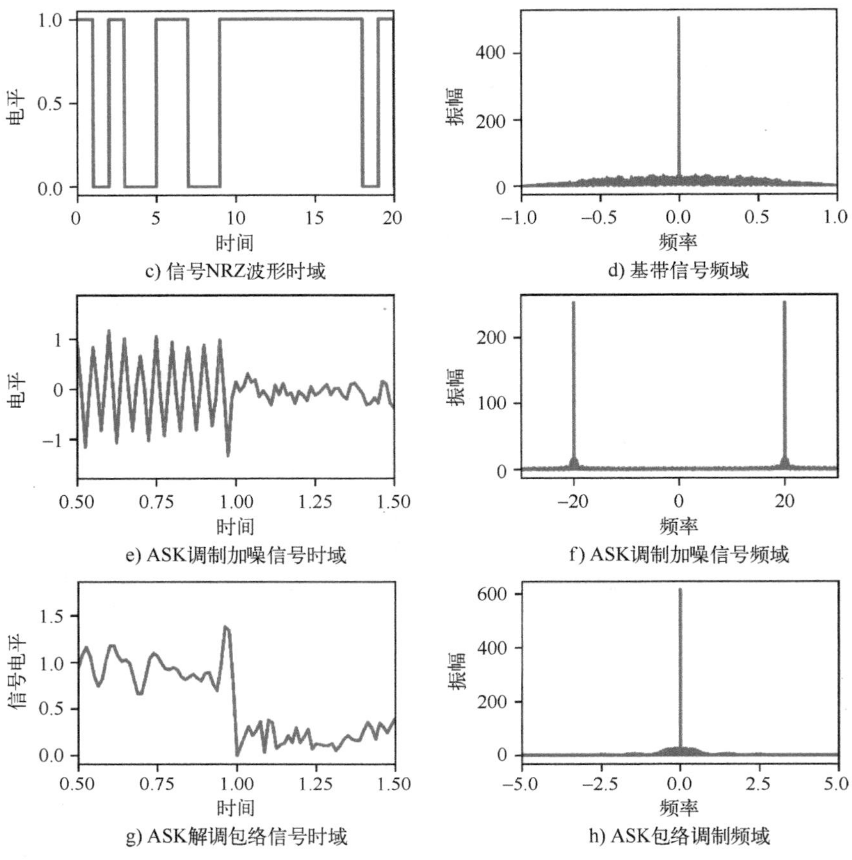

c) 信号NRZ波形时域　d) 基带信号频域

e) ASK调制加噪信号时域　f) ASK调制加噪信号频域

g) ASK解调包络信号时域　h) ASK包络调制频域

图 9-3　ASK 调制及包络解调仿真图（续）

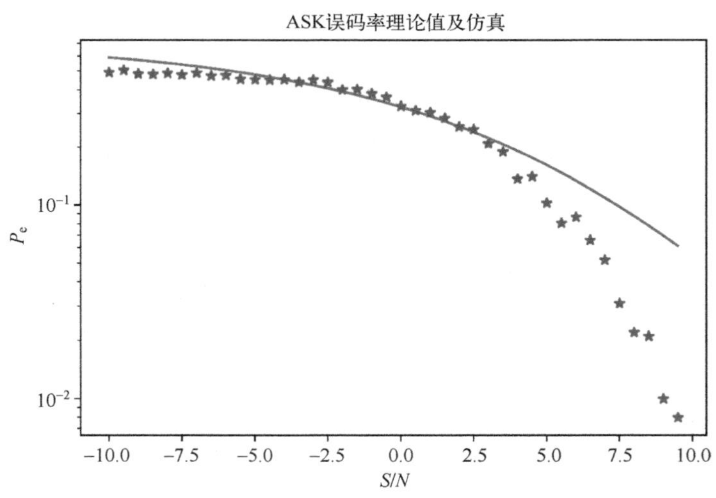

图 9-4　ASK 调制及包络解调仿真误码率图

9.1.3　ASK 调制基带相干解调

基带相干解调法通过 $u(t)$ 乘以 $g(t-nT_s)\cos(2\pi f_c t)$ 来得到调制信号，然后通过 T_s 周期内积分后再抽样来解调信号，而非通过滤波的方式解调。表达式为

$$r_{ASK}(t)=\int_0^{T_s}\sum_{n=-\infty}^{\infty}a_n g(t-nT_s)^2[1+\cos(4\pi f_c t)]/2\mathrm{d}t$$

利用 $f_c>T_s$ 时或准确地说，f_c 为 $1/T_s$ 的整数倍时，$\cos(4\pi f_c t)$ 在 T_s 周期内积分为 0 的特性和 $\dfrac{\int_0^{T_s}g(t-nT_s)^2\mathrm{d}t}{2}=1$，上式可以简化为

$$r_{ASK}(t)=\sum_{n=-\infty}^{\infty}a_n$$

这样就可以还原信号 a_n。根据傅里叶变换可知，$s(t)$ 信号的功率谱为

$$P_s(f)=f_sP(1-P)|G(f)|^2+\sum_{m=-\infty}^{\infty}|f_sP(1-P)G(mf_s)|^2\delta(f-mf_s)$$

当“0”和“1”等概率发送时，且 $g(t)$ 是理想矩形波形时，

$$P_s(f)=1/4f_s|G(f)|^2+|1/4f_sG(0)|^2\delta(f)$$

$u(t)$ 的功率谱函数为

$$P_u(f)=\frac{1}{4}[P_s(f-f_c)+P_s(f+f_c)]$$

$r_{ASK}(t)$ 解调后的功率谱函数为

$$P_{ASK}(f)=P_s(f)$$

ASK 基带相干解调的最佳判决电平为 $a/2$，其误码率为

$$p_e=Q\left(\sqrt{\frac{S}{2N_0}}\right)$$

$$r=\frac{a^2}{2\sigma^2}$$

【例 9-1-3】仿真随机二进制信号 ASK 调制解调，采用单极性的理想低通波形 $g(t)$，$t_b=1$，$f_c=20$ Hz 的余弦波调制，经过基带相干解调后检测的图形，输出脉冲波形、调制信号和解调后信号的功率，并仿真误码率。

【例 9-1-3】代码

$$g(t)=\begin{cases}\sqrt{2}, & 0\leqslant t\leqslant t_b\\ 0, & \text{其他}\end{cases}$$

注意仿真中的白噪声功率谱为 N_0，在理论计算时要转换一下。

$$s(t)=\sum_{n=-\infty}^{\infty}a_n g(t-nT_s)$$

$$smt(t)=s(t)\cos(2\pi f_c t)=\sum_{n=-\infty}^{\infty}a_n g(t-nT_s)\cos(2\pi f_c t)$$

$$r_{ASK}(t)=\int_{-\infty}^{\infty}a_n g(t-nT_s)^2(1+\cos(4\pi f_c t))/2\mathrm{d}t$$

仿真结果如图 9-5 和图 9-6 所示，在 SNR=9.5 dB 时仿真的结果如下。

$s(t)$单波形平均功率：1.0419999999994078

smt(t)单波形平均功率：0.5209999999998001

$r(t)$单波形平均功率：1.0989869443508917

前 10 个原数据：[0 1 1 1 1 1 1 0 1 0 1]

前 10 个解调数据：[0 1 1 1 1 1 1 0 1 0 1]

与模拟相干解调相比，模拟相干解调采用的是频率矩形滤波，相当于时域与贝塞尔曲线做卷积，而基带相干解调是时域和脉冲函数做卷积，就相当于频域做贝塞尔曲线滤波。通过仿真比较，基带相干解调方法的误码率更低。

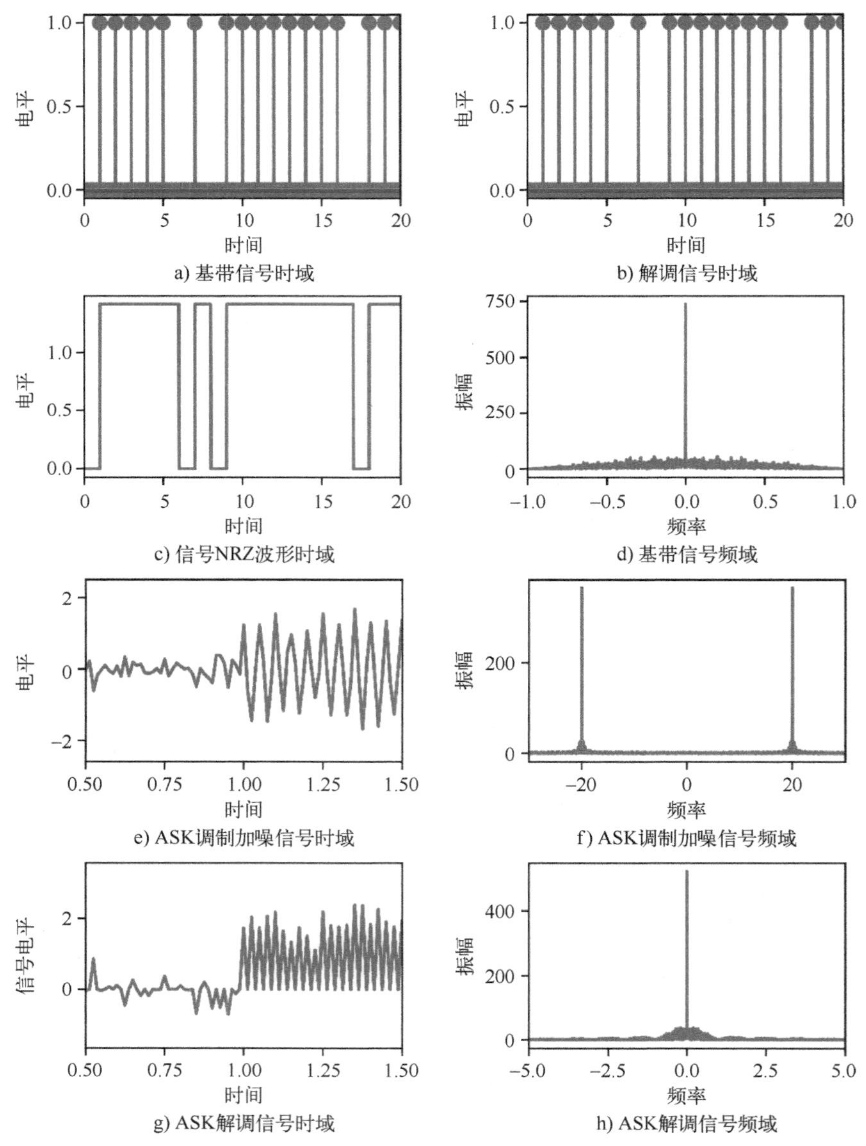

图 9-5 ASK 调制及基带相干解调仿真图

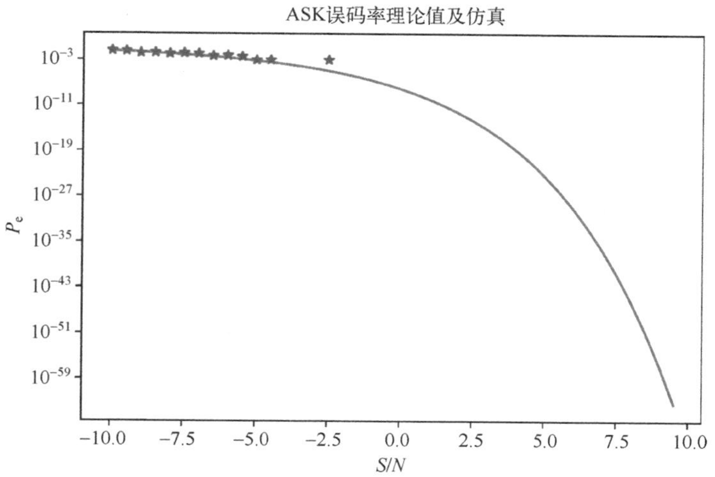

图 9-6　ASK 调制及基带相干解调仿真误码率图

9.1.4　ASK 调制解调方法比较

从 AWGN 信道三种解调方法仿真的误码率可以发现，ASK 整体解调的误码率都比较大，基于 10^{-3} 水平左右，包络解调法误码率最大，其次为模拟相干解调法，最好的是基带相干解调法。

9.2　二进制 PSK 调制与解调

基带信号为

$$s(t)=\sum_{n=-\infty}^{\infty}a_n g(t-nT_s)$$

二进制 PSK 调制就是将二进制信号 $s(t)$ 调制 $\cos(2\pi f_c)$ 相位，PSK 调制信号可以表示为

$$u(t)=A\cos(2\pi f_c t+2\pi s(t)/2)$$

当 a_n 取值为 “0”，“1” 时，$u(t)$ 可改写为

$$u(t)=A\sum_{n=-\infty}^{\infty}g(t-nT_s)\cos(2\pi f_c t+\pi a_n)$$

理想情况下，$g(t)$ 是个矩形波形，为了归一化能量，设置 $g(t)$ 为

$$g(t)=\begin{cases}\sqrt{\dfrac{2}{T_s}}, & 0\leqslant t\leqslant T_s\\ 0, & \text{其他}\end{cases}$$

解调方法有两种，即用类似模拟信号的相干解调法和基带传输的相干解调方法。

9.2.1　PSK 调制模拟相干解调

模拟相干解调法通过 $u(t)$ 乘以 $g(t-nT_s)\cos(2\pi f_c t)$ 信号，表达式为

$$
\begin{aligned}
r_{\mathrm{PSK}}(t) &= u(t)g(t-nT_s)\cos(2\pi f_c t) \\
&= A\sum_{n=-\infty}^{\infty} g(t-nT_s)^2\cos(2\pi f_c t+\pi a_n)\cos(2\pi f_c t) = \sum_{n=-\infty}^{\infty} A(-1)^{a_n} g(t-nT_s)^2\cos(2\pi f_c t)^2 \\
&= \sum_{n=-\infty}^{\infty} A(-1)^{a_n} g(t-nT_s)^2\frac{1}{2}[1+\cos(4\pi f_c t)]
\end{aligned}
$$

根据前面假设，$1/2\sum_{n=-\infty}^{\infty} g(t-nT_s)^2=1$，而后信号通过滤波，将 $\cos(4\pi f_c t)$ 滤除，就可以通过抽样还原 a_n 信号。

比较会发现 PSK 其实和 ASK 幅度调制一样，将 PSK 理解为极性码 ASK 调制，故能量分别集中在 f_c 两侧。$s(t)$ 信号的功率谱为

$$P_s(f)=f_sP(1-P)\,|G(f)|^2+\sum_{m=-\infty}^{\infty}|f_sP(1-P)G(mf_s)|^2\delta(f-mf_s)$$

当双极性码等概率发送，且 $g(t)$ 是理想矩形波形时，

$$P_s(f)=f_s\,|G(f)|^2$$

$u(t)$ 的功率谱函数为

$$P_u(f)=\frac{1}{2}[P_s(f-f_c)+P_s(f+f_c)]$$

$r_{\mathrm{PSK}}(t)$ 滤波后的功率谱函数为

$$P_{\mathrm{PSK}}(f)=2P_s(f)$$

PSK 模拟相干解调的最佳判决电平为 0，其误码率为

$$P_e=\frac{1}{2}\mathrm{erfc}(\sqrt{r})\quad r=\frac{a^2}{2\sigma^2}$$

【例 9-2-1】仿真随机二进制信号 PSK 调制解调，采用单极性的理想低通波形 $g(t)$，$t_b=1$，$f_c=20\ \mathrm{Hz}$ 的余弦波调制，“0” 为 $1/2\pi$，“1” 为 $3/2\pi$，经过模拟相干解调后检测的图形，输出脉冲波形、调制信号和解调后信号的功率及仿真误码率。

【例 9-2-1】代码

$$g(t)=\begin{cases}\sqrt{2}, & 0\leqslant t\leqslant t_b\\ 0, & 其他\end{cases}$$

注意仿真中白噪声功率谱为 N_0，在理论计算时要转换一下。仿真结果如图 9-7 和图 9-8 所示，在 SNR = 15 dB 时仿真结果为

基带随机信号前 10 个：[1 0 1 0 1 1 0 1 1 0]

解调基带随机信号前 10 个：[1 0 1 0 1 1 0 1 1 0]

基带平均功率：0.4889987499963903

$s(t)$ 调制波形平均功率：0.9999999999924605

$r(t)$ 接收波形 I 路平均功率：0.03166132338754488

$r_1(t)$ 接收波形 Q 路平均功率：2.0321696085573926

同样接收信号低通滤波后，最好不要从第一个采样，延迟几个采样时间后采样，这样不会误码，否则误码率增多。

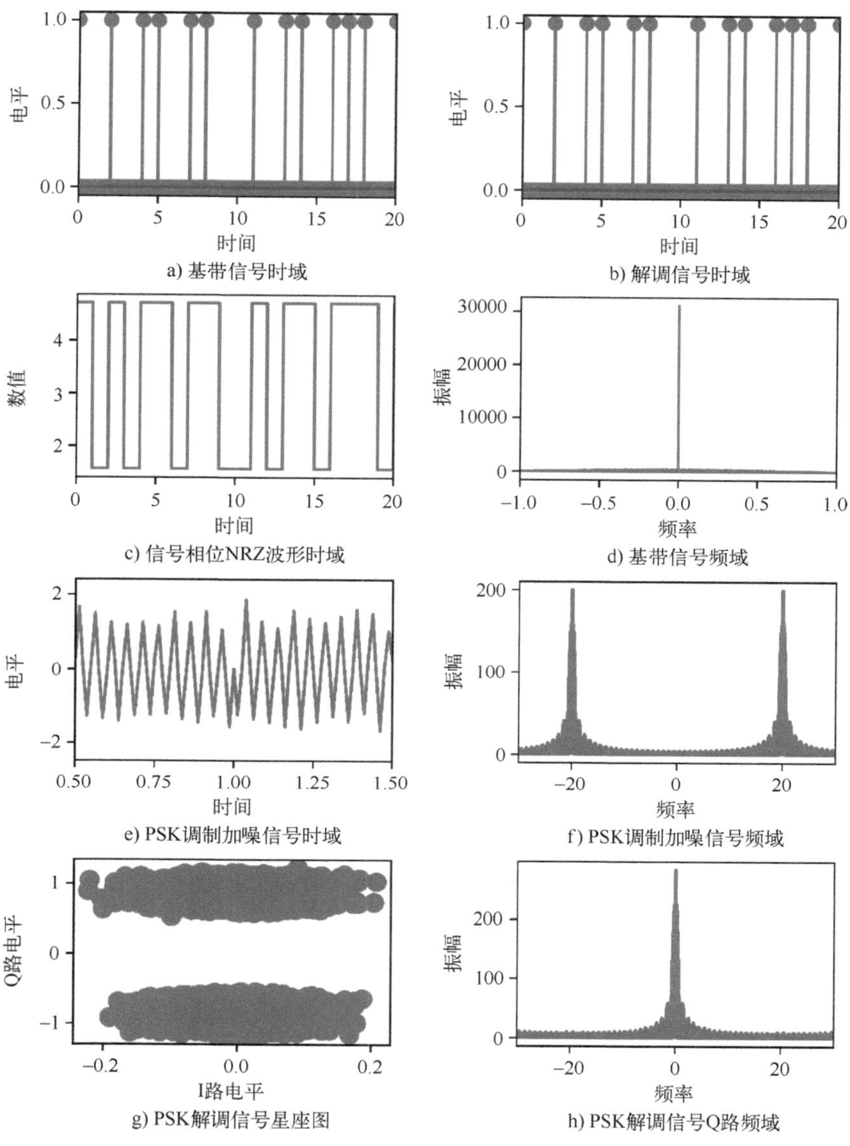

图 9-7　PSK 调制及模拟相干解调仿真图

9.2.2　PSK 调制基带相干解调

基带相干解调法是通过 $u(t)$ 乘以 $g(t-nT_s)\cos(2\pi f_c t)$ 信号，表达式为

$$
\begin{aligned}
r_{PSK}(t) &= u(t)g(t-nT_s)\cos(2\pi f_c t) \\
&= A\sum_{n=-\infty}^{\infty} g(t-nT_s)^2\cos(2\pi f_c t+\pi a_n)\cos(2\pi f_c t) = \sum_{n=-\infty}^{\infty} Ag(t-nT_s)^2 \\
&\quad [\cos(\pi a_n)\cos(2\pi f_c t)^2 - \sin(\pi a_n)\sin(2\pi f_c t)\cos(2\pi f_c t)]
\end{aligned}
$$

根据前面假设，$1/2\sum_{n=-\infty}^{\infty} g(t-nT_s)^2=1$，再考虑正交性及 $\cos(4\pi f_c t)$ 在 T_s 周期内积分为

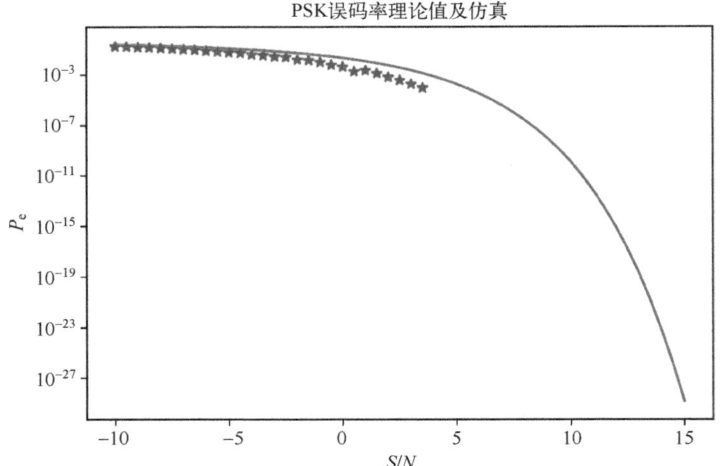

图 9-8 PSK 调制及模拟相干解调仿真误码率图

0 的特性，则积分后函数可以简化为

$$r_{\mathrm{PSKc}}(t)=\int_{-\infty}^{\infty}\sum_{n=-\infty}^{\infty}2A[\cos(\pi a_n)\cos(2\pi f_c t)^2]\mathrm{d}t=\sum_{n=-\infty}^{\infty}A\cos(\pi a_n)$$

同理，$u(t)$乘以$-g(t-nT_s)\sin(2\pi f_c t)$信号后积分表达式为

$$r_{\mathrm{PSKs}}(t)=\int_{-\infty}^{\infty}\sum_{n=-\infty}^{\infty}2A[\cos(\pi a_n)\sin(2\pi f_c t)^2]\mathrm{d}t=\sum_{n=-\infty}^{\infty}A\sin(\pi a_n)$$

通过$r_{\mathrm{PSKc}}(t)$和$r_{\mathrm{PSKs}}(t)$的抽样判决$r_{\mathrm{PSKc}}(t)+\mathrm{j}r_{\mathrm{PSKs}}(t)$的相位，就可以还原$a_n$信号。PSK 基带相干解调的最佳判决电平为“0”（0）和“1”（π）相位和的均值（1/2π），其误码率为

$$p_e=Q(\sqrt{2r})$$

$$r=\frac{a^2}{2\sigma^2}$$

【例 9-2-2】仿真随机二进制信号 PSK 调制解调，采用单极性的理想低通波形$g(t)$，$t_b=1$，$f_c=20\,\mathrm{Hz}$ 的余弦波调制，“0”为 1/2π，“1”为 3/2π，经过基带相干解调后检测的图形，输出脉冲波形、调制信号和解调后信号的功率及仿真误码率。

$$g(t)=\begin{cases}\sqrt{2}, & 0\leqslant t\leqslant t_b\\ 0, & \text{其他}\end{cases}$$

注意仿真中白噪声功率谱为N_0，在理论计算时要转换一下。仿真结果如图 9-9 和图 9-10 所示，在 SNR = 15 dB 时仿真结果为

基带随机信号前 10 个：[1 1 0 0 0 1 0 0 0 1]

解调基带随机信号前 10 个：[1 1 0 0 0 1 0 0 0 1]

基带平均功率：0.4940987499963161

$s(t)$调制波形平均功率：0.9999999999924605

$r(t)$接收波形 I 路平均功率：0.031663780049376984

$r_1(t)$接收波形 Q 路平均功率：2.0314587951021195

由从仿真可以看到，基带相干解调法比模拟相干解调法要好很多，误码率要低得多。

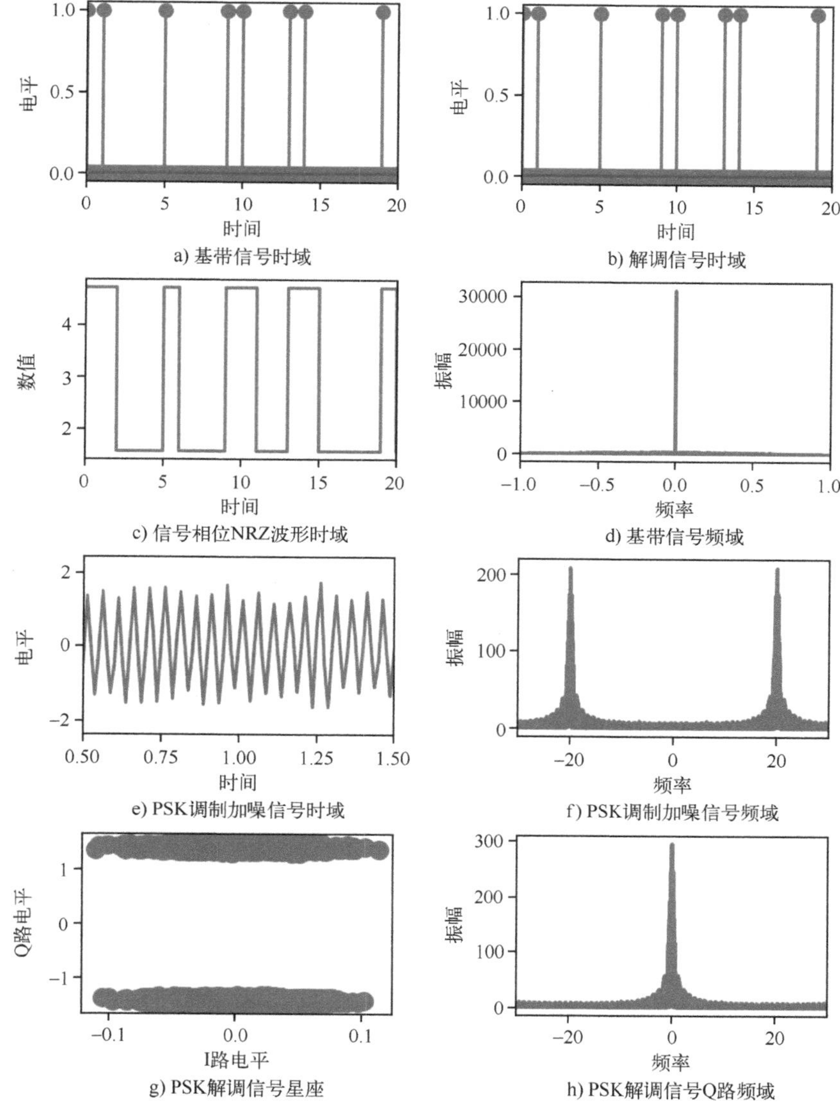

图 9-9　PSK 调制及基带相干解调仿真图

9.2.3　二进制 DPSK 调制基带相干解调

2DPSK 是在 PSK 前先将随机信号预编码，采用差分码，差分码可以在相位调制中解决载波相位模糊的问题。在二进制 DPSK 中，“0”表示相位相同，“1”表示相位相差 π，在四进制中，“00”表示相位相差 0，“01”表示相位相差 π/2，“11”表示相位相差 π，“10”表示相位相差 3π/2。在二进制中用差分码进行相位调制的信号叫 2DPSK，其编码原理和 PSK 一致，但要有个初始值，编码原理就不详细介绍。解码相对简单，只需和前一个解码信号相位比较就可以直接输出解调信息码。

其误码率为 PSK 调制基带相干解调的 2 倍，因为有一个误码，根据差分原理，就至少

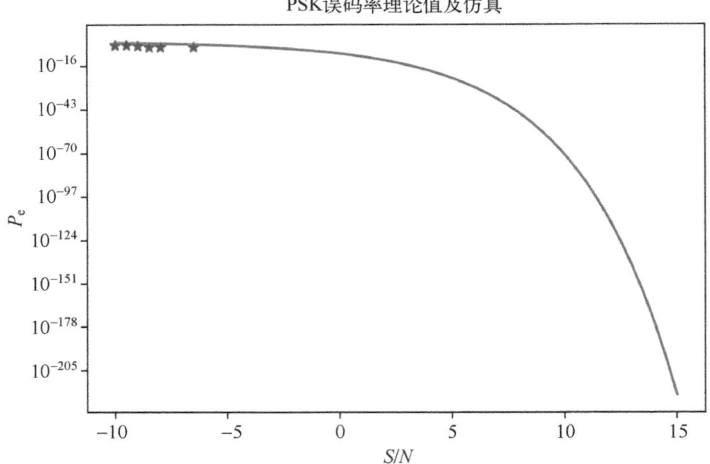

图 9-10　PSK 调制及基带相干解调仿真误码率图

有 2 个误码，故 2DPSK 最佳判决电平为 π/2，其误码率为

$$p_e = \frac{1}{2}e^{-r}$$

$$r = \frac{a^2}{2\sigma^2}$$

【例 9-2-3】仿真随机二进制信号 DPSK 调制解调，采用单极性的理想低通波形 $g(t)$，$t_b=1$，$f_c=20$ Hz 的余弦波调制，“0”为 1/2π，“1”为 3/2π，经过基带相干解调后检测的图形，输出脉冲波形、调制信号和解调后信号的功率及仿真误码率。

$$g(t)=\begin{cases}\sqrt{2}, & 0 \leqslant t \leqslant t_b \\ 0, & \text{其他}\end{cases}$$

注意仿真中白噪声功率谱为 N_0，在理论计算时要转换一下。仿真结果如图 9-11 和图 9-12 所示，在 SNR = 15 dB 时仿真结果为

基带随机信号前 10 个：[1 1 1 1 1 1 1 1 0 0]

基带随机信号差分码前 10 个：[1 0 0 0 0 0 0 0 1 0]

解调基带随机信号前 10 个：[1 1 1 1 1 1 1 1 0 0]

基带平均功率：0. 49399874999631754

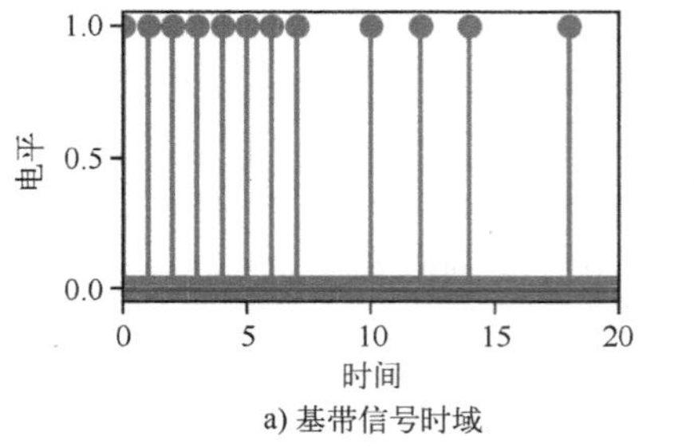

a) 基带信号时域

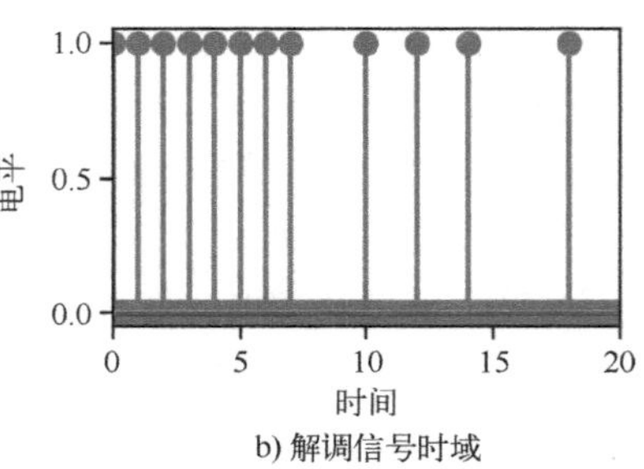

b) 解调信号时域

图 9-11　DPSK 调制及相干解调仿真图

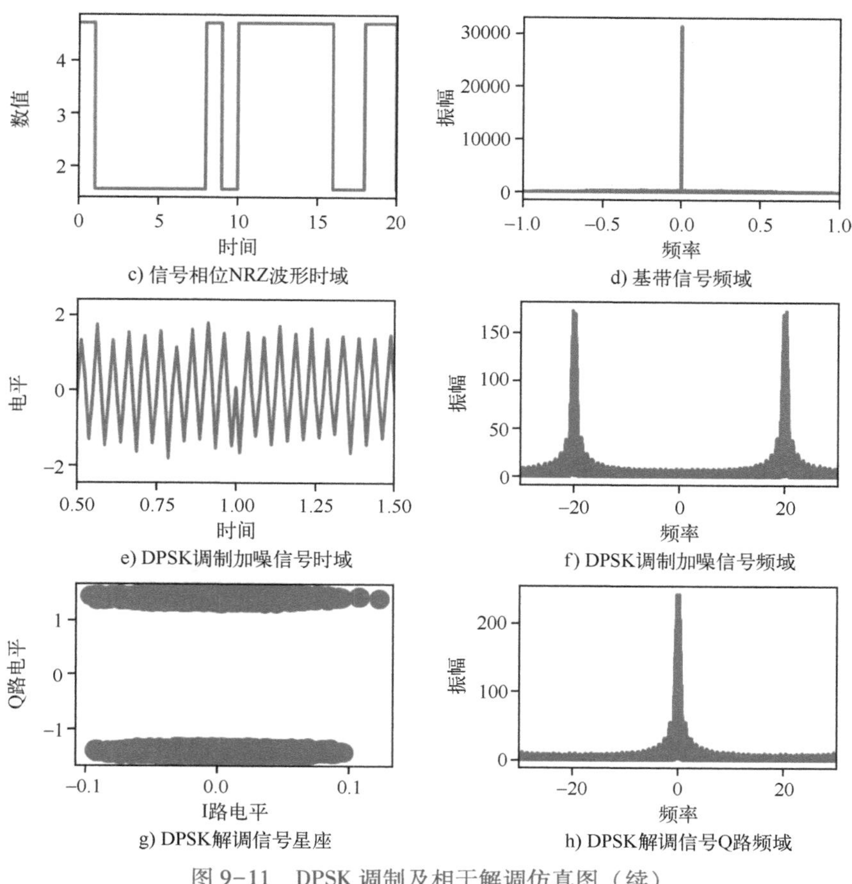

图 9-11　DPSK 调制及相干解调仿真图（续）

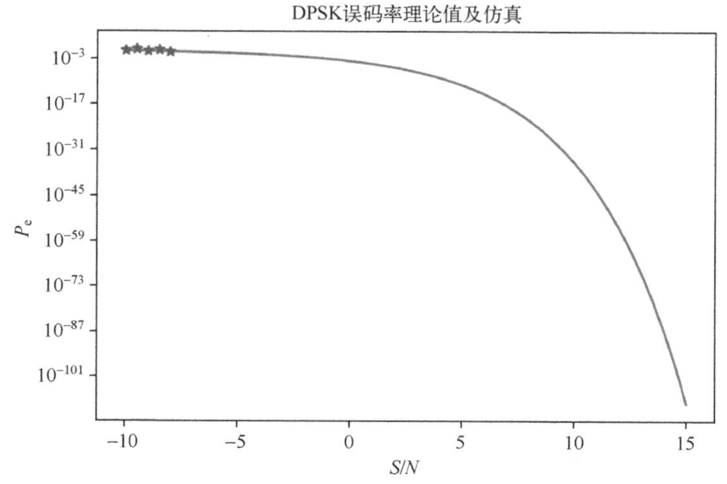

图 9-12　DPSK 调制及相干解调仿真误码率图

$s(t)$调制波形平均功率：0. 9999999999924605

$r(t)$接收波形 I 路平均功率：0. 03157591186248863

$r_1(t)$接收波形 Q 路平均功率：2. 031971638418528

9.2.4 PSK 调制解调方法比较

从 AWGN 信道三种解调方法仿真的误码率可以看到，PSK 整体解调的误码率都比较小，基于 10^{-3} ~ 10^{-6}之间，基带相干解调法误码率最小，其次为 DPSK 基带相干解调法，最差的是模拟相干解调法。

9.3 二进制 FSK 调制与解调

基带信号公式：

$$s(t) = \sum_{n=-\infty}^{\infty} a_n g(t - nT_s)$$

二进制 FSK 调制是将二进制信号 $s(t)$ 调制 $\cos(2\pi f)$ 中的频率 f，FSK 调制信号可以表示为

$$u_n(t) = A\sum_{n=-\infty}^{\infty} g(t - nT_s)\cos(2\pi f_n t) f = f_n \text{ 在 } a_n \text{ 时}$$

当 a_n取值为“0”“1”时，$u(t)$可改写为

$$u_0(t) = A\cos(2\pi f_0 t) \quad 0 \leqslant t \leqslant T_b$$
$$u_1(t) = A\cos(2\pi f_1 t) \quad 0 \leqslant t \leqslant T_b$$

理想情况下，$g(t)$是个矩形波形，为了归一化能量，设置 $g(t)$为

$$g(t) = \begin{cases} \sqrt{\dfrac{2}{T_s}}, & 0 \leqslant t \leqslant T_s \\ 0, & \text{其他} \end{cases}$$

解调方法有多种，可以用类似模拟信号的相干解调法、包络法，也可以采用基带传输的相干解调方法，还可以采用鉴频法。鉴频法又分为相关鉴频和过零点鉴频。

9.3.1 FSK 调制基带相干解调

由于模拟相关解调和包络解调法都是要采用多个滤波器，将频率分开后提取不同频率下的 ASK 信号，再进行模拟相关解调和包络解调法，和 ASK 类似，本节就不再重复，而主要讲述基带相干解调法。基带相干解调法是通过 $u_n(t)$乘以 $g(t-nT_s)\cos(2\pi f_n t)$信号，得到的表达式为

$$\begin{aligned} r_{\text{FSKcn}}(t) &= u_n(t) g(t-nT_s)\cos(2\pi f_n t) \\ &= A\sum_{n=-\infty}^{\infty} g(t - nT_s)\cos(2\pi f_n t) g(t - nT_s)\cos(2\pi f_n t) \end{aligned}$$

只要 Δf 为 $1/(2T_s)$的整数倍，则 $\cos(2\pi f_n t)$和 $\cos(2\pi f_m t)$相关系数为 $0(m \neq n)$，即正交。根据前面假设，$1/2\sum_{n=-\infty}^{\infty} g(t - nT_s)^2 = 1$，再考虑正交性及 $\cos(4\pi f_c t)$在 T_s 周期内积分为 0 的特性，则 $m=n$ 时函数积分后可以简化为

$$r_{\text{FSKcn}}(t) = \sum_{n=-\infty}^{\infty} A$$

或通过 $u_n(t)$ 乘以 $-g(t-nT_s)\sin(2\pi f_n t)$ 信号，积分后表达式为

$$r_{\mathrm{FSKsn}}(t)=\int_0^{T_s}\sum_{n=-\infty}^{\infty}A[\cos(2\pi f_n t)\sin(2\pi f_n t)]\mathrm{d}t=0$$

在信道没有时延时，通过抽样比较 $r_{\mathrm{FSKcn}}(t)$，找出大于 1/2 值所在的频率就可以还原 f_n 信号；在信道有时延时，则需通过比较 $r_{\mathrm{FSKcn}}(t)$ 和 $r_{\mathrm{FSKsn}}(t)$ 包络，取最大的包络来还原信号 f_n。然后根据频率 f_n 还原出基带信号 a_n。在没有时延的信道，$r_{\mathrm{FSKnc}}(t)$ 最佳判决电平为 1/2，其误码率为

$$p_e=Q(\sqrt{2r})=\frac{1}{2}\mathrm{erfc}(\sqrt{r/2})$$

$$r=\frac{a^2}{2\sigma^2}$$

【例 9-3-1】仿真随机二进制信号 FSK 调制解调，采用单极性的理想低通波形 $g(t)$，$t_b=1$，$f_c=20$ Hz 的余弦波，$\Delta f=2$ Hz，“0” 为 20 Hz，“1” 为 22 Hz 调制，经过基带相干解调后检测的图形，输出脉冲波形、调制信号和解调后信号的功率并仿真误码率。

$$g(t)=\begin{cases}\sqrt{2}, & 0\leqslant t\leqslant t_b\\0, & 其他\end{cases}$$

注意仿真中白噪声功率谱为 N_0，在理论计算时要转换一下。仿真结果如图 9-13 和图 9-14 所示，在 SNR = 15 dB 时仿真结果如下。

基带随机信号前 10 个：[0 1 0 0 0 0 0 0 0 1]

解调基带随机信号前 10 个：[0 1 0 0 0 0 0 0 0 1]

基带平均功率：0.4969999999996849

$s(t)$ 调制波形平均功率：0.9999749999996549

$r(t)$ 接收 f_0 波形 C 路平均功率：1.5356746440132492

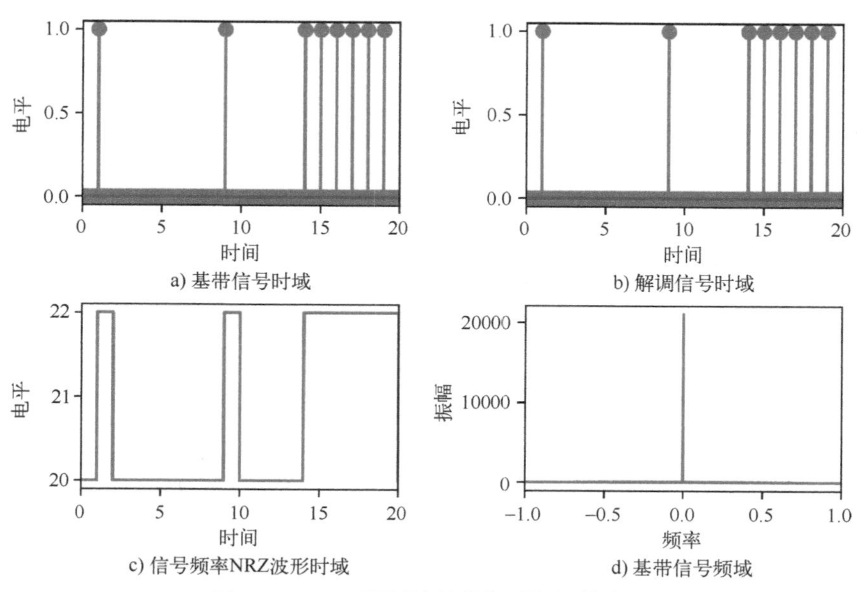

图 9-13　FSK 调制及基带相干解调仿真图

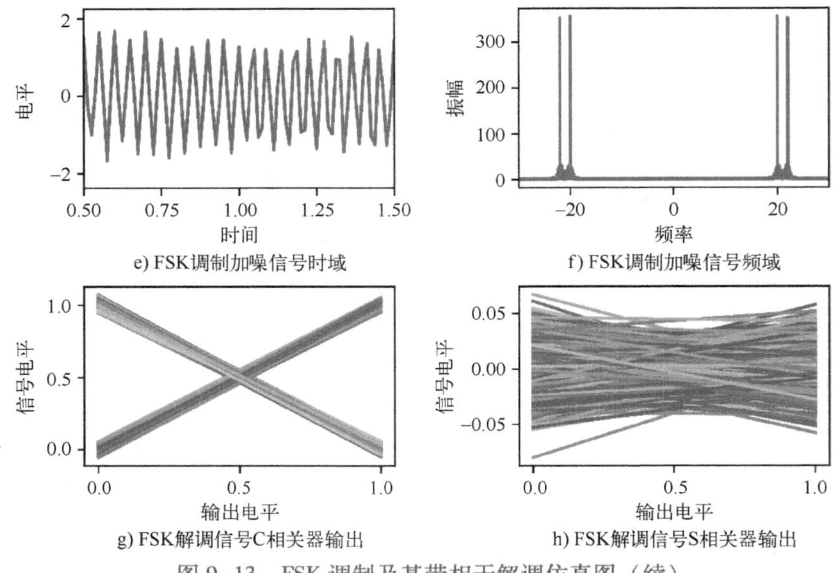

e) FSK调制加噪信号时域　f) FSK调制加噪信号频域

g) FSK解调信号C相关器输出　h) FSK解调信号S相关器输出

图 9-13　FSK 调制及基带相干解调仿真图（续）

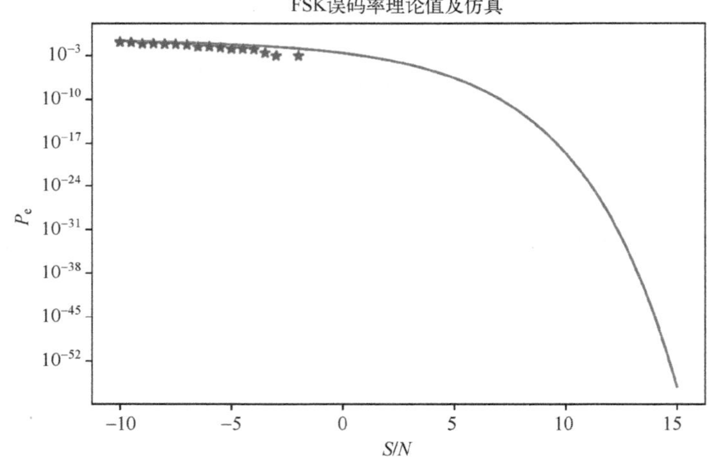

图 9-14　FSK 调制及基带相干解调仿真误码率图

$r_1(t)$接收f_0 波形 S 路平均功率：0.5299939980987819
$r(t)$接收f_1 波形 C 路平均功率：1.2829863918152893
$r_1(t)$接收f_1 波形 S 路平均功率：0.7826822502967705

9.3.2　FSK 调制鉴频解调

FSK 调制信号可以表示为

$$u_n(t) = A\sum_{n=-\infty}^{\infty} g(t - nT_s)\cos(2\pi f_n t),\quad f = f_n,\ 在\ a_n\ 时,$$

$$g(t) = \begin{cases} 1, & 0 \leqslant t \leqslant t_b \\ 0, & 其他 \end{cases}$$

鉴频方法有两种，一种是比较调制频率波形的相关系数，另一种是检测 T_s内过零点的

个数来估算调制频率。相关系数的计算为

$$R_x(\tau)=\int_{-\infty}^{\infty}x1(t)x2(t+\tau)\mathrm{d}t \quad -\infty<\tau<\infty$$

通过计算 $u_n(t)$ 和各调制波形的相关性来确定该调制信号的频率，相干系数的表达式为

$$R_{mn}(\tau)=\int_0^{T_s}u_n(t+\tau)\cos(2\pi f_m t)\mathrm{d}t=\int_0^{T_s}A\cos[2\pi f_n(t+\tau)]\cos(2\pi f_m t)\mathrm{d}t$$

当 $f_n=f_c+n\Delta f$ 且 Δf 为 $1/(2T_s)$ 的整数倍时，函数可以简化为

$$\begin{aligned}R_{mn}(\tau)&=\int_0^{T_s}A\cos(2\pi f_n(t+\tau))\cos(2\pi f_m t)\mathrm{d}t\\&=\frac{1}{2}\left[\frac{\sin(2\pi(n-m)\Delta fT_s)}{2\pi(n-m)\Delta fT_s}\cos(2\pi f_c\tau)-\frac{\cos(2\pi(n-m)\Delta fT_s)-1}{2\pi(n-m)\Delta fT_s}\sin(2\pi f_c\tau)\right]\end{aligned}$$

在信道没有时延时，只要 $m=n$ 时，$R_{mn}(0)$ 最大，其余情况为 0，根据这个结果就可以检测该信号的频率。在信道有时延时，则可以通过 $R_{mn}(\tau)$ 的值来检测信号频率。在 AWGN 信道中，没有时延的信道，$r_{\mathrm{FSKnc}}(t)$ 最佳判决电平为 1/2,其误码率为

$$p_e=\frac{1}{2}\mathrm{e}^{\left(-\frac{r}{2}\right)}$$

$$r=\frac{a^2}{2\sigma^2}$$

【例 9-3-2】 仿真随机二进制信号 FSK 调制解调，采用单极性的理想低通波形 $g(t)$，$t_b=1$，$f_c=20$ Hz 的余弦波，$\Delta f=2$ Hz，“0”为 20 Hz，“1”为 22 Hz 调制，经过鉴频解调后检测的图形，输出脉冲波形、调制信号和解调后信号的功率并仿真误码率。

$$g(t)=\begin{cases}1, & 0\leqslant t\leqslant t_b\\0, & 其他\end{cases}$$

注意仿真中白噪声功率谱为 N_0，在理论计算时要转换一下。仿真结果如图 9-15 和图 9-16 所示，鉴频仿真在 SNR=25 dB 时结果如下。

基带随机信号前 10 个：[0 1 1 1 0 0 0 1 1 0]

解调基带随机信号前 10 个：[0 1 1 1 0 0 0 1 1 0]

基带平均功率：0. 4889999999996922

$s(t)$ 调制波形平均功率：0. 49998749999981695

$r(t)$ 接收波形平均功率：0. 5018243256570306

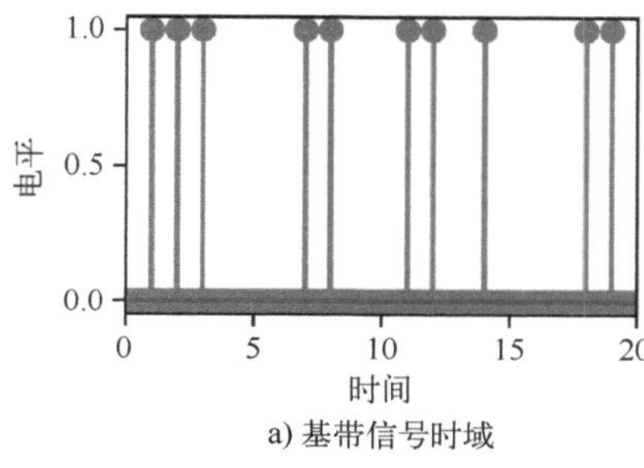

a) 基带信号时域

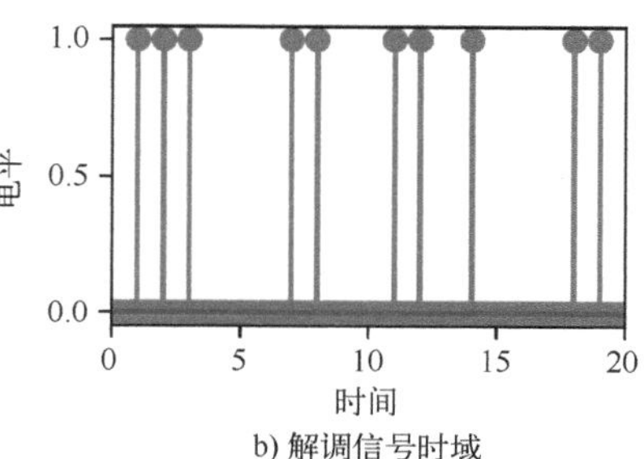

b) 解调信号时域

图 9-15　FSK 调制及鉴频解调仿真图

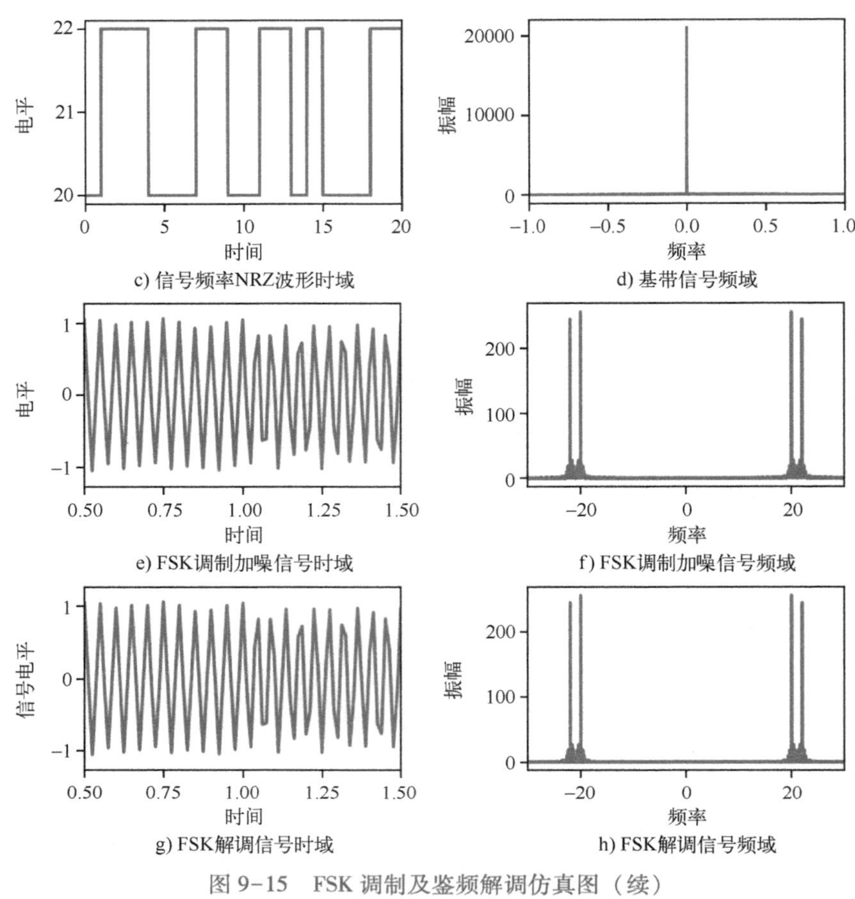

图 9-15　FSK 调制及鉴频解调仿真图（续）

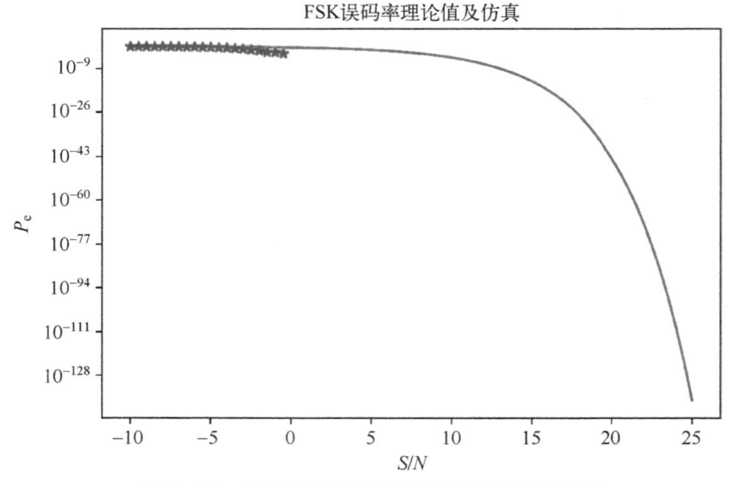

图 9-16　FSK 调制及鉴频解调仿真误码率图

另一种方法就是计算 T_b时间内过零点的个数来估算调制频率，仿真结果如图 9-17 和图 9-18 所示，仿真结果如下。

基带随机信号前 10 个：[1 0 0 0 0 0 1 1 0 0]

解调基带随机信号前 10 个：[1 0 0 0 0 0 1 1 0 0]
基带平均功率：0.48298749999969764
$s(t)$调制波形平均功率：0.49998749999982756
$r(t)$接收波形平均功率：0.5017599584950427

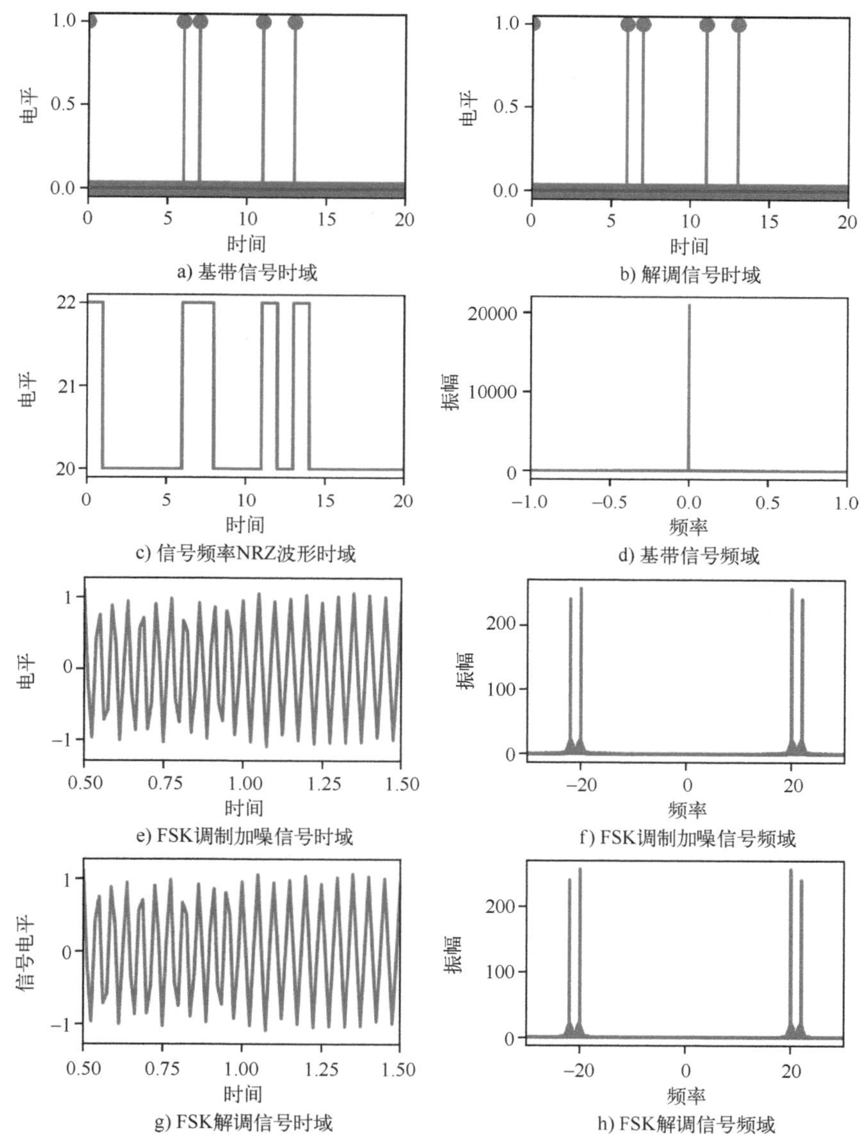

图 9-17　FSK 调制及过零点解调仿真图

9.3.3　FSK 调制解调方法比较

从 AWGN 信道三种 FSK 解调方法仿真的误码率可以比较，FSK 整体解调的误码率都很小，基于 $10^{-3}\sim10^{-9}$之间，基带相干解调法误码率最大，其次过零点解调法和相关系数鉴频解调法。

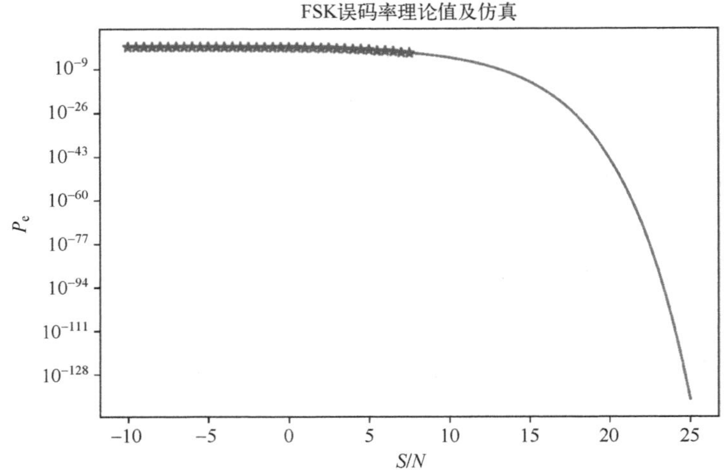

图 9-18　FSK 调制及过零点解调仿真误码率图

9.4　多进制 MASK 调制与解调

多进制 MASK 和二进制 ASK 一样，只是波形幅度 a_n 的取值更多，可以取“0”和“1”…“$M-1$”且等概率发送。MASK 载波幅度调制也和 ASK 一样，利用基带信号 $s(t)$ 和 $\cos(2\pi f_c)$ 相乘，将基带信号调制到 f_c 载波上发送出去，调制信号可以表示为

$$u(t) = s(t)\cos(2\pi f_c t) = \sum_{n=-\infty}^{\infty} a_n g(t - nT_s)\cos(2\pi f_c t)$$

理想情况下，$g(t)$ 是个矩形波形，为了归一化能量，设置 $g(t)$ 为

$$g(t)=\begin{cases}\sqrt{\dfrac{2}{T_s}}, & 0\leqslant t\leqslant T_s\\ 0, & 其他\end{cases}$$

MASK 解调方法有三种，可以用类似模拟信号的解调（相干解调法和包络解调）方法，也可以用基带传输的相干解调方法。

9.4.1　MASK 调制模拟相干解调

解调理论和 ASK 一致，不再重复，只是判决电平为多个，为相邻两个幅度的平均值，例如 4 进制分别用-3，-1，1，3 电平表示，则判决电平分别为-2，0，2。

MASK 的误码率为

$$p_e = \frac{(M-1)}{M}\mathrm{erfc}\left(\sqrt{\frac{3r}{M^2-1}}\right)$$

【例 9-4-1】仿真随机八进制信号 MASK 调制解调，采用单极性的理想低通波形 $g(t)$，$t_b=1$，$f_c=20$ Hz 的余弦波调制，经过模拟相干解调后检测的图形，输出脉冲波形，调制信号和解调后信号的功率，并仿真解调后误码率。

【例 9-4-1】代码

$$g(t)=\begin{cases}\sqrt{2}, & 0\leqslant t\leqslant t_{\mathrm{b}}\\ 0, & 其他\end{cases}$$

注意仿真中白噪声功率谱为 N_0，在理论计算时要转换一下。仿真结果如图 9-19 和图 9-20 所示，在 SNR=20 dB 时仿真结果为

基带随机信号前 10 个：[4 1 0 2 1 7 1 1 4 3]

解调基带随机信号前 10 个：[4 1 0 2 1 7 1 1 4 3]

基带平均功率：35. 453579999959025

$s(t)$调制波形平均功率：17. 72678000000583

$r(t)$接收波形平均功率：17. 473543026953536

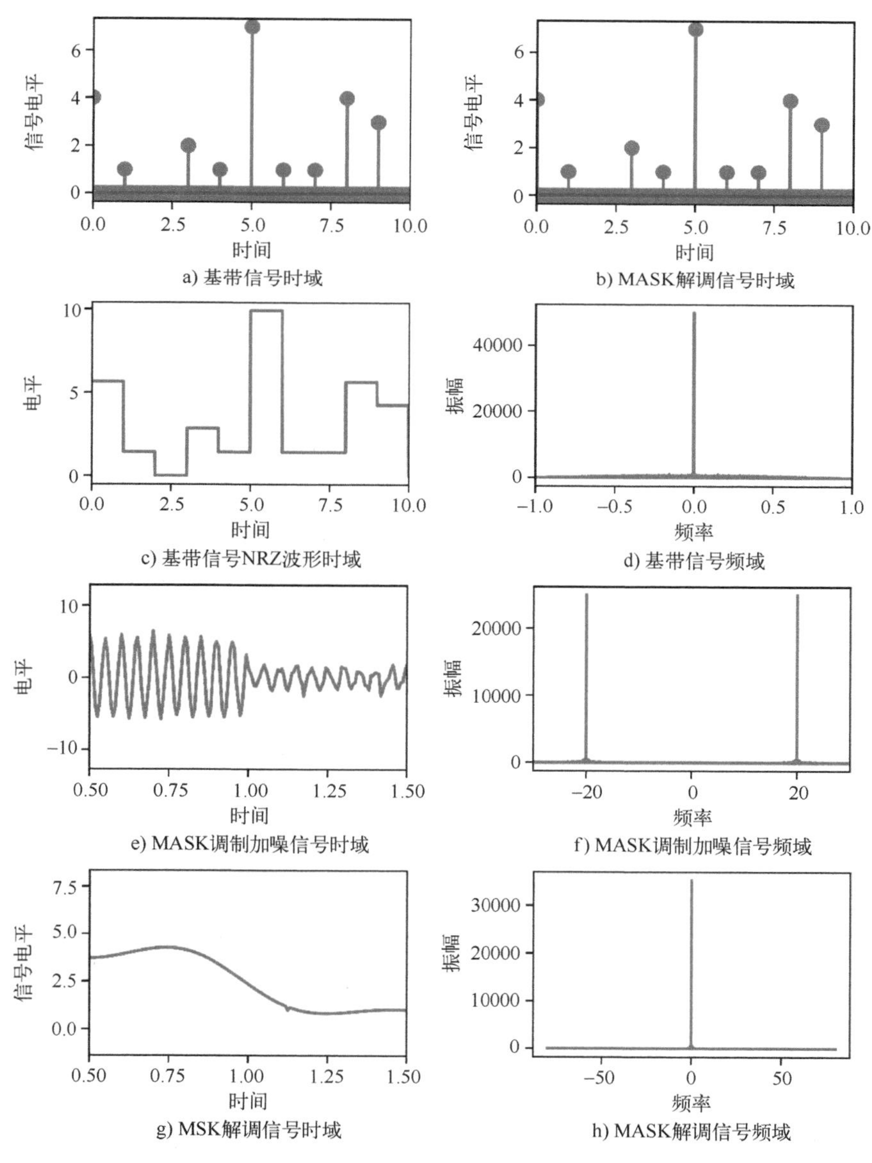

图 9-19 MASK 调制及模拟相干解调仿真图

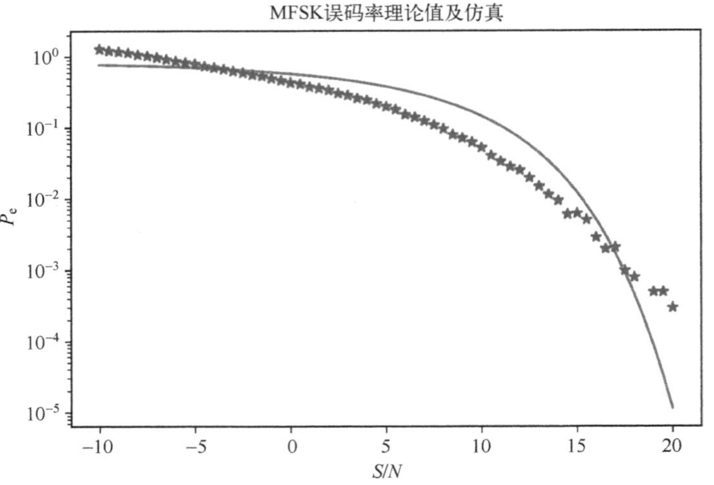

图 9-20　MASK 调制及模拟相干解调仿真误码率图

9.4.2　MASK 调制包络解调

MASK 调制解调方法理论和 ASK 调制解调基本一致，不再赘述。只是关于 MASK 调制解调方法的理论误码率尚未查到相关文献的推导。

【例 9-4-2】仿真随机八进制信号 ASK 调制解调，采用单极性的理想低通波形 $g(t)$，$t_b=1$，$f_c=20$ Hz 的余弦波调制，经过包络解调后检测的图形，输出脉冲波形、调制信号和解调后信号的功率，并仿真误码率。

$$g(t)=\begin{cases}1, & 0\leqslant t\leqslant t_b\\0, & \text{其他}\end{cases}$$

注意仿真中白噪声功率谱为 N_0，在理论计算时要转换一下。仿真结果如图 9-21 和图 9-22 所示，在 SNR = 20 dB 时仿真结果如下。

基带随机信号前 10 个：[1 5 7 4 3 7 4 2 7 0]

解调基带随机信号前 10 个：[1 5 7 4 3 7 4 2 7 0]

基带平均功率：17.736899374995076

$s(t)$ 调制波形平均功率：8.868449375005518

$r(t)$ 接收波形平均功率：17.913666650089063

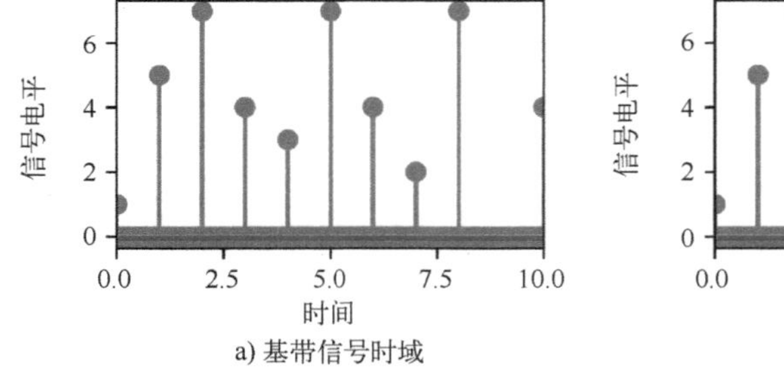

a) 基带信号时域

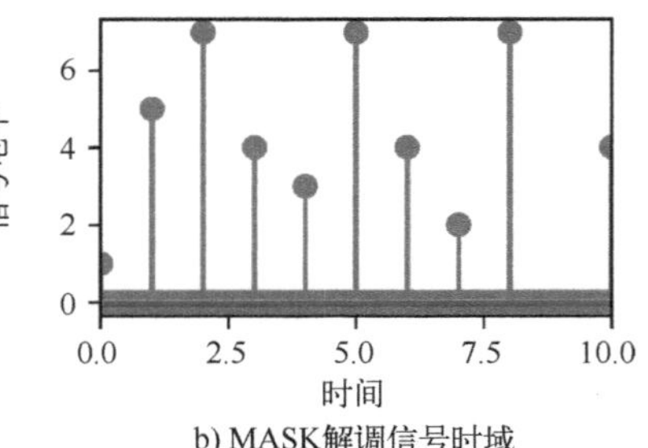

b) MASK解调信号时域

图 9-21　MASK 调制及包络解调仿真图

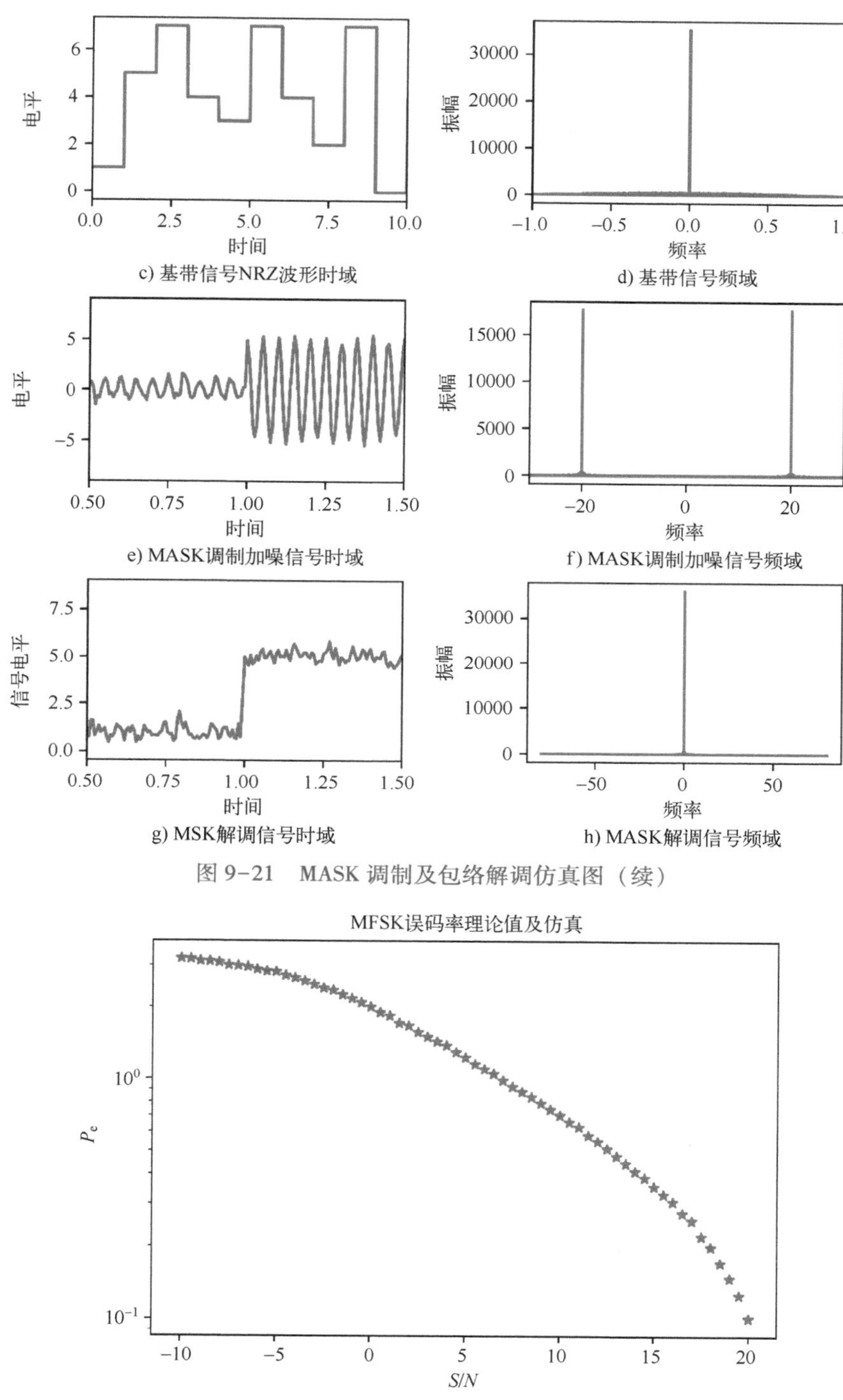

c) 基带信号NRZ波形时域　d) 基带信号频域

e) MASK调制加噪信号时域　f) MASK调制加噪信号频域

g) MSK解调信号时域　h) MASK解调信号频域

图 9-21　MASK 调制及包络解调仿真图（续）

图 9-22　MASK 调制及包络解调仿真误码率图

9.4.3　MASK 调制基带相干解调

MASK 基带相干解调理论和 ASK 一致，其误码率为

$$P_e=\frac{M-1}{M}\text{erfc}\left(\frac{1}{2}\sqrt{\frac{6\log_2 Mr}{M^2-1}}\right),\quad r=\frac{a^2}{2\sigma^2}$$

【例 9-4-3】 仿真随机八进制信号 ASK 调制解调，采用单极性的理想低通波形 $g(t)$，$t_b=1$，$f_c=20\text{ Hz}$ 的余弦波调制，经过基带相干解调后检测的图形，输出脉冲波形，调制信号和解调后信号的功率，并仿真误码率。

【例 9-4-3】代码

$$g(t)=\begin{cases}\sqrt{2}, & 0\leqslant t\leqslant t_b\\ 0, & 其他\end{cases}$$

注意仿真中白噪声功率谱为 N_0，在理论计算时要转换一下。仿真结果如图 9-23 和图 9-24 所示，在 SNR = 20 dB 时仿真结果如下。

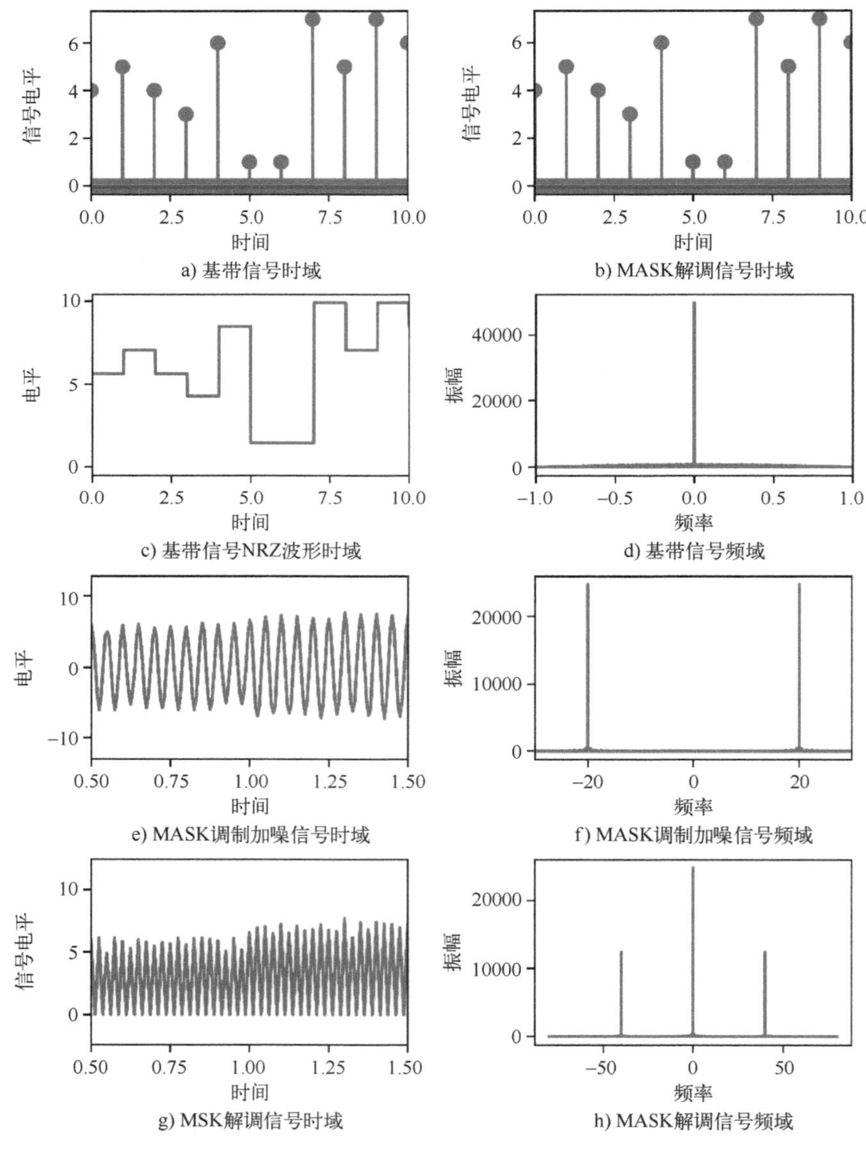

图 9-23　MASK 调制及基带相干解调仿真图

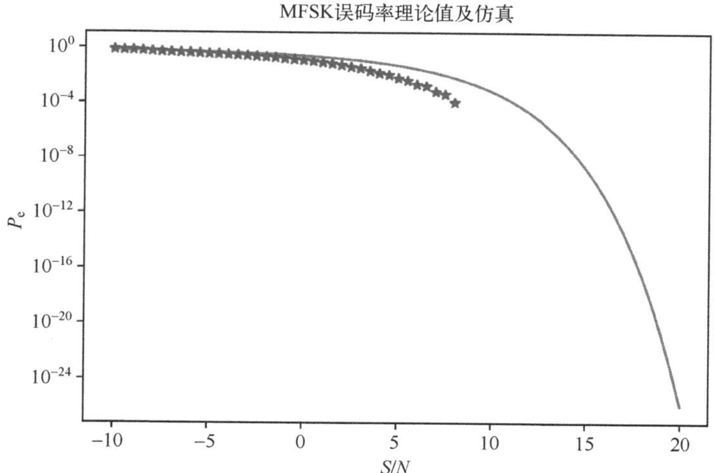

图 9-24　MASK 调制及基带相干解调仿真误码率图

基带随机信号前 10 个：[4 5 4 3 6 1 1 7 5 7]
解调基带随机信号前 10 个：[4 5 4 3 6 1 1 7 5 7]
基带平均功率：35. 097380000017
$s(t)$调制波形平均功率：17. 548680000013153
$r(t)$接收波形平均功率：13. 253567025215203

9.5　多进制 MPSK 调制与解调

多进制基带信号为

$$s(t)=\sum_{n=-\infty}^{\infty} a_n g(t-nT_s)$$

MPSK 调制就是采样多进制信号 $s(t)$调制 $\cos(2\pi f_c)$相位，MPSK 调制信号可以表示为

$$u(t)=A\cos(2\pi f_c t+2\pi s(t)/M)$$

当 a_n取值为“0”“1”…“$M-1$”时，$u(t)$可改写为

$$u(t)=A\sum_{n=-\infty}^{\infty} g(t-nT_s)\cos(2\pi f_c t+2\pi a_n/M)$$

理想情况下，$g(t)$是个矩形波形，为了归一化能量，设置 $g(t)$为

$$g(t)=\begin{cases}\sqrt{\dfrac{2}{T_s}}, & 0\leqslant t\leqslant T_s\\ 0, & \text{其他}\end{cases}$$

解调方法和 PSK 一样，可以用类似模拟信号相干解调法和基带传输相干解调方法。

9.5.1　MPSK 调制模拟相干解调

$$u(t)=g(t-nT_s)\cos(2\pi f_c t+2\pi a_n/M)$$

模拟相干解调法是通过 $u(t)$分别乘以 $g(t-nT_s)\cos(2\pi f_c t)$信号，表达式为

$$
\begin{aligned}
r_{\mathrm{PSKc}}(t) &= u(t)g(t-nT_{\mathrm{s}})\cos(2\pi f_{\mathrm{c}}t) \\
&= A\sum_{n=-\infty}^{\infty} g(t-nT_{\mathrm{s}})^2\cos(2\pi f_{\mathrm{c}}t+2\pi a_n/M)\cos(2\pi f_{\mathrm{c}}t) \\
&= \sum_{n=-\infty}^{\infty} Ag(t-nT_{\mathrm{s}})^2\left[\cos(2\pi f_{\mathrm{c}}t)^2\cos\left(\frac{2\pi a_n}{M}\right)-\cos(2\pi f_{\mathrm{c}}t)\sin\left(\frac{2\pi a_n}{M}\right)\sin(2\pi f_{\mathrm{c}}t)\right] \\
&= \sum_{n=-\infty}^{\infty} Ag(t-nT_{\mathrm{s}})^2\left[1/2(\cos(4\pi f_{\mathrm{c}}t)+1)\cos\left(\frac{2\pi a_n}{M}\right)\right. \\
&\quad \left.-1/2\sin\left(\frac{2\pi a_n}{M}\right)\sin(4\pi f_{\mathrm{c}}t)\right]
\end{aligned}
$$

根据前面假设，$1/2\sum_{n=-\infty}^{\infty} g(t-nT_{\mathrm{s}})^2=1$，并通过滤波将 $\cos(4\pi f_{\mathrm{c}}t)$ 和 $\sin(4\pi f_{\mathrm{c}}t)$ 滤除，则

$$r_{\mathrm{PSKc}}(t)=\sum_{n=-\infty}^{\infty} A\cos\left(\frac{2\pi a_n}{M}\right)$$

同理计算通过 $u(t)$ 分别乘以 $-g(t-nT_{\mathrm{s}})\sin(2\pi f_{\mathrm{c}}t)$ 信号，经过过滤后：

$$r_{\mathrm{PSKs}}(t)=\sum_{n=-\infty}^{\infty} A\sin\left(\frac{2\pi a_n}{M}\right)$$

通过计算 $r_{\mathrm{PSKc}}(t)+\mathrm{j}r_{\mathrm{PSKs}}(t)$ 的相位，就可以还原 a_n 信号。MPSK 的误码率为

$$P_{\mathrm{e}}\approx \mathrm{erfc}\left[\sin\left(\frac{\pi}{M}\right)\sqrt{r}\right],\quad r=\frac{a^2}{2\sigma^2}$$

【例 9-5-1】仿真随机八进制信号 PSK 调制解调，采用单极性的理想低通波形 $g(t)$，$t_{\mathrm{b}}=1$，$f_{\mathrm{c}}=20\,\mathrm{Hz}$ 的余弦波调制，“0” 为 $1/8\pi$，“1” 为 $3/8\pi$，“2” 为 $5/8\pi$，“3” 为 $7/8\pi$，“4” 为 $9/8\pi$，“5” 为 $11/8\pi$，“6” 为 $13/8\pi$，“7” 为 $15/8\pi$，经过模拟相干解调后检测的图形，输出脉冲波形、调制信号和解调后信号的功率及仿真误码率。

$$g(t)=\begin{cases}\sqrt{2}, & 0\leqslant t\leqslant t_{\mathrm{b}}\\ 0, & 其他\end{cases}$$

【例 9-5-1】代码

注意仿真中白噪声功率谱为 N_0，在理论计算时要转换一下。仿真结果如图 9-25 和图 9-26 所示，在 SNR = 15 dB 时仿真结果为

基带随机信号前 10 个：[3 4 3 6 1 2 3 7 3 2]

解调基带随机信号前 10 个：[3 4 3 6 1 2 3 7 3 2]

基带平均功率：17. 347888749997527

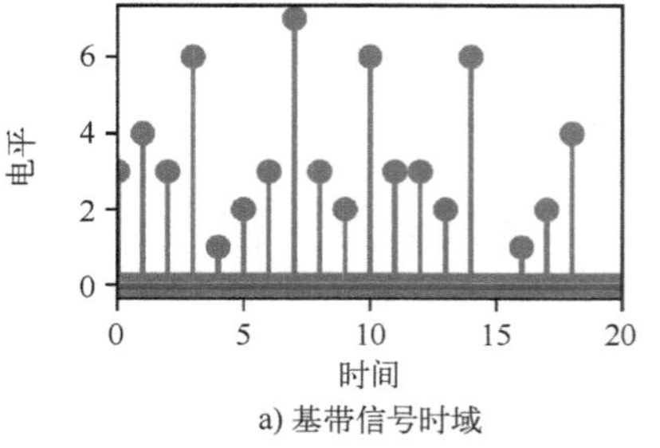

a) 基带信号时域

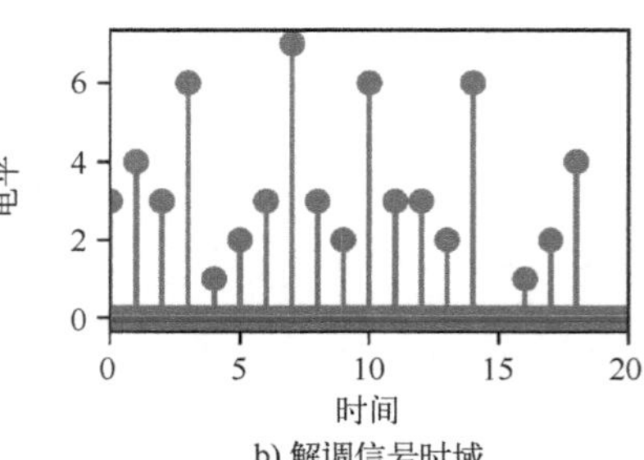

b) 解调信号时域

图 9-25　MPSK 调制及模拟相干解调仿真图

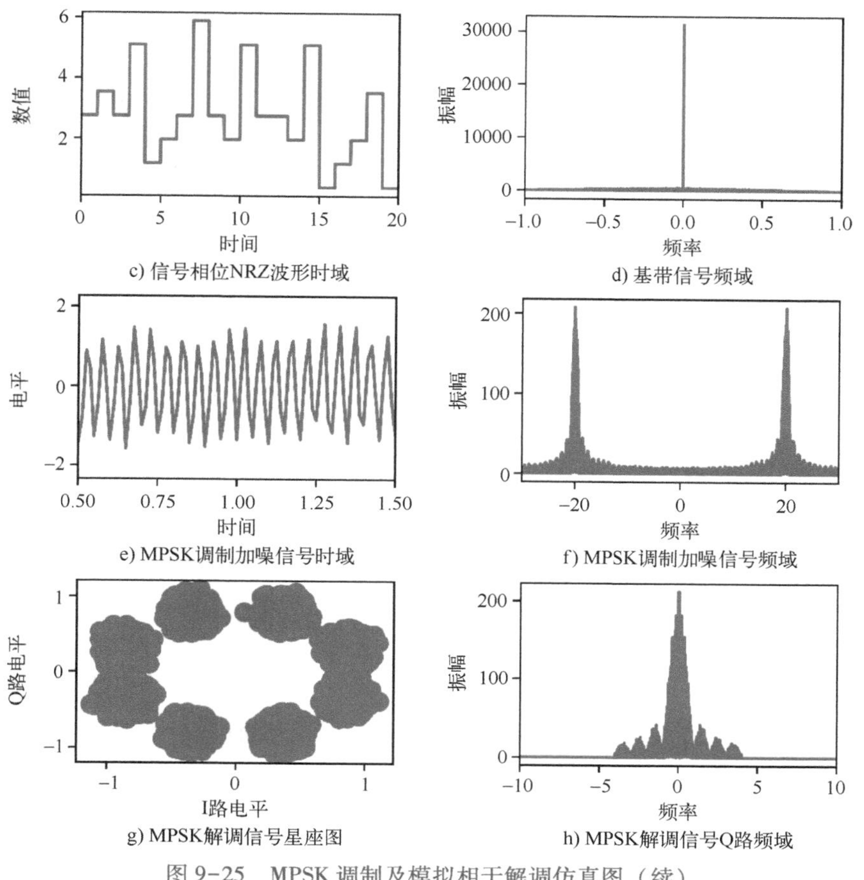

图 9-25　MPSK 调制及模拟相干解调仿真图（续）

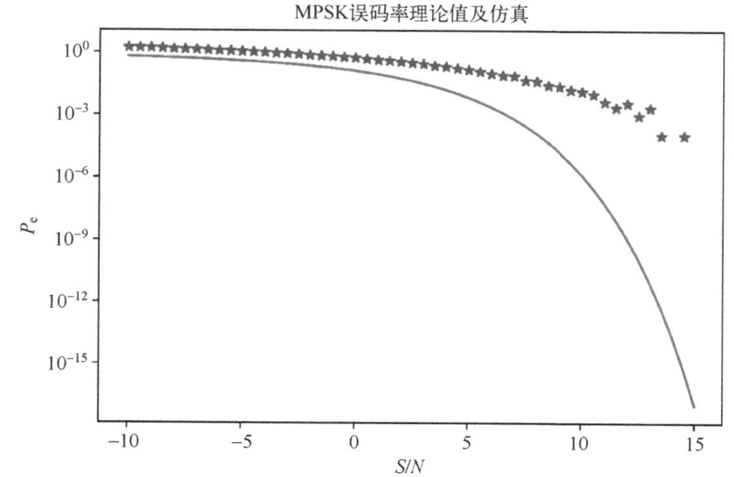

图 9-26　MPSK 调制及模拟相干解调仿真误码率图

$s(t)$调制波形平均功率：0. 9999978661165811

$r(t)$接收波形 I 路平均功率：0. 7022917932244304

$r_1(t)$接收波形 Q 路平均功率：0. 49033424411645166

9.5.2 MPSK 调制基带相干解调

MPSK 调制信号为

$$u(t)=g(t-nT_s)\cos(2\pi f_c t+2\pi a_n/M)$$

基带相干解调法是通过 $u(t)$ 乘以 $g(t-nT_s)\cos(2\pi f_c t)$ 信号，表达式为

$$\begin{aligned}r_{\mathrm{PSK}}(t)&=u(t)g(t-nT_s)\cos(2\pi f_c t)\\&=A\sum_{n=-\infty}^{\infty}g(t-nT_s)^2\cos(2\pi f_c t+2\pi a_n/M)\cos(2\pi f_c t)\\&=\sum_{n=-\infty}^{\infty}Ag(t-nT_s)^2[\cos(2\pi a_n/M)\cos(2\pi f_c t)^2\\&\quad-\sin(2\pi a_n/M)\sin(2\pi f_c t)\cos(2\pi f_c t)]\end{aligned}$$

根据前面假设，$1/2\sum_{n=-\infty}^{\infty}g(t-nT_s)^2=1$，而考虑正交性及 $\cos(4\pi f_c t)$ 在 T_s 周期内积分为 0 的特性，则积分后函数可以简化为

$$r_{\mathrm{PSKc}}(t)=\int_{-\infty}^{\infty}\sum_{n=-\infty}^{\infty}2A[\cos(2\pi a_n/M)\cos(2\pi f_c t)^2]\,\mathrm{d}t=\sum_{n=-\infty}^{\infty}A\cos(2\pi a_n/M)$$

同理，$u(t)$ 乘以 $-g(t-nT_s)\sin(2\pi f_c t)$ 信号后积分表达式为

$$r_{\mathrm{PSKs}}(t)=\int_{-\infty}^{\infty}\sum_{n=-\infty}^{\infty}2A[\cos(\pi a_n)\sin(2\pi f_c t)^2]\,\mathrm{d}t=\sum_{n=-\infty}^{\infty}A\sin(2\pi a_n/M)$$

通过 $r_{\mathrm{PSKc}}(t)$ 和 $r_{\mathrm{PSKs}}(t)$ 的抽样判决计算 $r_{\mathrm{PSKc}}(t)+\mathrm{j}r_{\mathrm{PSKs}}(t)$ 的相位，就可以还原 a_n 信号。其误码率为

$$p_e=\frac{(M-1)}{M}Q\left(\frac{6\log_2 Mr}{M^2-1}\right)$$

$$r=\frac{a^2}{2\sigma^2}$$

【例 9-5-2】仿真随机八进制信号 PSK 调制解调，采用单极性的理想低通波形 $g(t)$，$t_b=1$，$f_c=20$ Hz 的余弦波调制，“0”为 $1/8\pi$，“1”为 $3/8\pi$，“2”为 $5/8\pi$，“3”为 $7/8\pi$，“4”为 $9/8\pi$，“5”为 $11/8\pi$，“6”为 $13/8\pi$，“7”为 $15/8\pi$，经过基带相干解调后检测的图形，输出脉冲波形、调制信号和解调后信号的功率及仿真误码率。

$$g(t)=\begin{cases}\sqrt{2}, & 0\leqslant t\leqslant t_b\\0, & \text{其他}\end{cases}$$

注意仿真中白噪声功率谱为 N_0，在理论计算时要转换一下。仿真结果如图 9-27 和图 9-28 所示，在 SNR = 15 dB 时仿真结果为

基带随机信号前 10 个：[3 4 7 7 0 2 0 3 7 3]

解调基带随机信号前 10 个：[3 4 7 7 0 2 0 3 7 3]

基带平均功率：17.254988749993096

$s(t)$ 调制波形平均功率：0.999997866116542

$r(t)$ 接收波形 I 路平均功率：1.026434710899068

$r_1(t)$ 接收波形 Q 路平均功率：1.0364343148273345

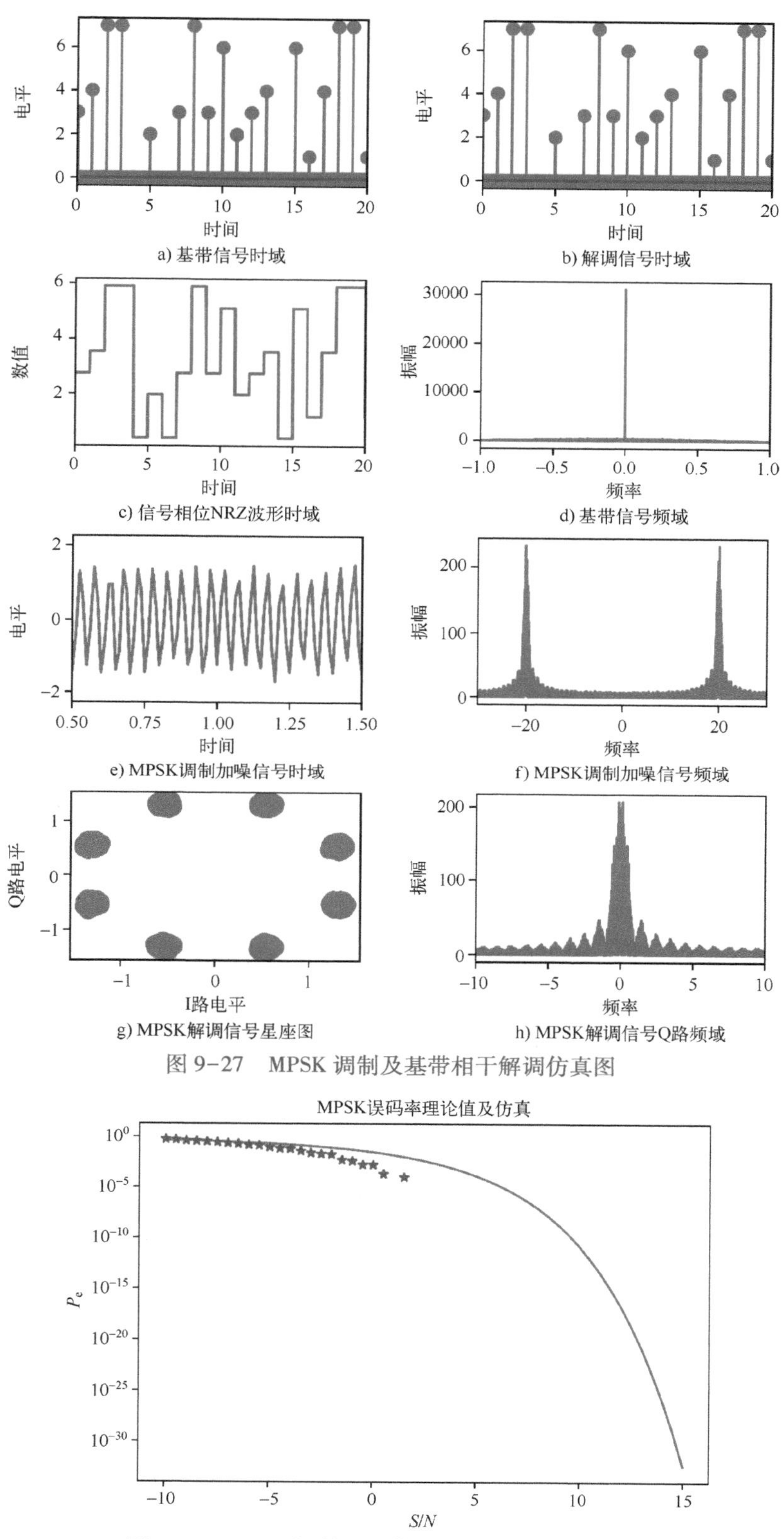

图 9-27　MPSK 调制及基带相干解调仿真图

图 9-28　MPSK 调制及基带相干解调仿真误码率图

9.6 多进制 MFSK 调制与解调

9.6.1 MFSK 调制基带相干解调

MFSK 是用基带信号调制频率，MFSK 信号可以表示为

$$u_{\mathrm{MFSK}}(t)=A\sum_{n=-\infty}^{\infty}g(t-nT_s)\cos(2\pi f_n t),\ f=f_n，在\ a_n\ 时$$

第 n 个 T_s时间信号为

$$u_{\mathrm{MFSK}}(t)=Ag(t-nT_s)\cos(2\pi f_n t)$$

相干解调是调制信号乘以 $g(t-mT_s)\cos(2\pi f_m t)$，在第 n 个 T_s时间接收信号为

$$r_{\mathrm{MFSK}}(t)=2A\cos(2\pi f_n t)\cos(2\pi f_m t)$$

假定：$f_n=n\Delta f+f_c$，则

$$r_{\mathrm{MFSK}}(t)=2A\cos[2\pi(n\Delta f+f_c)t]\cos[2\pi(m\Delta f+f_c)t]$$

只要 Δf 为 $1/(2T_s)$ 的整数倍，积分抽样后：

$$r_{\mathrm{MFSK}}(nT_s)=A\left[\frac{\sin(2\pi(n-m)\Delta fT_s)}{2\pi(n-m)\Delta fT_s}\right]$$

只有 $m=n$ 时 $r_{\mathrm{MFSK}}(nT_s)$才有值，其他情况 $m\neq n$ 时为 0，说明在这种频率的选择下，频率是正交的。MFSK 解调的误码率只能估算，表示为

$$p_e<(M-1)\,\mathrm{erfc}(\sqrt{r})$$

$$r=\frac{a^2}{2\sigma^2}$$

【例 9-6-1】仿真随机八进制信号 MFSK 调制解调，采用单极性的理想低通波形 $g(t)$，$t_b=1$，$f_c=20$ Hz 的余弦波，$\Delta f=2$ Hz，“0” 为 20 Hz，“1” 为 22 Hz，“2” 为 24 Hz，“3” 为 26 Hz，“4” 为 28 Hz，“5” 为 30 Hz，“6” 为 32 Hz，“7” 为 34 Hz 调制，经过基带相干解调后检测的图形，输出脉冲波形、调制信号和解调后信号的功率及仿真误码率。

【例 9-6-1】代码

$$g(t)=\begin{cases}\sqrt{2}, & 0\leqslant t\leqslant t_b\\ 0, & 其他\end{cases}$$

注意仿真中白噪声功率谱为 N_0，在理论计算时要转换一下。仿真结果如图 9-29 和图 9-30 所示，在 SNR = 15 dB 时仿真结果为

基带随机信号前 10 个：[1 2 1 4 7 7 3 4 2 6]

解调基带随机信号前 10 个：[1 2 1 4 7 7 3 4 2 6]

基带平均功率：17. 198987499998687

$s(t)$调制波形平均功率：0. 999974999999748

$r(t)$接收 f_0 波形 C 路平均功率：1. 155850677407741

$r_1(t)$接收 f_0 波形 S 路平均功率：0. 9110526624117136

$r(t)$接收 f_1 波形 C 路平均功率：1. 0978215373038847

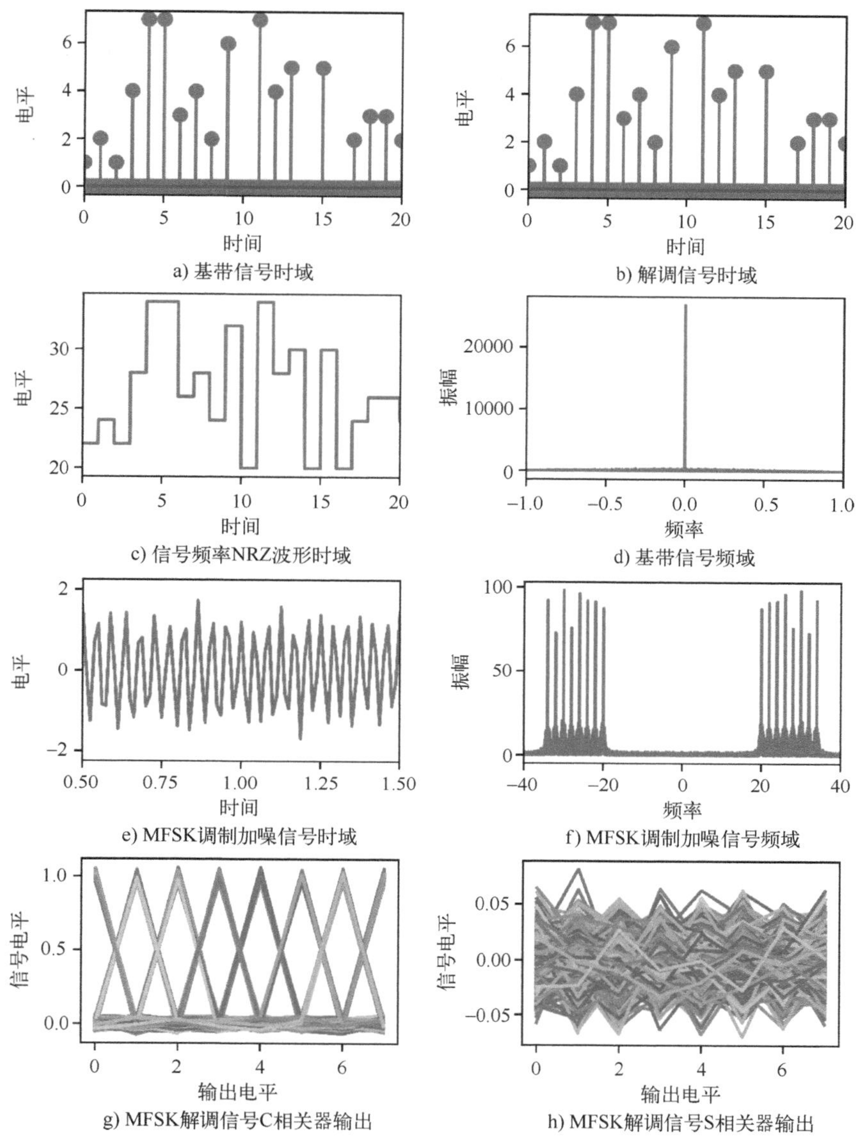

图 9-29　MFSK 调制及基带相干解调仿真图

$r_1(t)$接收f_1 波形 S 路平均功率：0. 9690818025155633

$r(t)$接收f_2 波形 C 路平均功率：1. 0985923925684613

$r_1(t)$接收f_2 波形 S 路平均功率：0. 9683109472509908

$r(t)$接收f_3 波形 C 路平均功率：1. 1027165036261537

$r_1(t)$接收f_3 波形 S 路平均功率：0. 964186836193303

$r(t)$接收f_4 波形 C 路平均功率：1. 0869230639180962

$r_1(t)$接收f_4 波形 S 路平均功率：0. 9799802759013516

$r(t)$接收f_5 波形 C 路平均功率：1. 1031348633772662

$r_1(t)$接收f_5 波形 S 路平均功率：0. 963768476442189

$r(t)$接收f_6 波形 C 路平均功率：1.0855318026641498

$r_1(t)$接收f_6 波形 S 路平均功率：0.9813715371552991

$r(t)$接收f_7 波形 C 路平均功率：1.0988666698683878

$r_1(t)$接收f_7 波形 S 路平均功率：0.9680366699510606

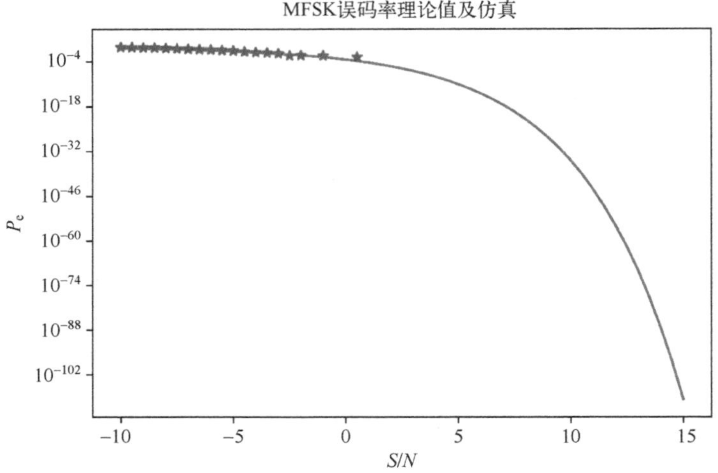

图 9-30　MFSK 调制及基带相干解调仿真误码率图

9.6.2　MFSK 调制鉴频解调

MFSK 调制鉴频解调原理和 FSK 调制鉴频解调原理一样，MFSK 鉴频解调的误码率可表示为

$$p_e = \frac{2^{(\log_2 M)}}{2^{(\log_2 M+1)}-2} e^{\left(-\frac{r}{2}\right)}$$

$$r = \frac{a^2}{2\sigma^2}$$

【例 9-6-2】仿真随机八进制信号 MFSK 调制解调，采用单极性的理想低通波形 $g(t)$，$t_b=1$，$f_c=20$ Hz 的余弦波，$\Delta f=2$ Hz，“0” 为 20 Hz，“1” 为 22 Hz，“2” 为 24 Hz，“3” 为 26 Hz，“4” 为 28 Hz，“5” 为 30 Hz，“6” 为 32 Hz，“7” 为 34 Hz 调制，经过鉴频和过零点解调后检测的图形，输出脉冲波形、调制信号和解调后信号的功率及仿真误码率。

$$g(t)=\begin{cases}1, & 0\leqslant t\leqslant t_b\\ 0, & \text{其他}\end{cases}$$

注意仿真中白噪声功率谱为 N_0，在理论计算时要转换一下。仿真结果如图 9-31 和图 9-32 所示，在 SNR = 15 dB 时鉴频仿真结果为

基带随机信号前 10 个：[6 6 5 4 0 3 6 5 6 7]

解调基带随机信号前 10 个：[6 6 5 4 0 3 6 5 6 7]

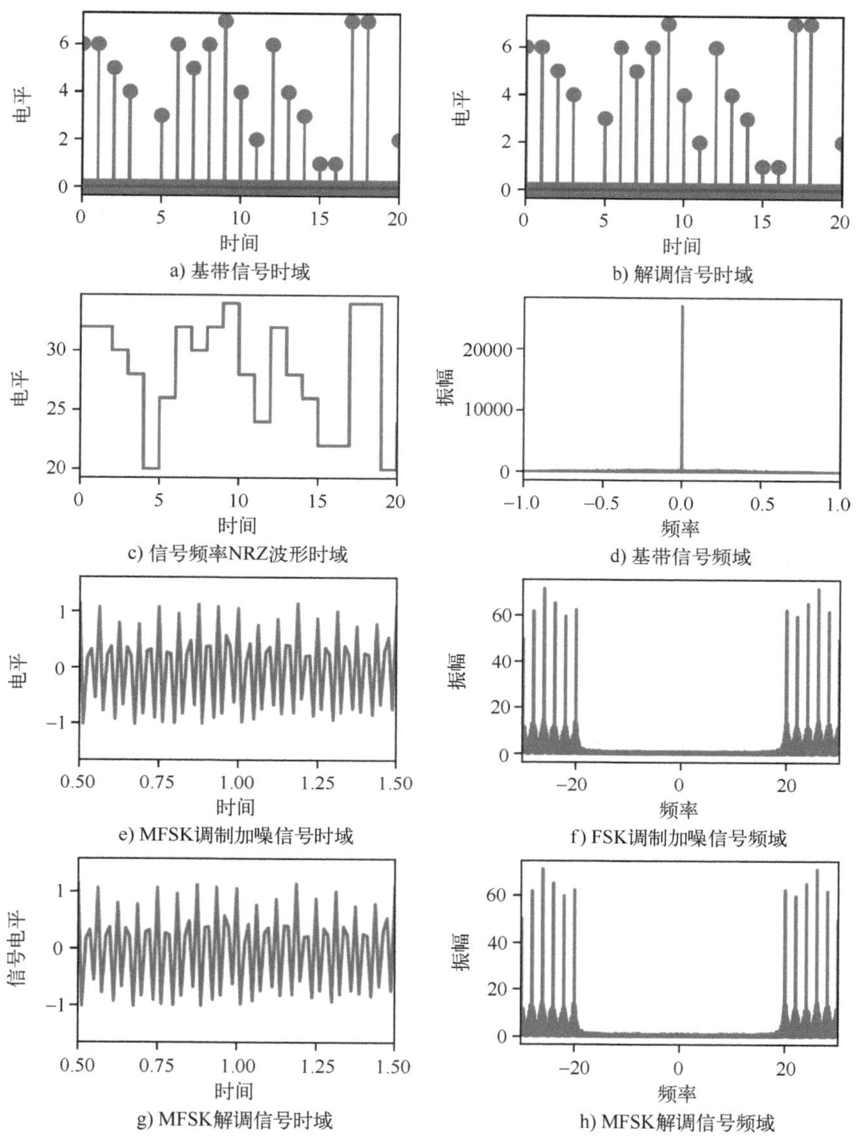

图 9-31　MFSK 调制及鉴频解调仿真图

基带平均功率：17.45354999999858

$s(t)$调制波形平均功率：0.4999874999998501

$r(t)$接收波形平均功率：0.5155662935746632

过零点解调的仿真如图 9-33 和图 9-34 所示，计算结果为

基带随机信号前 10 个：[5 4 5 7 0 6 2 4 3 2]

解调基带随机信号前 10 个：[5 4 5 7 0 6 2 4 3 2]

基带平均功率：17.9726874999992

$s(t)$调制波形平均功率：0.49998749999981884

$r(t)$接收波形平均功率：0.5143992977598999

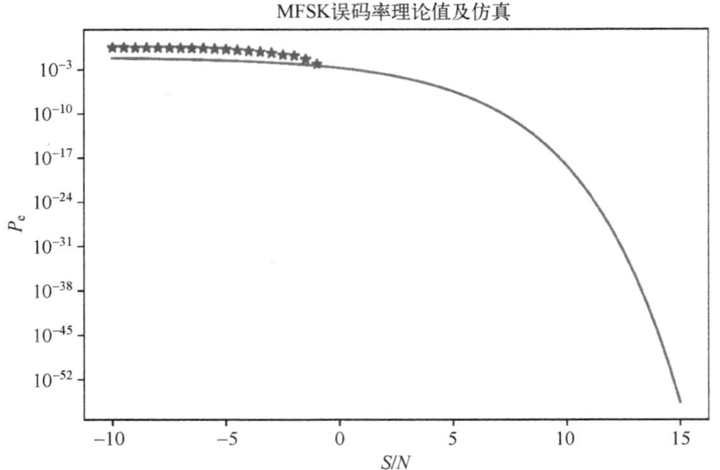

图 9-32　MFSK 调制及鉴频解调仿真误码率图

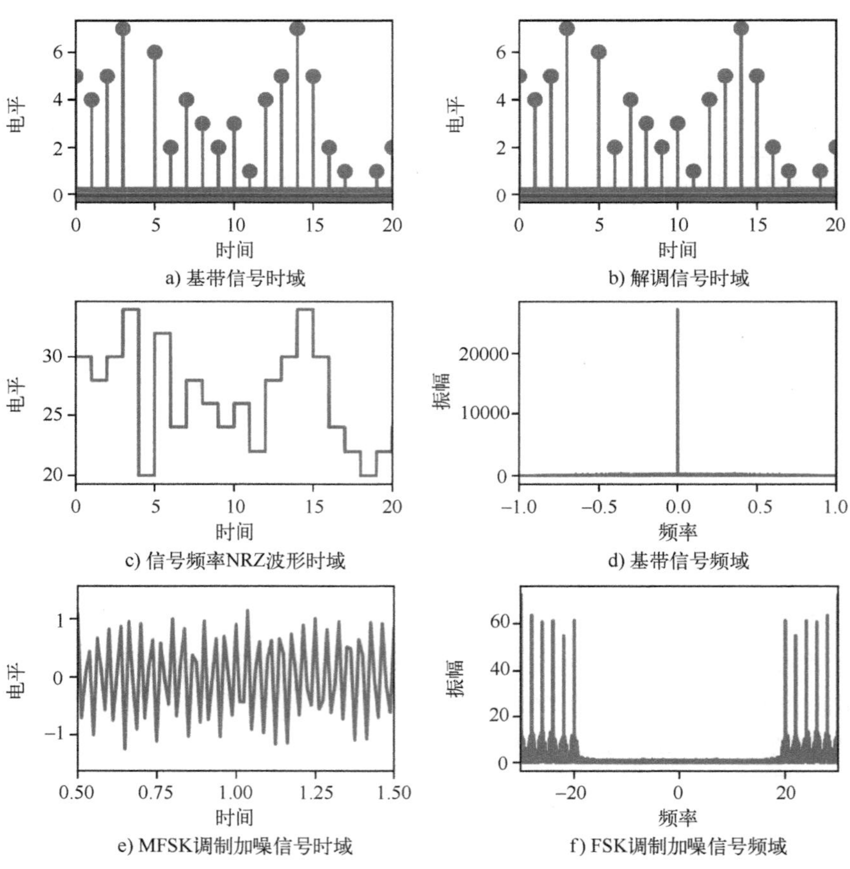

图 9-33　MFSK 调制及过零点解调仿真图

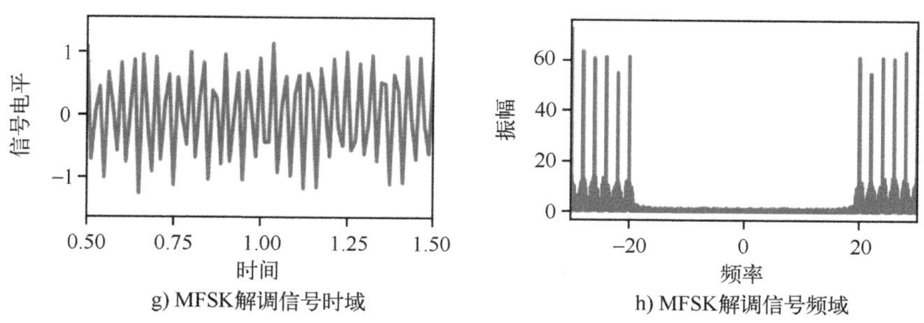

g) MFSK解调信号时域　　h) MFSK解调信号频域

图 9-33　MFSK 调制及过零点解调仿真图（续）

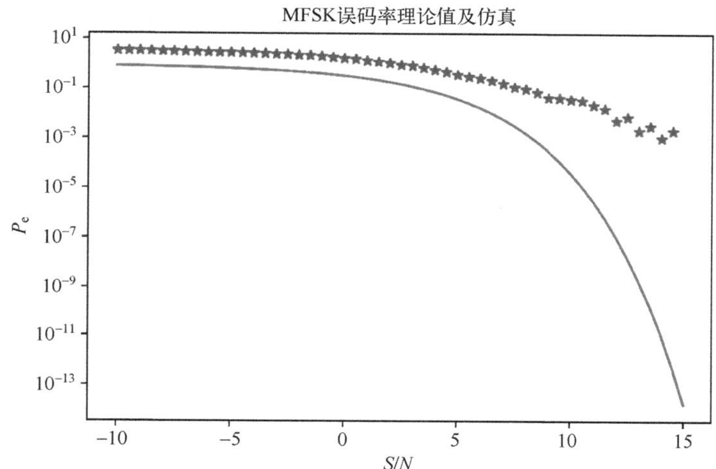

图 9-34　MFSK 调制及过零点解调仿真误码率图

第 10 章　新型载波调制信号数字传输

第 9 章介绍的 FSK、PSK 和 ASK 均是独立的，为了提高传送的容量和性能，又发展了新型载波融合调制技术。例如采用三种调制中的两种或三种调制方式来发送信号，新型载波融合调制主要有正交幅度调制 QAM（正交的两种 ASK 融合）、ASK 与 PSK 融合调制、FSK 与 ASK 融合调制、FSK 与 PSK 融合调制、OFDM 调制（FSK 与 QAM 融合）及 FSK、ASK 和 PSK 融合调制等。

10.1　正交幅度（矩形 QAM）调制与解调

ASK 调制信号表示为

$$u(t) = s(t)\cos(2\pi f_c t) = \sum_{n=-\infty}^{\infty} a_n g(t - nT_s)\cos(2\pi f_c t)$$

正交幅度调制是使用正交的两个载波 $\cos(2\pi f_c t)$ 和 $\sin(2\pi f_c t)$ 来调制两个幅度基带信号 $s(t)$ 和 $s1(t)$，故正交幅度调制信号可以表示为

$$\begin{aligned} u_{\mathrm{QAM}}(t) &= s(t)\cos(2\pi f_c t) + s1(t)\sin(2\pi f_c t) \\ &= \sum_{n=-\infty}^{\infty} a_{nc} g(t - nT_s)\cos(2\pi f_c t) + \sum_{n=-\infty}^{\infty} a_{ns} g(t - nT_s)\sin(2\pi f_c t) \end{aligned}$$

理想情况下，$g(t)$ 是个矩形波形，为了归一化能量，设置 $g(t)$ 为

$$g(t) = \begin{cases} \sqrt{\dfrac{2}{T_s}}, & 0 \leqslant t \leqslant T_s \\ 0, & \text{其他} \end{cases}$$

a_{nc} 和 a_{ns} 表示两组幅度电平，进行三角函数变换：

$$\begin{aligned} u_{\mathrm{QAM}}(t) &= s(t)\cos(2\pi f_c t) + s1(t)\sin(2\pi f_c t) \\ &= \sum_{n=-\infty}^{\infty} A_m g(t - nT_s)\cos(2\pi f_c t + \phi_n) \end{aligned}$$

这样就可理解为 QAM 调制实际是兼具 ASK 和 PSK 调制。图 10-1 为 4×4 的 16QAM 调制信号星座图。

解调方法有多种，可以将其分为两个 ASK 信号，采用类似模拟信号的解调法：模拟相干解调法和包络解调方法；也可以用基带传输的相干解调方法。还可以将其理解为 PSK 信号，采用 PSK 和 ASK 结合的方法来调制，通过基带相干积分计算后，判断计算 I+Qj 信号的角度，再比较 I+Qj 幅度来解调。考虑相干解调法误码率低些，本章主要讲基带相干解调法，首先计算 I 和 Q 路的电平。

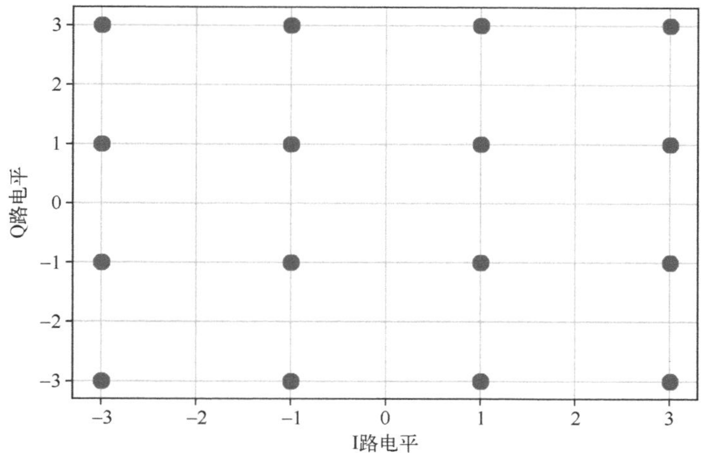

图 10-1　16QAM 调制信号星座图

$$r_{\mathrm{QAMI}}(t)=[s(t)\cos(2\pi f_c t)+s1(t)\sin(2\pi f_c t)]g(t-nT_s)\cos(2\pi f_c t)$$
$$=\sum_{n=-\infty}^{\infty}2a_{nc}\cos(2\pi f_c t)\cos(2\pi f_c t)=\sum_{n=-\infty}^{\infty}a_{nc}[1+\cos(4\pi f_c t)]$$
$$r_{\mathrm{QAMQ}}(t)=[s(t)\cos(2\pi f_c t)+s1(t)\sin(2\pi f_c t)]g(t-nT_s)\sin(2\pi f_c t)$$
$$=\sum_{n=-\infty}^{\infty}2a_{nc}\sin(2\pi f_c t)\sin(2\pi f_c t)=\sum_{n=-\infty}^{\infty}a_{nc}[1-\cos(4\pi f_c t)]$$

在 $T_s=1$ 时，$\int_0^{T_s}\cos(4\pi f_c t)=0$，上面式子积分后，接收信号可简化为

$$r_{\mathrm{QAMI}}(t)=\sum_{n=-\infty}^{\infty}a_{nc}$$
$$r_{\mathrm{QAMQ}}(t)=\sum_{n=-\infty}^{\infty}a_{ns}$$

然后对 $r_{\mathrm{QAMI}}(t)$ 和 $r_{\mathrm{QAMQ}}(t)$ 抽样，分别对 a_{nc} 和 a_{ns} 判决。

MASK 的误码率为

$$p_e=\frac{2(M-1)}{M}Q\left(\sqrt{\frac{6\log_2 Mr}{M^2-1}}\right)$$
$$r=\frac{a^2}{2\sigma^2}$$

只有 M_{nc} 和 M_{ns} 都判断正确时 QAM 才无误码，所以 QAM 的误码率公式为

$$P_e=1-(1-P_{eMnc})(1-P_{eMns})$$

【例 10-1-1】仿真随机十六进制信号 QAM 调制解调，即 $a_{nc}=-3,-1,1,3$；$a_{ns}=-3,-1,1,3$。采用单极性的理想低通波形 $g(t)$，$t_b=1$，$f_c=20\,\mathrm{Hz}$ 的余弦波进行调制，经过基带相干解调后检测的图形，输出脉冲波形，调制信号和解调后信号的功率及仿真误码率。

【例 10-1-1】代码

$$g(t)=\begin{cases}\sqrt{2}, & 0\leqslant t\leqslant t_b\\ 0, & 其他\end{cases}$$

注意仿真中白噪声功率谱为 N_0，在理论计算时要转换一下。仿真结果如图 10-2 和图 10-3 所示，在 SNR=15dB 时仿真的结果如下。

基带随机信号前 10 个：[4 7 5 7 14 3 10 6 15 10]

解调基带随机信号前 10 个：[4 7 5 7 14 3 10 6 15 10]

基带平均功率：78. 23608000002804

$s(t)$调制波形平均功率：4. 977198749997966

rt(t)接收波形平均功率：10. 386611430488466

$rt_1(t)$接收波形平均功率：10. 146105035536317

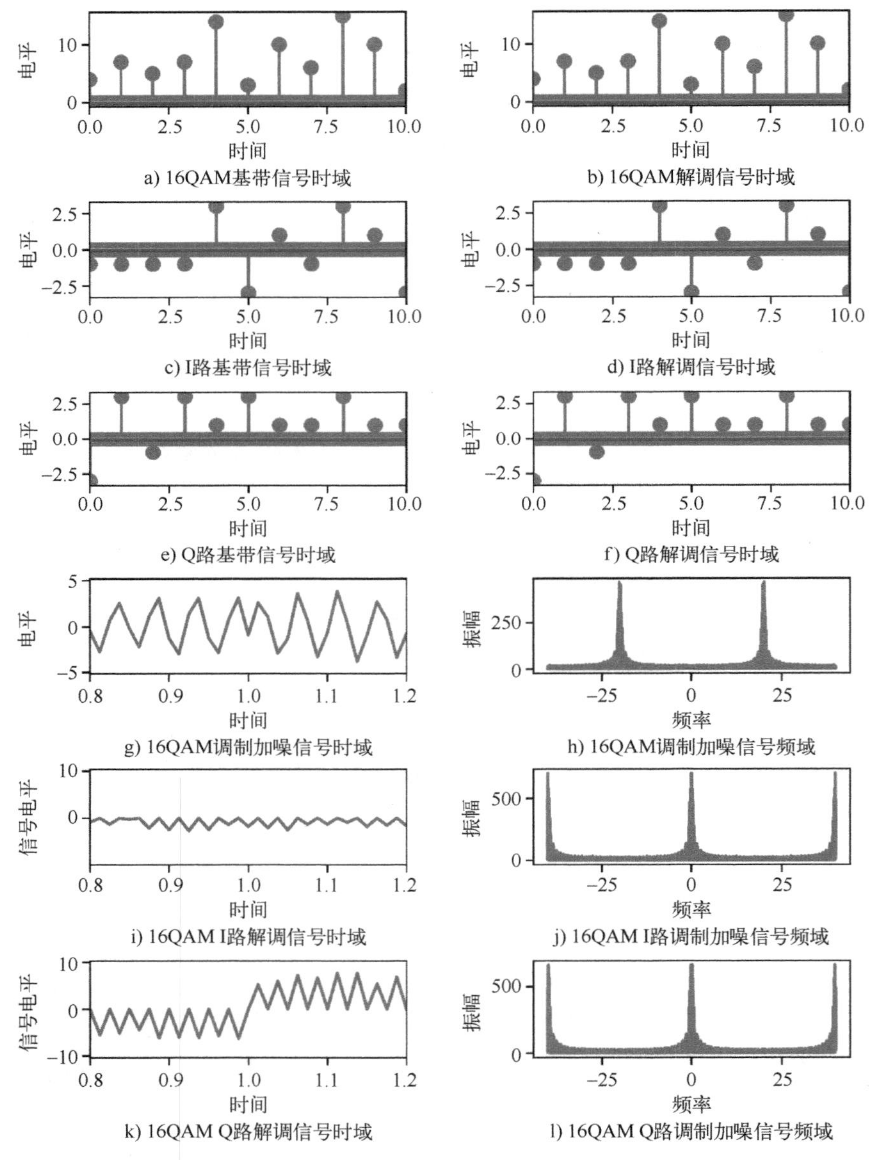

图 10-2　QAM 调制及基带相干解调仿真图

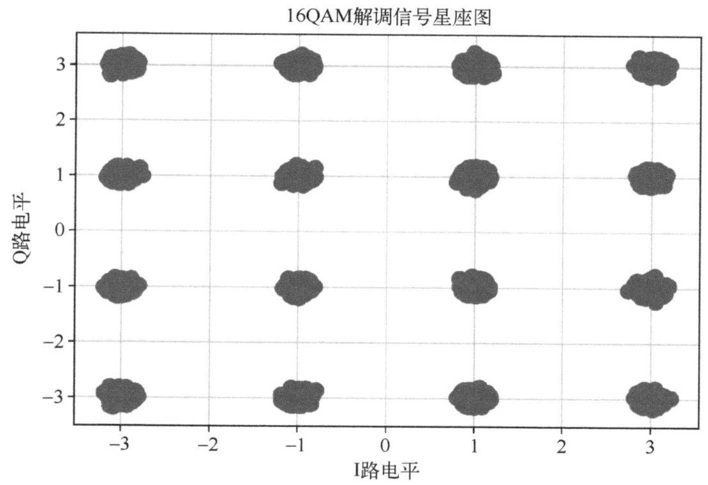

图 10-2　QAM 调制及基带相干解调仿真图（续）

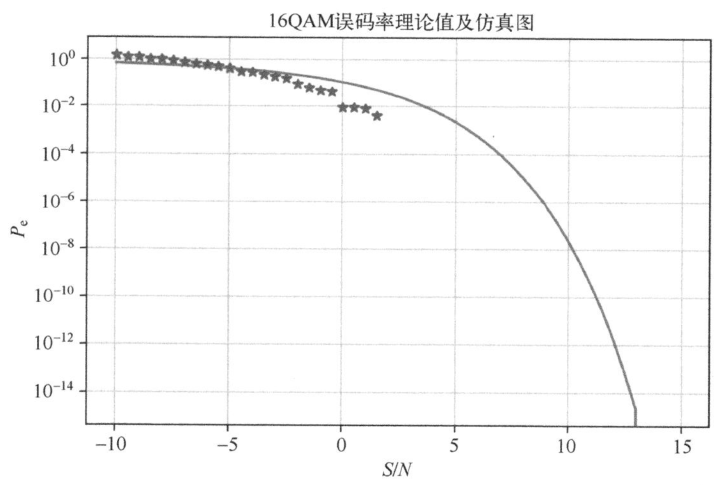

图 10-3　QAM 调制及基带相干解调仿真误码率图

10.2　ASK 及 PSK 融合（圆形 QAM）调制与解调

从 QAM 调制信号的星座图 10-4 可以看到，4QAM 与 16QAM 的相位和幅度都变化，4QAM 的相位有 4 个取值，幅度有 2 个取值，而 16QAM 的相位有 12 个取值，幅度有 4 个取值。

变化相位和幅度的数量，自然就产生了 ASK 和 PSK 的融合调制技术。有些书上也把 ASK 和 PSK 融合调制称为圆形 QAM 调制，把正交幅度调制称为矩形 QAM 调制。根据基带信号公式得

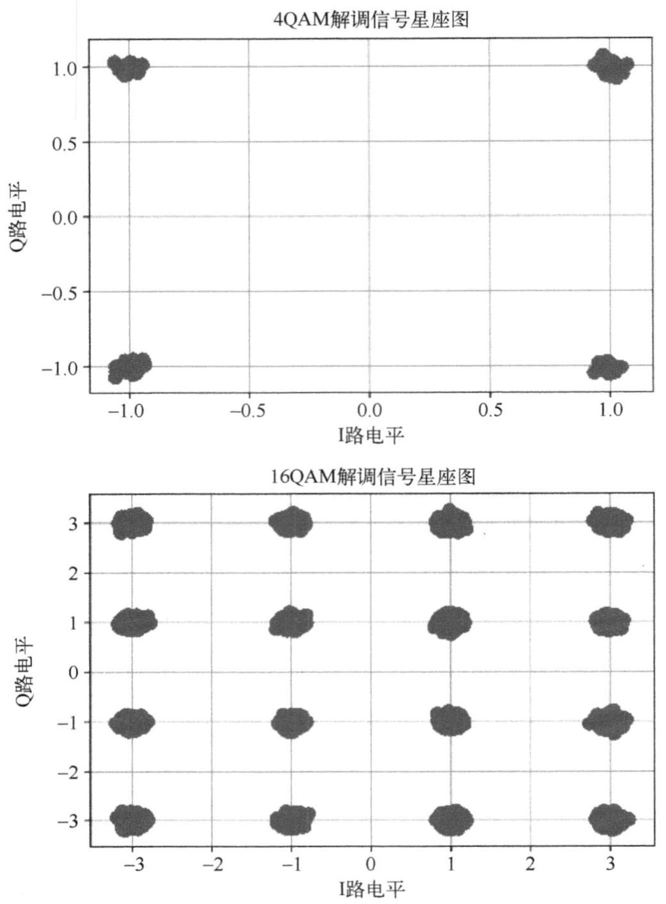

图 10-4　4QAM 和 16QAM 信号星座图

$$s(t) = \sum_{n=-\infty}^{\infty} a_n g(t - nT_s)$$

ASK 和 PSK 融合调制就是采用多个基带信号 $s(t)$，$s1(t)$ 分别调制余弦波 $\cos(2\pi f_c)$ 的幅度和相位，ASK 和 PSK 融合调制信号可以表示为

$$\begin{aligned} u_{\text{APSK}}(t) &= s(t)\cos[2\pi f_c t + 2\pi s1(t)/M_p] \\ &= \sum_{n=-\infty}^{\infty} a_{na} g(t - nT_s)\cos\left(2\pi f_c t + \frac{2\pi a_{np}}{M_p}\right) \end{aligned}$$

解调方式和 PSK 类似，先通过 $u_{\text{APSK}}(t)$ 分别乘以 $g(t-nT_s)\cos(2\pi f_c t)$ 信号得到 $r_{\text{APSKc}}(t)$：

$$\begin{aligned} r_{\text{APSKc}}(t) &= u_{\text{APSK}}(t) g(t - nT_s)\cos(2\pi f_c t) \\ &= \sum_{n=-\infty}^{\infty} a_{na} g(t - nT_s)^2 \cos(2\pi f_c t + 2\pi a_{np}/M_p)\cos(2\pi f_c t) \\ &= \sum_{n=-\infty}^{\infty} a_{na} g(t - nT_s)^2 [1/2(\cos(4\pi f_c t) + 1)\cos\left(\frac{2\pi a_{np}}{M_p}\right) \\ &\quad - \frac{1}{2}\sin\left(\frac{2\pi a_n}{M}\right)\sin(4\pi f_c t)] \end{aligned}$$

根据前面假设，$1/2\sum_{n=-\infty}^{\infty}g(t-nT_s)^2=1$，而后通过在 T_s 内积分则简化为：

$$r_{\text{APSKc}}(t)=\sum_{n=-\infty}^{\infty}a_{na}\cos\left(\frac{2\pi a_{np}}{M_{\text{p}}}\right)$$

同理通过 $u(t)$ 乘以 $-g(t-nT_s)\sin(2\pi f_c t)$ 信号后在 T_s 内积分得到 $r_{\text{APSKs}}(t)$：

$$r_{\text{APSKs}}(t)=\sum_{n=-\infty}^{\infty}a_{na}\sin\left(\frac{2\pi a_{np}}{M_{\text{p}}}\right)$$

再通过抽样及下列算式就可分别检测 a_{na} 和 a_{np}：

$$\sqrt{r_{\text{APSKc}}(t)^2+r_{\text{APSKs}}(t)^2}=\sum_{n=-\infty}^{\infty}a_{na}$$

$$r_{\text{APSKc}}(t)+\text{j}r_{\text{APSKs}}(t)=\sum_{n=-\infty}^{\infty}a_{na}\text{e}^{\text{j}\frac{2\pi a_{np}}{M_{\text{p}}}}$$

从上面第一个公式可知，a_{na} 只需取正值。实际中 a_{np} 的取值可以包含 a_{na} 的负值。例如 $a_{na}=1$，$a_{np}=0$，1 时，实际就是 QPSK 调制。

根据 MASK 的误码率可知：

$$P_{\text{e}}=\frac{M_{na}-1}{M_{na}}\text{erfc}\left(\frac{1}{2}\sqrt{\frac{6\log_2 M_{na}r}{M_{na}^2-1}}\right),\quad r=\frac{a^2}{2\sigma^2}$$

MPSK 的误码率可知：

$$p_{\text{e}}=\frac{(M_{np}-1)}{M_{np}}Q\left(\sqrt{\frac{6\log_2 M_{np}r}{M_{np}^2-1}}\right)$$

$$r=\frac{a^2}{2\sigma^2}$$

只有 M_{na} 和 M_{np} 都判断正确时融合调制才无误码，所以 ASK 和 PSK 融合调制的误码率公式为

$$P_{\text{e}}=1-(1-P_{\text{e}Mna})(1-P_{\text{e}Mnp})$$

【例 10-2-1】仿真随机十六进制信号 2ASK 和 8PSK 融合调制解调。采用单极性的理想低通波形 $g(t)$，$t_b=1$，$f_c=20$ Hz 的余弦波进行调制，a_{na} 取值为 1，2；$a_{np}=0$ 为 $1/8\pi$，$a_{np}=1$ 为 $3/8\pi$，$a_{np}=2$ 为 $5/8\pi$，$a_{np}=3$ 为 $7/8\pi$，$a_{np}=4$ 为 $9/8\pi$，$a_{np}=5$ 为 $11/8\pi$，$a_{np}=6$ 为 $13/8\pi$，$a_{np}=7$ 为 $15/8\pi$，经过基带相干解调后检测的图形，输出脉冲波形、调制信号和解调后信号的功率及仿真误码率。

【例 10-2-1】代码

$$g(t)=\begin{cases}\sqrt{2}, & 0\leqslant t\leqslant t_b\\ 0, & \text{其他}\end{cases}$$

注意仿真中白噪声功率谱为 N_0，在理论计算时要转换一下。仿真结果如图 10-5 和图 10-6 所示，在 SNR = 15 dB 时仿真的结果如下。

d 基带随机信号前 10 个：[12 6 7 9 11 6 0 9 6 1]

rd 基带随机信号前 10 个：[12 6 7 9 11 6 0 9 6 1]

基带平均功率：78. 15662000002715

$s(t)$调制波形平均功率：1. 2522457322336933

$r(t)$接收 I 路波形平均功率：2. 5932270050078836

$r(t)$接收 Q 路波形平均功率：2. 5731466106250425

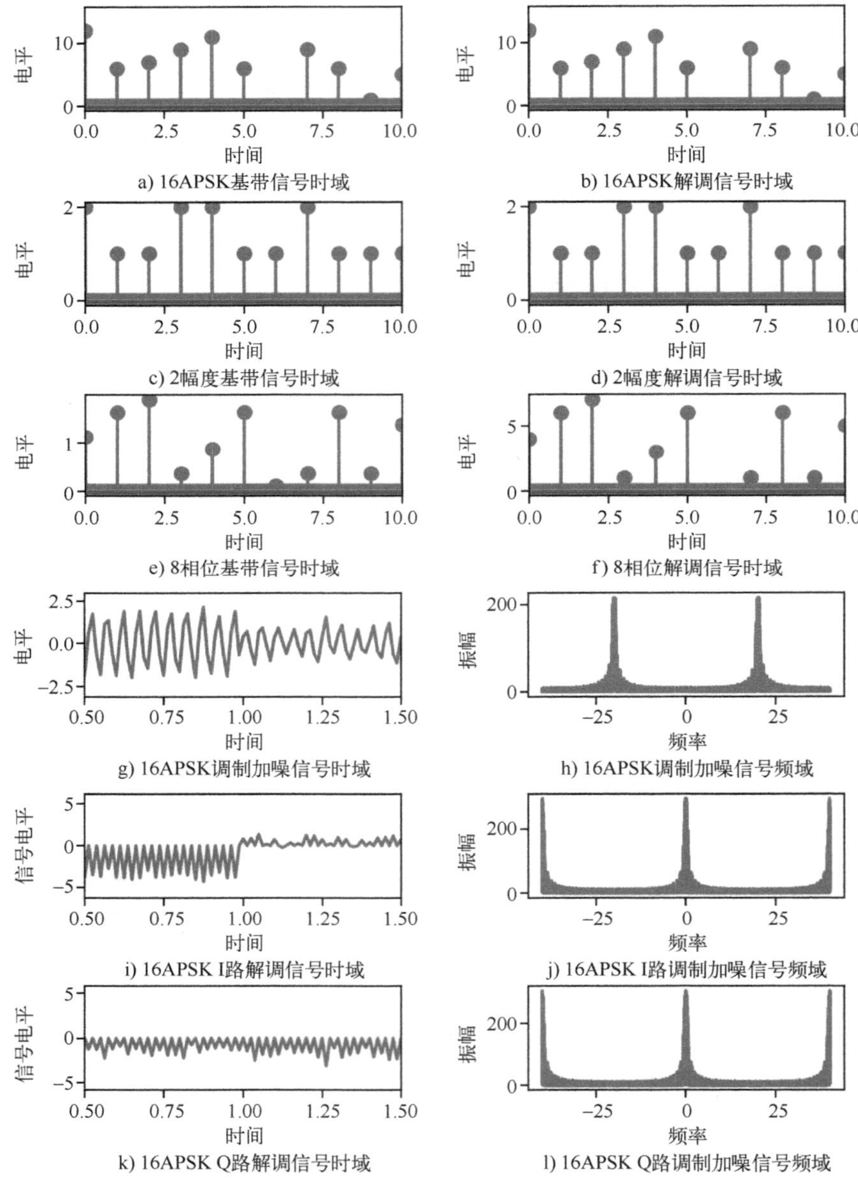

图 10-5 $M_a = 2$，$M_p = 8$ 的 APSK 调制及基带相干解调仿真图

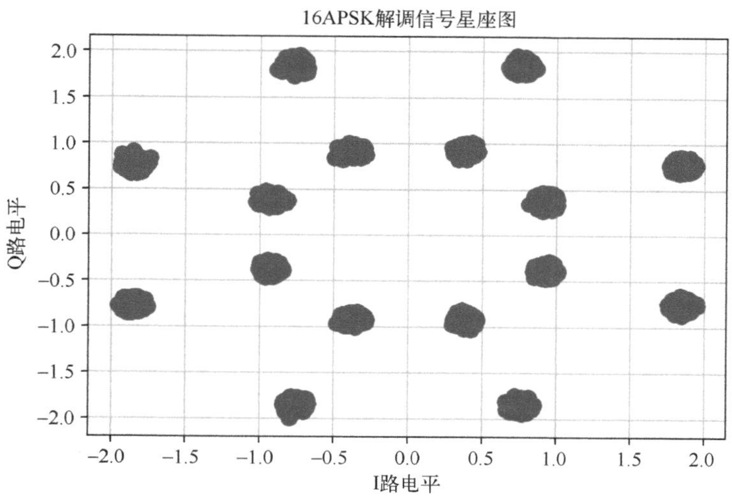

图 10-5　$M_a=2$，$M_p=8$ 的 APSK 调制及基带相干解调仿真图（续）

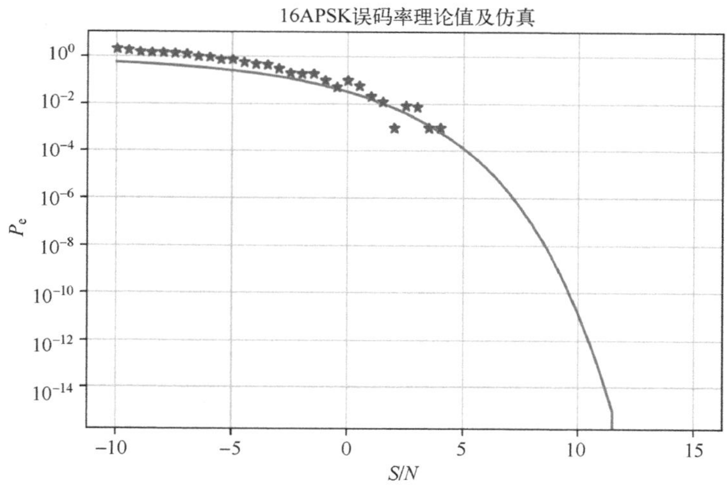

图 10-6　$M_a=2$，$M_p=8$ 的 APSK 调制及基带相干解调仿真误码率图

【例 10-2-2】仿真随机十六进制信号 4ASK 和 4PSK 融合调制解调。采用单极性的理想低通波形 $g(t)$，$t_b=1$，$f_c=20$ Hz 的余弦波进行调制，a_{na} 取值为 1，2，3，4；$a_{np}=0$ 为 1/4π，$a_{np}=1$ 为 3/4 π，$a_{np}=2$ 为 5/4π，$a_{np}=3$ 为 7/4 π，经过基带相干解调后检测的图形，输出脉冲波形、调制信号和解调后信号的功率及仿真误码率。

$$g(t)=\begin{cases}\sqrt{2}, & 0\leqslant t\leqslant t_b\\ 0, & \text{其他}\end{cases}$$

注意仿真中白噪声功率谱为 N_0，在理论计算时要转换一下。仿真结果如图 10-7 和图 10-8 所示，在 SNR = 15 dB 时仿真的结果如下。

d 基带随机信号前 10 个：[2 2 6 5 1 15 5 6 14 15]
rd 基带随机信号前 10 个：[2 2 6 5 1 15 5 6 14 15]
基带平均功率：77.55049499997172
$s(t)$调制波形平均功率：3.7521993749946625
$r(t)$接收 I 路波形平均功率：7.732867783780881
$r(t)$接收 Q 路波形平均功率：7.740368085867763

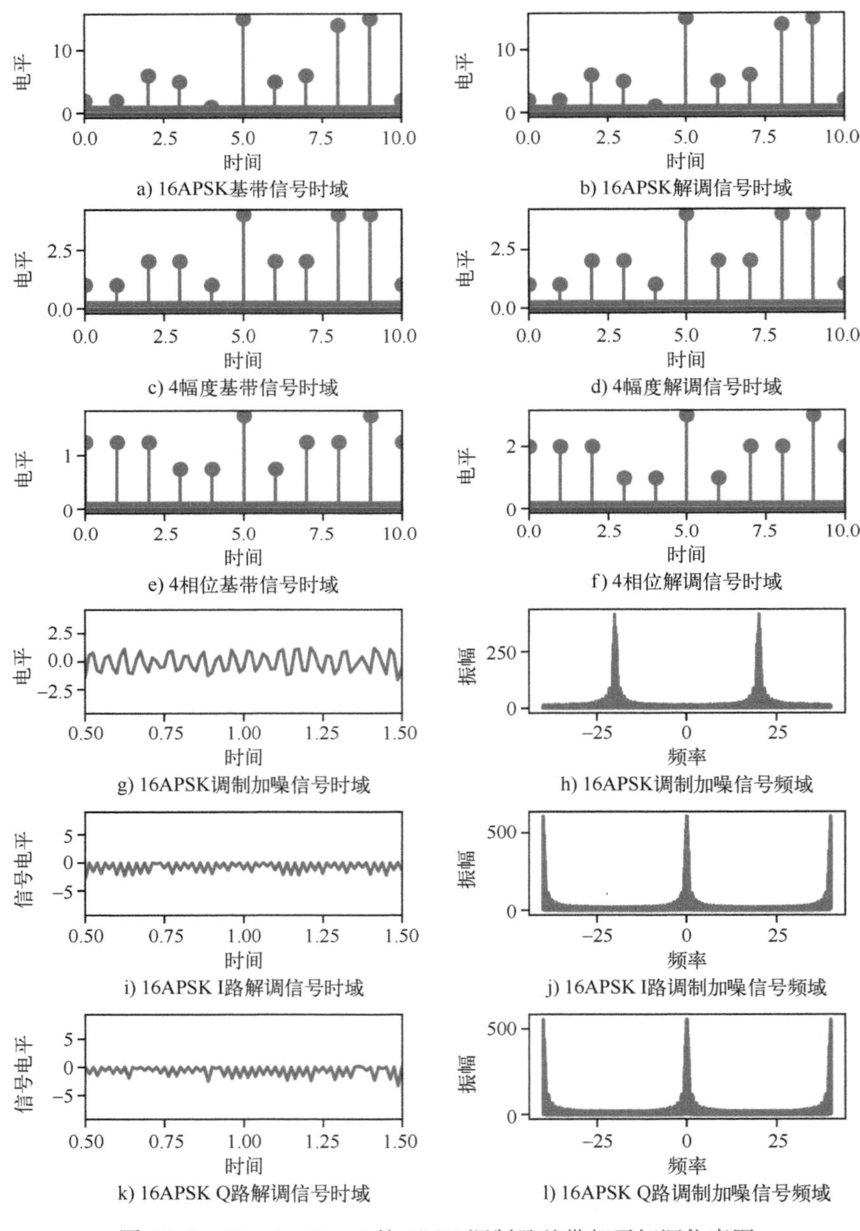

图 10-7　$M_a=4$，$M_p=4$ 的 APSK 调制及基带相干解调仿真图

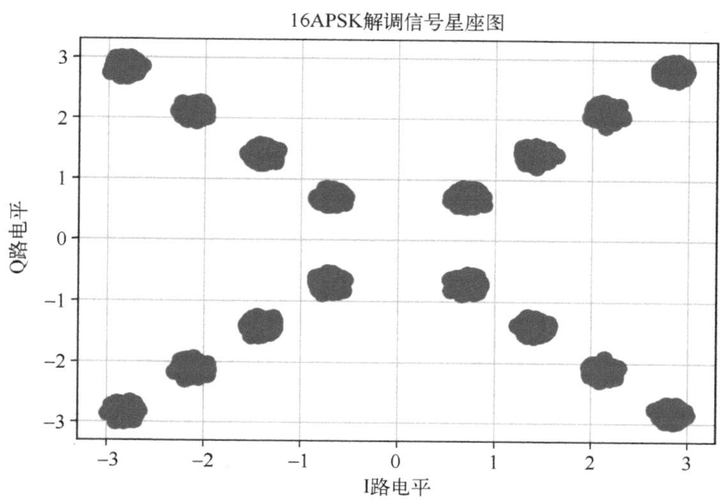

图 10-7　$M_a=4$，$M_p=4$ 的 APSK 调制及基带相干解调仿真图（续）

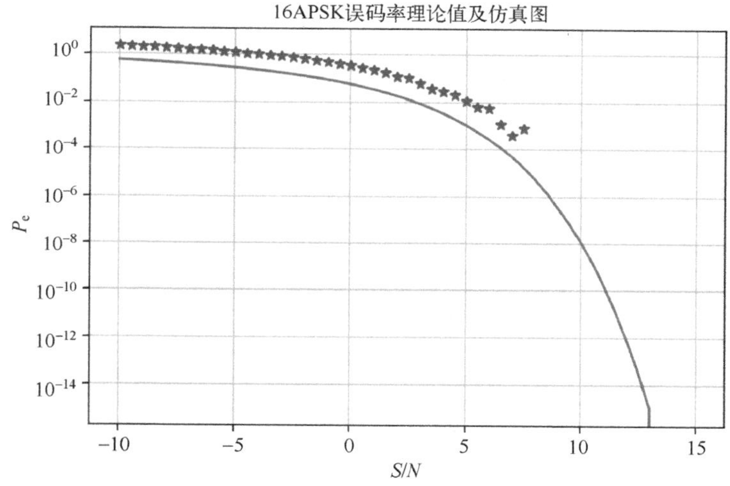

图 10-8　$M_a=4$，$M_p=4$ 的 APSK 调制及基带相干解调仿真误码率图

【例 10-2-3】仿真随机十六进制信号 8ASK 和 2PSK 融合调制解调。采用单极性的理想低通波形 $g(t)$，$t_b=1$，$f_c=20\text{ Hz}$ 的余弦波进行调制，a_{na}取值为 1，2，3，4，5，6，7；$a_{np}=0$ 为 $1/2\pi$，$a_{np}=1$ 为 $3/2\pi$，经过基带相干解调后检测的图形、输出脉冲波形、调制信号和解调后信号的功率及仿真误码率。

$$g(t)=\begin{cases}\sqrt{2}, & 0\leqslant t\leqslant t_b\\ 0, & \text{其他}\end{cases}$$

注意仿真中白噪声功率谱为 N_0，在理论计算时要转换一下。仿真结果如图 10-9 和图 10-10 所示，在 SNR = 15 dB 时仿真的结果如下。

d 基带随机信号前 10 个：[0 11 6 0 6 11 1 2 3 1]
rd 基带随机信号前 10 个：[0 11 6 0 6 11 1 2 3 1]
基带平均功率 77.16589999998025
$s(t)$调制波形平均功率 12.693550000010276
$r(t)$接收 I 路波形平均功率 0.8038155223242514
$r(t)$接收 Q 路波形平均功率 51.59903314333239

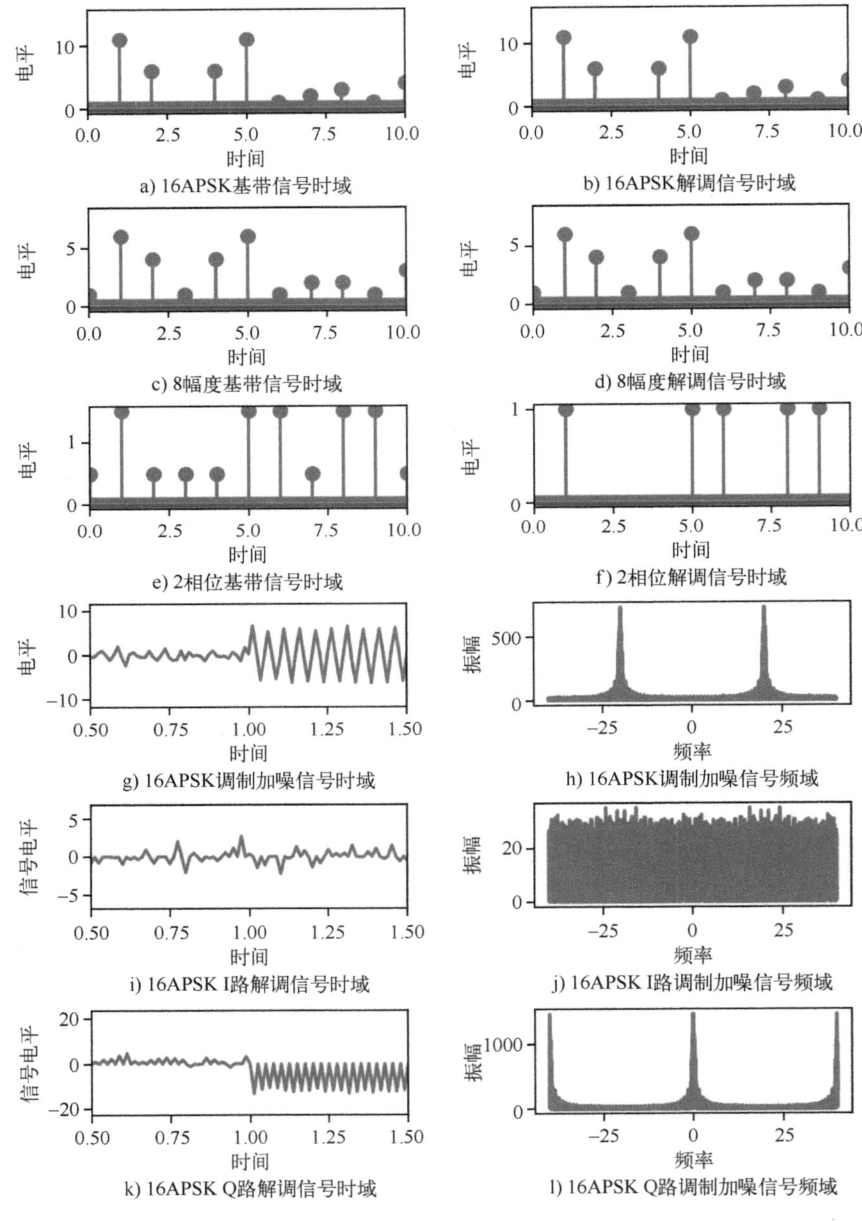

图 10-9　$M_a=8$，$M_p=2$ 的 APSK 调制及基带相干解调仿真图

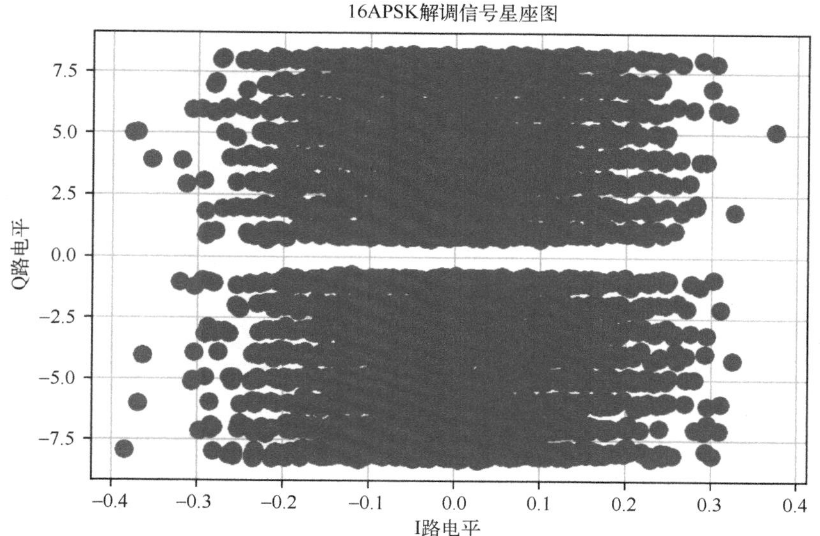

图 10-9　$M_a=8$，$M_p=2$ 的 APSK 调制及基带相干解调仿真图（续）

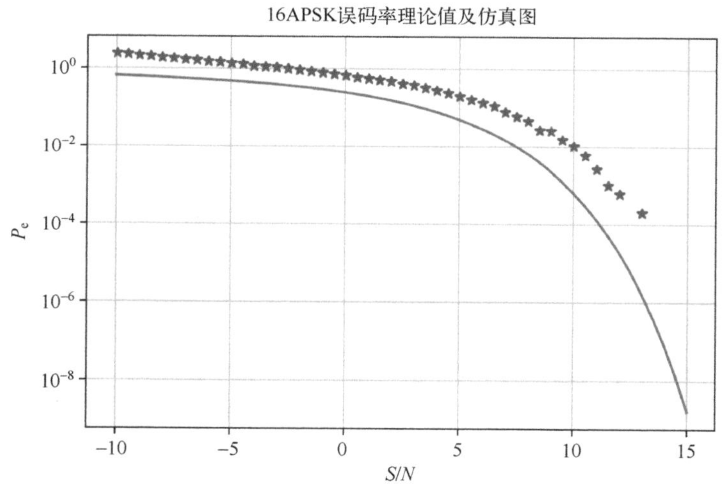

图 10-10　$M_a=8$，$M_p=2$ 的 APSK 调制及基带相干解调仿真误码率图

根据三种 ASK 和 PSK 融合调制仿真比较，M_p 越大仿真解调误码率就越低。

10.3　OFDM 调制与解调

OFDM 调制就是采用三个基带信号分别调制幅度和频率，即在不同频率上采用 QAM 调制。OFDM 调制信号为

$$u_{\mathrm{ODFM}}(t)=\sum_{n=-\infty}^{\infty}a_{nc}g(t-nT_s)\cos[2\pi(n\Delta f+f_c)t]$$
$$+\sum_{n=-\infty}^{\infty}a_{ns}g(t-nT_s)\sin[2\pi(n\Delta f+f_c)t]$$

第 n 个 T_s时间信号为

$$u_{\mathrm{OFDM}}(t)=a_{nc}g(t-nT_s)\cos[2\pi(n\Delta f+f_c)t]+a_{ns}g(t-nT_s)\sin[2\pi(n\Delta f+f_c)t]$$

根据 MFSK 中的理论可知，只要 Δf 为 $1/(2T_s)$ 的整数倍，不同频率就是正交的。故解调分别用 $u_{\mathrm{OFDM}}(t)*g(t-nT_s)\cos[2\pi(n\Delta f+f_c)t]$ 和 $u_{\mathrm{OFDM}}(nT_s)*g(t-nT_s)\sin[2\pi(n\Delta f+f_c)t]$，积分抽样后得到

$$r_{\mathrm{OFDMc}}(t)=\int_0^{T_s}u_{\mathrm{ODFM}}(nT_s)a_{nc}\cos[2\pi(n\Delta f+f_c)t]\mathrm{d}t=a_{nc}\frac{\sin[2\pi(n-m)\Delta fT_s]}{2\pi(n-m)\Delta fT_s}$$

$$r_{\mathrm{OFDMs}}(t)=u_{\mathrm{ODFM}}(nT_s)*a_{ns}\sin[2\pi(n\Delta f+f_c)t]=a_{ns}\frac{\sin[2\pi(n-m)\Delta fT_s]}{2\pi(n-m)\Delta fT_s}$$

只有 $m=n$ 时才有值，其他情况 $m\neq n$ 时为 0。首先计算所有频率的$\sqrt{r_{\mathrm{OFDMc}}(t)^2+r_{\mathrm{OFDMs}}(t)^2}$，根据结果最大值判断出信号调制所采有的频率，然后再依次根据 $r_{\mathrm{OFDMc}}(t)$ 和 $r_{\mathrm{OFDMs}}(t)$ 值判断检测幅度 a_{nc} 和 a_{ns}，进而还原基带信号。

根据 MFSK 误码率：

$$p_e<(M-1)\mathrm{erfc}(\sqrt{r})$$

根据 MASK 的误码率可知：

$$p_e=\frac{2(M-1)}{M}Q\left(\sqrt{\frac{6\log_2 Mr}{M^2-1}}\right)$$

$$r=\frac{a^2}{2\sigma^2}$$

M_{nf}，M_{nc} 和 M_{ns} 分别为频率，幅度 1 和幅度 2 个数，则 OFDM 其理论误码率为：

$$P_e<1-(1-P_{\mathrm{eMnf}})(1-P_{\mathrm{eMnc}})(1-P_{\mathrm{eMns}})$$

【例 10-3-1】仿真随机三个基带信号即 a_{nf} 为二进制；a_{nc} 为四进制；a_{ns} 为四进制分别对载波信号的频率和幅度调制的 32 进制 OFDM 调制。采用单极性的理想低通波形 $g(t)$，$t_b=1$，$\Delta f=4$ Hz，$f_c=20$ Hz 的余弦波进行 OFDM 调制，经过基带相干解调后检测的图形，输出脉冲波形、调制信号和解调后信号的图形及仿真误码率。

$$g(t)=\begin{cases}\sqrt{2}, & 0\leqslant t\leqslant t_b\\ 0, & \text{其他}\end{cases}$$

注意仿真中白噪声功率谱为 N_0，在理论计算时要转换一下。仿真结果如图 10-11 和图 10-12 所示，在 SNR = 15 dB 时仿真的结果如下。

基带随机信号前 10 个：[29 23 1 22 17 27 19 7 3 28]

解调基带随机信号前 10 个：[29 23 1 22 17 27 19 7 3 28]

f 基带随机信号前 10 个：[24 24 20 24 24 24 24 20 20 24]

f 解调基带随机信号前 10 个：[24 24 20 24 24 24 24 20 20 24]

幅度基带随机信号前 10 个：[3 -1 -3 -1 -3 1 -3 -1 -3 3]

幅度解调基带随机信号前 10 个：[3 -1 -3 -1 -3 1 -3 -1 -3 3]

相位基带随机信号前 10 个：[-1 3 -1 1 -1 3 3 3 3 -3]
相位解调基带随机信号前 10 个：[-1 3 -1 1 -1 3 3 3 3 -3]

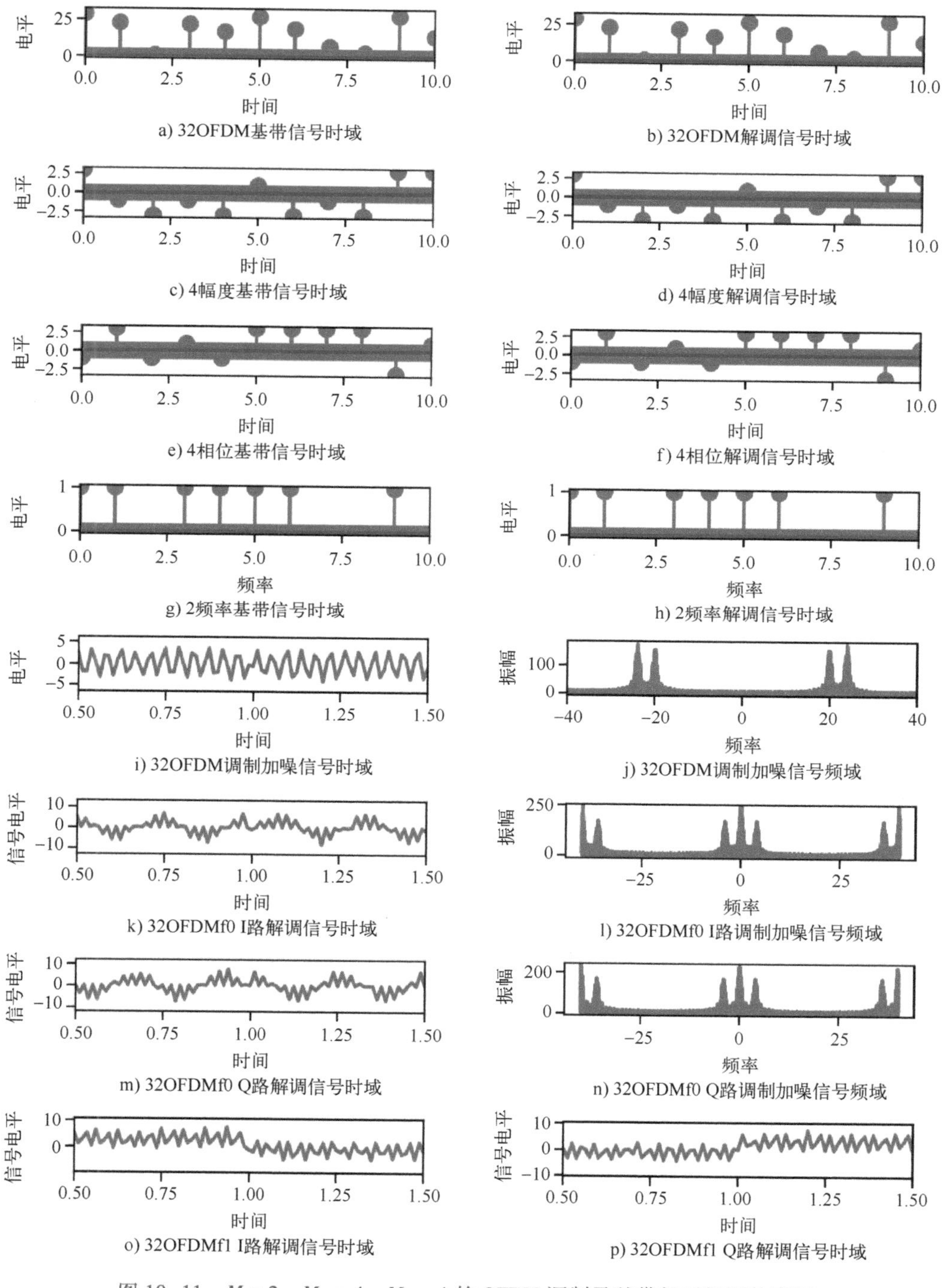

a) 32OFDM基带信号时域　b) 32OFDM解调信号时域
c) 4幅度基带信号时域　d) 4幅度解调信号时域
e) 4相位基带信号时域　f) 4相位解调信号时域
g) 2频率基带信号时域　h) 2频率解调信号时域
i) 32OFDM调制加噪信号时域　j) 32OFDM调制加噪信号频域
k) 32OFDMf0 I路解调信号时域　l) 32OFDMf0 I路调制加噪信号频域
m) 32OFDMf0 Q路解调信号时域　n) 32OFDMf0 Q路调制加噪信号频域
o) 32OFDMf1 I路解调信号时域　p) 32OFDMf1 Q路解调信号时域

图 10-11　$M_f=2$，$M_{ac}=4$，$M_{as}=4$ 的 OFDM 调制及基带相干解调仿真图

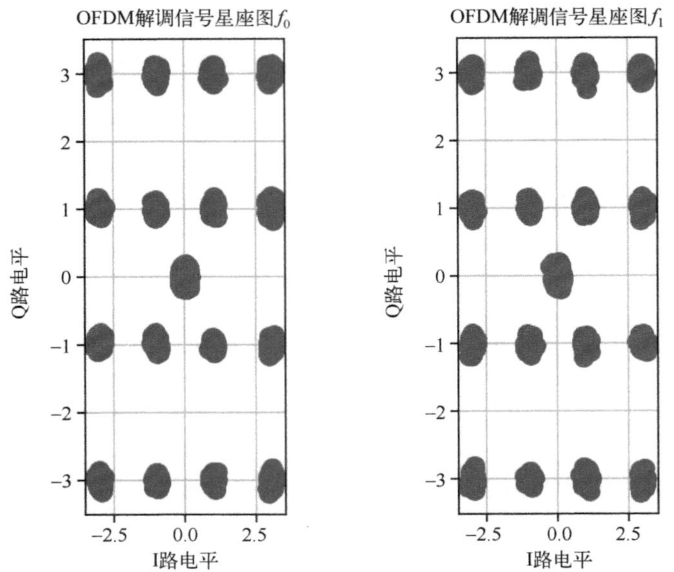

图 10-11　$M_f=2$，$M_{ac}=4$，$M_{as}=4$ 的 OFDM 调制及基带相干解调仿真图（续）

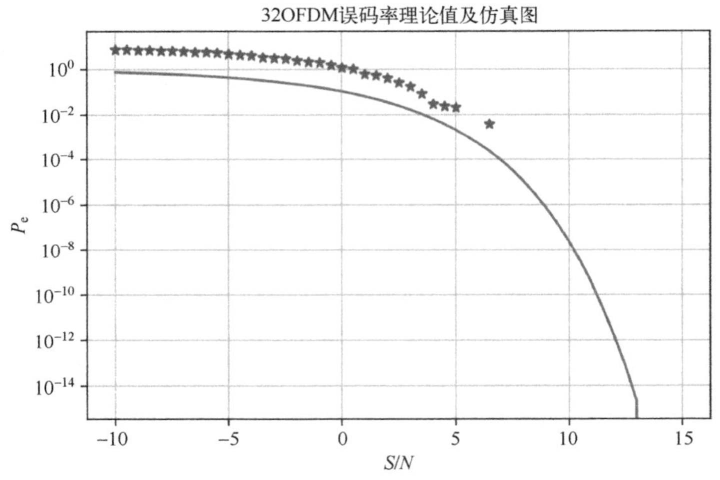

图 10-12　$M_f=2$，$M_{ac}=4$，$M_{as}=4$ 的 OFDM 及基带相干解调仿真误码率图

10.4　FSK、ASK 和 PSK 融合调制与解调

FSK、ASK 和 PSK 融合调制就是采用三个不同的基带信号分别调制幅度、频率和相位。FSK、ASK 和 PSK 融合调制信号可以表示为

$$u_{\mathrm{ODFM}}(t)=\sum_{n=-\infty}^{\infty}a_m g(t-nT_s)\cos\left[2\pi(n\Delta f+f_c)t+\frac{2\pi a_p}{M_p}\right]$$

第 n 个 T_s时间信号为

$$u_{\text{OFDM}}(t)=a_m g(t-nT_s)\cos\left[2\pi(n\Delta f+f_c)t+\frac{2\pi a_p}{M_p}\right]$$
$$=a_m g(t-nT_s)\left\{\cos\left(\frac{2\pi a_p}{M_p}\right)\cos[2\pi(n\Delta f+f_c)t]\right.$$
$$\left.-\sin\left(\frac{2\pi a_p}{M_p}\right)\sin[2\pi(n\Delta f+f_c)t]\right\}$$

根据 MFSK 中的理论知道，只要 Δf 为 $1/(2T_s)$ 的整数倍，不同频率就是正交的。故解调分别用 $u_{\text{OFDM}}(t)*g(t-nT_s)\cos[2\pi(n\Delta f+f_c)t]$ 和 $u_{\text{OFDM}}(nT_s)*[-g(t-nT_s)]\sin[2\pi(n\Delta f+f_c)t]$，分别积分抽样后得到

$$r_{\text{OFDMc}}(t)=\int_0^{T_s}u_{\text{ODFM}}(t)a_m\cos[2\pi(n\Delta f+f_c)t]\mathrm{d}t$$
$$=a_m\left\{\frac{\sin[2\pi(n-m)\Delta fT_s]}{2\pi(n-m)\Delta fT_s}\cos\left(\frac{2\pi a_p}{M_p}\right)\right.$$
$$\left.-\frac{\cos[2\pi(n-m)\Delta fT_s]-1}{2\pi(n-m)\Delta fT_s}\sin\left(\frac{2\pi a_p}{M_p}\right)\right\}$$
$$r_{\text{OFDMs}}(t)=\int_0^{T_s}u_{\text{ODFM}}(t)a_m\sin[2\pi(n\Delta f+f_c)t]\mathrm{d}t$$
$$=a_m\left\{\frac{\cos[2\pi(n-m)\Delta fT_s]-1}{2\pi(n-m)\Delta fT_s}\cos\left(\frac{2\pi a_p}{M_p}\right)\right.$$
$$\left.+\frac{\sin[2\pi(n-m)\Delta fT_s]}{2\pi(n-m)\Delta fT_s}\sin\left(\frac{2\pi a_p}{M_p}\right)\right\}$$

只有 $m=n$ 时才有值，其他情况 $m\neq n$ 时为 0。首先计算所有频率的 $\sqrt{r_{\text{OFDMc}}(t)^2+r_{\text{OFDMs}}(t)^2}$，根据结果最大值判断出信号调制所采用的频率，然后再依次判断其幅度和相位。

根据 MFSK 误码率：

$$p_e<(M-1)\operatorname{erfc}(\sqrt{r})$$

根据 MASK 的误码率可知：

$$p_e=\frac{2(M-1)}{M}Q\left(\sqrt{\frac{6\log_2 Mr}{M^2-1}}\right)$$
$$r=\frac{a^2}{2\sigma^2}$$

根据 MPSK 的误码率可知：

$$p_e=\frac{(M_p-1)}{M_p}Q\left(\sqrt{\frac{6\log_2 M_p r}{M_p^2-1}}\right)$$
$$r=\frac{a^2}{2\sigma^2}$$

M_f、M_m和 M_p分别为频率、幅度 1 和幅度 2 的个数，则 FSK、ASK 和 PSK 融合调制其理论误码率为

$$P_e<1-(1-P_{eMf})(1-P_{eMm})(1-P_{eMp})$$

【例 10-4】仿真随机三个基带信号即 a_f 为二进制；a_m 为二进制；a_p 为八进制分别对载波信号的频率、幅度和相位进行调制的 32 进制 FSK、ASK 和 PSK 融合调制。采用单极性的理想低通波形 $g(t)$，$t_b=1$，$\Delta f=4$ Hz，$f_c=20$ H 的余弦波进行 FSK、ASK 和 PSK 融合调制，经过基带相干解调后检测的图形，输出脉冲波形、调制信号和解调后信号的图形及仿真误码率。

$$g(t)=\begin{cases}\sqrt{2}, & 0\leqslant t\leqslant t_b\\ 0, & 其他\end{cases}$$

注意仿真中白噪声功率谱为 N_0，在理论计算时要转换一下。仿真结果如图 10-13 和图 10-14 所示，在 SNR = 15 dB 时仿真的结果如下。

基带随机信号前 10 个：[5 11 12 8 31 9 11 5 15 0]

解调基带随机信号前 10 个：[5 11 12 8 31 9 11 5 15 0]

f 基带随机信号前 10 个：[0 0 0 0 1 0 0 0 0 0]

f 解调基带随机信号前 10 个：[0 0 0 0 1 0 0 0 0 0]

幅度基带随机信号前 10 个：[0 1 1 1 1 1 1 0 1 0]

幅度解调基带随机信号前 10 个：[0 1 1 1 1 1 1 0 1 0]

相位基带随机信号前 10 个：[5 3 4 0 7 1 3 5 7 0]

相位解调基带随机信号前 10 个：[5 3 4 0 7 1 3 5 7 0]

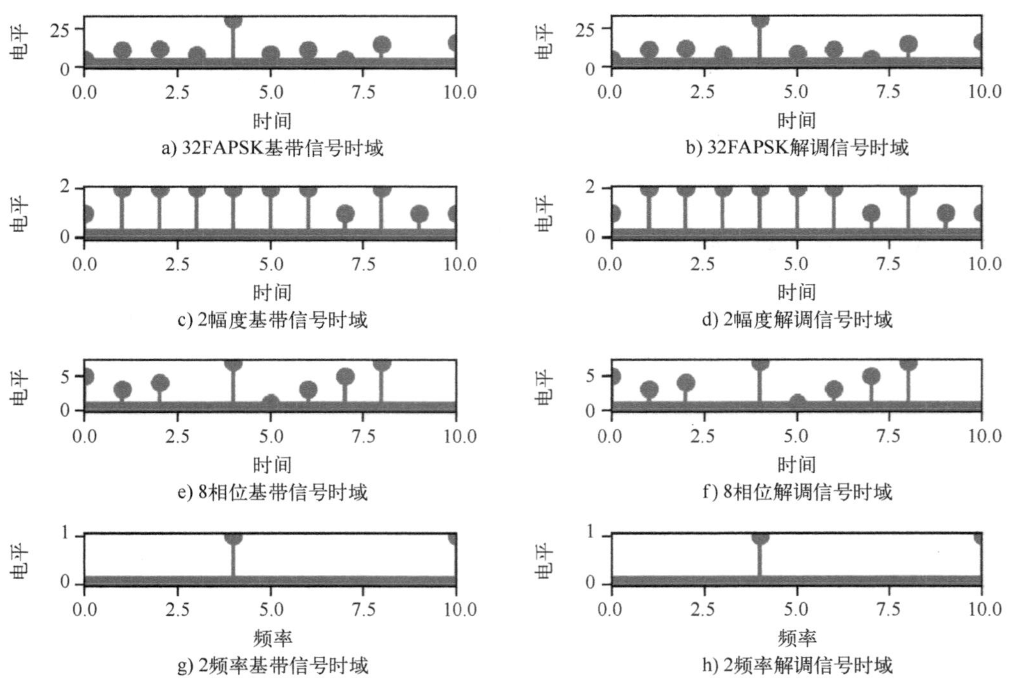

图 10-13 $M_f=2$，$M_a=2$，$M_p=8$ 的 FAPSK 调制及基带相干解调仿真图

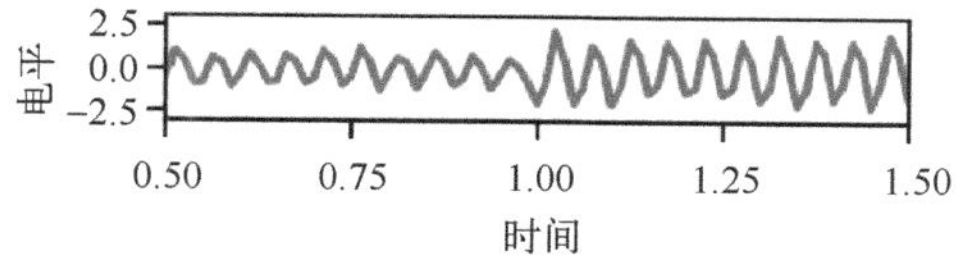

i) 32FAPSK调制加噪信号时域

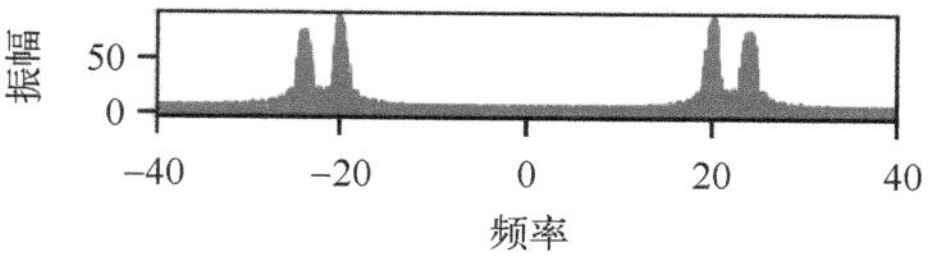

j) 32FAPSK调制加噪信号频域

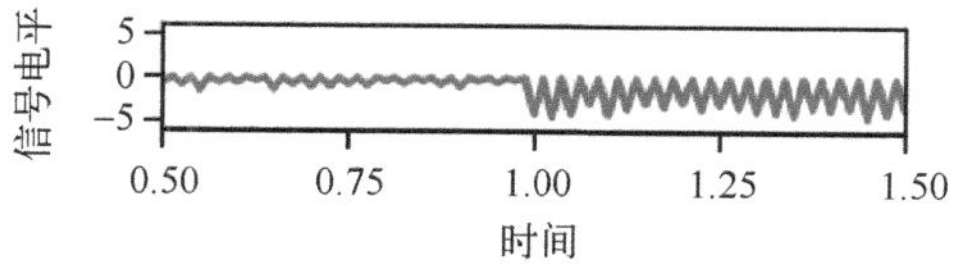

k) 32FAPSKf0 I路解调信号时域

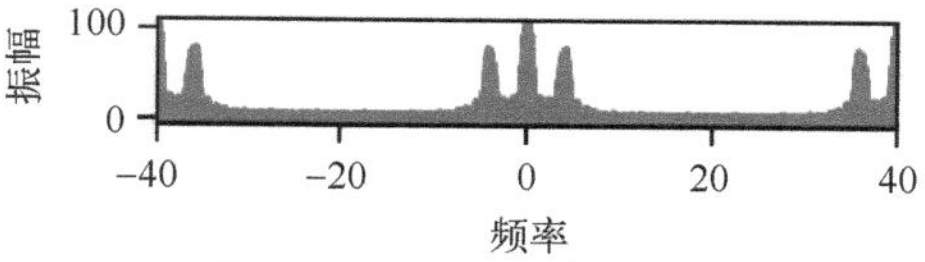

l) 32FAPSKf0 I路调制加噪信号频域

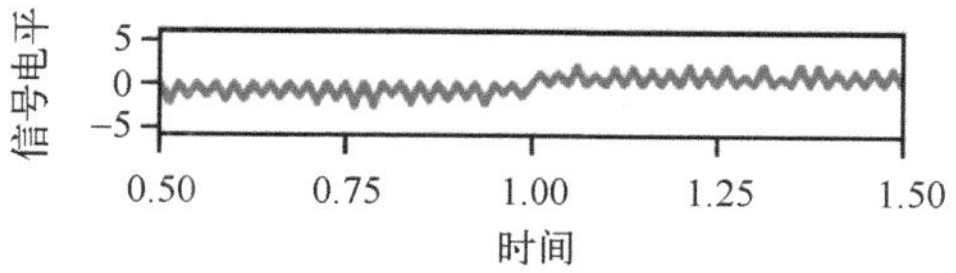

m) 32FAPSKf0 Q路解调信号时域

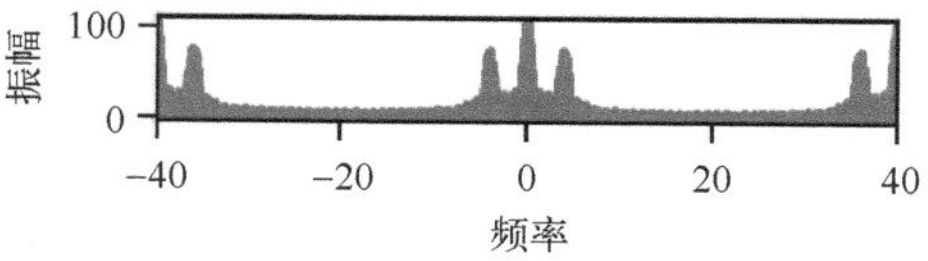

n) 32FAPSKf0 Q路调制加噪信号频域

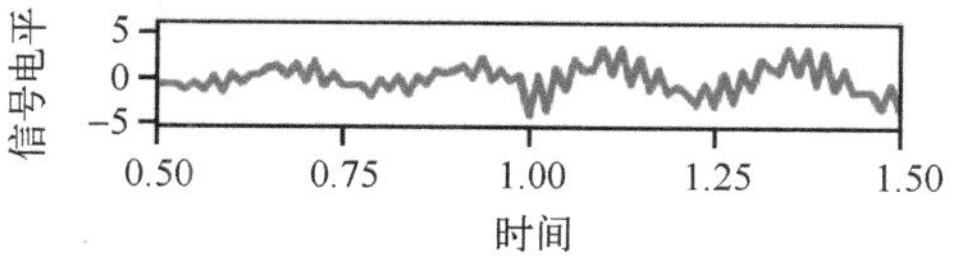

o) 32FAPSKf1 I路解调信号时域

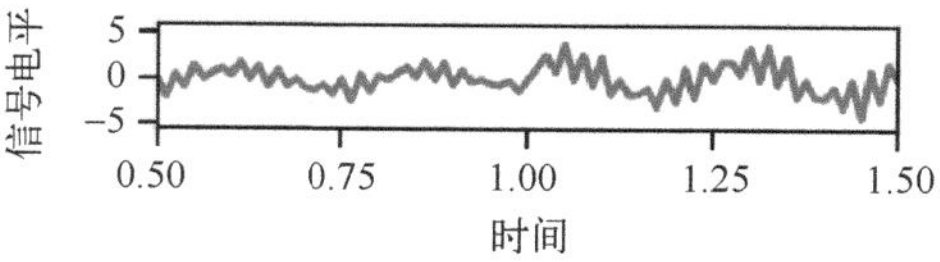

p) 32FAPSKf1 Q路解调信号时域

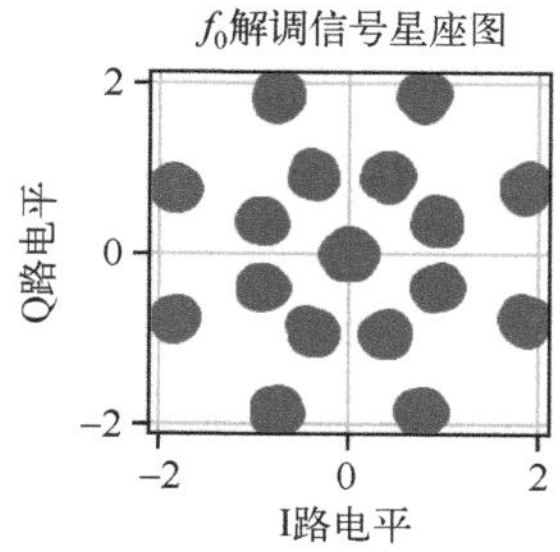

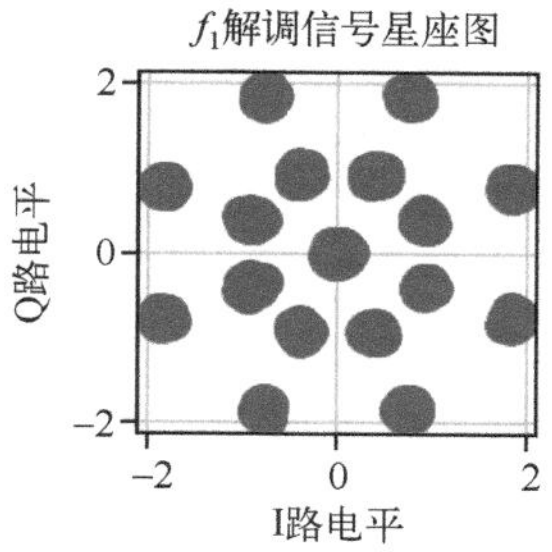

f_0解调信号星座图

f_1解调信号星座图

图 10-13　$M_f=2$，$M_a=2$，$M_p=8$ 的 FAPSK 调制及基带相干解调仿真图（续）

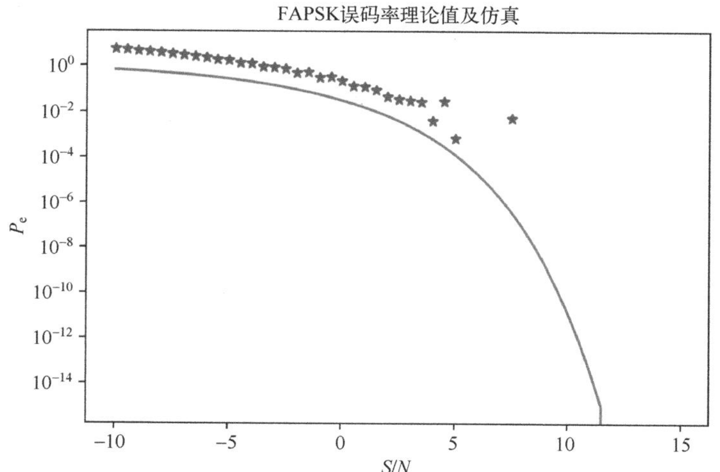

图 10-14　$M_f=2$，$M_a=2$，$M_p=8$ 的 FAPSK 调制及基带相干解调仿真误码率图

第 11 章　信 道 编 码

从模拟调制或数字传输的介绍中可以了解到，信号传输过程中会产生误码或信号失真，进而影响整个系统的性能，除了在调制方面进行改进外，也可采用编码技术，在传输的信息中通过增加冗余的信息、降低传输的速率，来提高通信的可靠性，以速率换可靠性。

信道编码的原理是在传输信息的同时加入冗余信息，通过信息冗余来达到信道差错控制的目的。当接收机接收到冗余信息译码后不需要反馈的称为前向纠错译码（FEC），需要反馈的称为自动请求重发（ARQ）。信道编码主要有分组编码和卷积码。分组编码是将输入信息分成若干组，组之间独立不相关，各组独立编码。卷积码则是不仅和当前输入信息相关，还与前面输入信息有关。

11.1　分组编码

分组编码是将信源的信息序列分成独立的块，然后对块进行处理，如将每 k 个信息位分为一组进行独立处理（重复或线性计算），变换成长度为 $n(n>k)$ 的二进制码组后，再进行编码，此类编码统称为分组码。常见的分组码有重复编码，线性分组码和循环编码。

11.1.1　重复编码

最简单的分组编码是重复编码，其编码思路是将信源序列选择固定长度，然后重复奇数次 n 进行发送。解码思路是多数判决法，在接收序列按固定长度分为 n 段，然后统计每段序列中每位接收的次数，按接收次数多判决为正确译码，类似多数表决法。

例如：将“01010”重复 5 次发送，即“0101001010010100101001010”，假设接收为“0101101010010110101101010”，解码具体参见表 11-1，根据解码表，最后还是能正确解码，可见重复编码可以降低信道传输的误码率。

表 11-1　重复码解码表

内　容	第一位	第二位	第三位	第四位	第五位	合并
第一段	0	1	0	1	1	01011
第二段	0	1	0	1	0	01010
第三段	0	1	0	1	1	01011
第四段	0	1	0	1	1	01011
第五段	0	1	0	1	0	01010
0 次数	5	0	5	0	2	—
1 次数	0	5	0	5	3	—
判决	0	1	0	1	0	01010

假设重复编码前二进制对称信道的误码率为 p_e，则重复 n 次后的误码率为

$$p_{\text{repeat-e}} = \sum_{k=(n+1)/2} C_n^k p_e^k (1-p_e)^{n-k}$$

【例 11-1-1】仿真分析 BPSK 基带相干解调，信号采用信道重复编码，$n=5$ 的误码率并画出前后误码的对比图。BPSK 二进制的误码率为

$$p_e = Q(\sqrt{2r})$$

从仿真结果表 11-2 和图 11-1 可知，重复编码比无编码的误码率要低，误码率得到了大大的提升，但传输速率下降了 5 倍。

表 11-2　BPSK 重复编码前后误码率表

S/N	无编码误码率	重复编码误码率	*S/N*	无编码误码率	重复编码误码率
-15	0.1311	0.0183	-2	0	0
-14	0.1035	0.0089	-1	0	0
-13	0.0772	0.0049	0	0	0
-12	0.0545	0.0016	1	0	0
-11	0.0367	0.0004	2	0	0
-10	0.0253	0.0001	3	0	0
-9	0.0114	0	4	0	0
-8	0.0059	0	5	0	0
-7	0.0022	0	6	0	0
-6	0.0008	0	7	0	0
-5	0	0	8	0	0
-4	0	0	9	0	0
-3	0	0	10	0	0

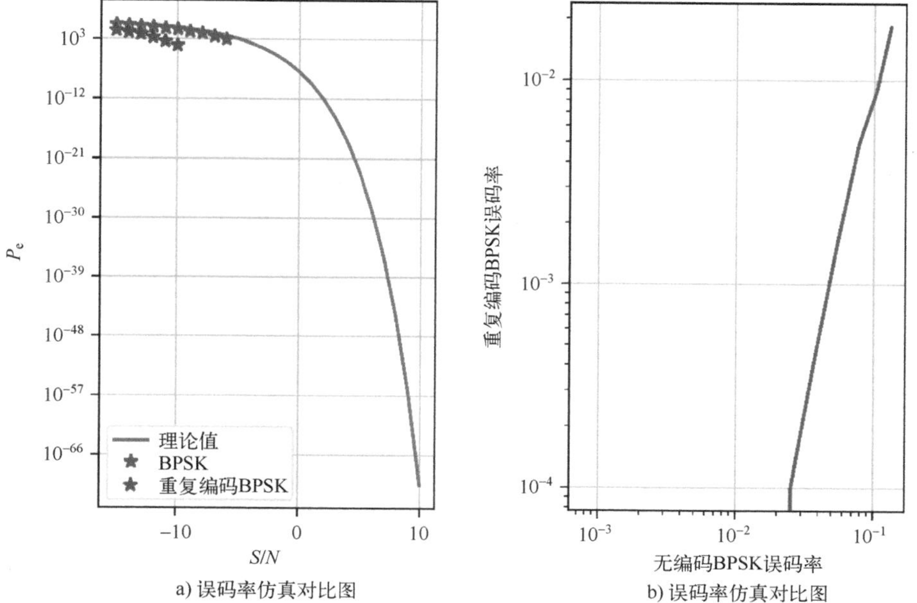

图 11-1　BPSK 无编码和重复编码误码率对比图

11.1.2 线性分组码

线性分组码是最重要和应用最广泛的编码。如果任意两个码字的线性组合还是一个码字，这种分组码就是线性分组码。在介绍线性分组码前，先介绍几个概念。

输出的不同码字间的汉明距离定义为两个码字间不相同的比特位的和。

$$d_{\mathrm{H}}(c_i,c_j)=d_{ij}=\sum_{k=1}^{n}(c_{ik}\oplus c_{jk})$$

最小的汉明距离：

$$d_{\min}=\min_{i\neq j} d_{ij}$$

码的重量 w：每个码中非 0 的个数。

若最小码间 $d_{\min}\geqslant e+1$，则可以检测出不大于 e 个码字的错误。若 $d_{\min}\geqslant 2t+1$，则一定能纠正 t 个以内码字的错误，若 $d_{\min}\geqslant t+e+1(e>t)$，则在能纠正 t 个错误码字的同时，还可检测出 e 个错误码字。

线性分组码是通过生成矩阵 $\boldsymbol{G}$ 来产生，它是一个 $k\times n$ 的二进制矩阵，k 为信息位，$n-k$ 为增加的冗余位，即监督位。每个码字 c 可以表示为

$$\boldsymbol{c}=\boldsymbol{u}\boldsymbol{G}\quad 其中:\boldsymbol{u}=[a_{n-1}a_{n-2}a_{n-3}\cdots a_{n-k}]$$

设 $\boldsymbol{u}$ 为输入码字空间，$\boldsymbol{c}$ 为输出码字空间，(n,k) 编码规则生成矩阵为 $\boldsymbol{G}$，这里的运算符号是模 2 运算。

例如线性分组码（7，4），每个 $\boldsymbol{c}$ 码长度为 7，$\boldsymbol{u}$ 输入码字空间为 4，假定：

$$\boldsymbol{G}=\begin{bmatrix}1&0&0&0&1&1&0\\0&1&0&0&0&1&1\\0&0&1&0&1&1&1\\0&0&0&1&1&0&1\end{bmatrix}$$

将其变换为代数式：

$$\boldsymbol{c}=\boldsymbol{u}\boldsymbol{G}=[a_6a_5a_4a_3]\left[\begin{array}{cccc:ccc}1&0&0&0&1&1&0\\0&1&0&0&0&1&1\\0&0&1&0&1&1&1\\0&0&0&1&1&0&1\end{array}\right]$$

根据$[a_6a_5a_4a_3]$的 16 种情况，可以生成所有的码字 $\boldsymbol{c}$，像这种码字的信息位在前面，监督位在后面的码字称为系统码。

$$\boldsymbol{G}=[\boldsymbol{I}_k\quad \boldsymbol{Q}]$$

其中 $\boldsymbol{I}_k$为 $k\times k$ 的单位矩阵，这种生成矩阵 $\boldsymbol{G}$ 称为典型生成矩阵。在译码时，找到监督矩阵 $\boldsymbol{H}$，并保证正确译码时有

$$\boldsymbol{c}\boldsymbol{H}^{\mathrm{T}}=0$$

其中，$\boldsymbol{H}^{\mathrm{T}}$为 $\boldsymbol{H}$ 的转置矩阵，$\boldsymbol{H}$ 为$(n-k)\times n$ 的矩阵代入 $\boldsymbol{c}=\boldsymbol{u}\boldsymbol{G}$ 得

$$\boldsymbol{G}\boldsymbol{H}^{\mathrm{T}}=0$$

若 $\boldsymbol{G}$ 为典型生成矩阵，则 $\boldsymbol{H}$：

$$\boldsymbol{H}=[\boldsymbol{P}\quad \boldsymbol{I}_k]\quad 其中\ \boldsymbol{P}=\boldsymbol{Q}^{\mathrm{T}}$$

$$H=\left[\begin{array}{cccc:ccc}1&0&1&1&1&0&0\\1&1&1&0&0&1&0\\0&1&1&1&0&0&1\end{array}\right]$$

假定译码 $r=c+e$（模 2 运算），c 为正确译码，e 为错误矩阵，为 1 的代表有错，0 无错误。则：

$$\boldsymbol{s}=r\boldsymbol{H}^{\mathrm{T}}=c\boldsymbol{H}^{\mathrm{T}}+e\boldsymbol{H}^{\mathrm{T}}=0+e\boldsymbol{H}^{\mathrm{T}}=e\boldsymbol{H}^{\mathrm{T}},\quad \boldsymbol{s}\text{ 为监督矩阵}$$

$$\boldsymbol{e}=\boldsymbol{s}[\boldsymbol{H}^{\mathrm{T}}]^{-1}\quad \text{其中}[\boldsymbol{H}^{\mathrm{T}}]^{-1}\text{为}[\boldsymbol{H}^{\mathrm{T}}]\text{的逆矩阵}$$

纠错算式：$\boldsymbol{r}_{\mathrm{ham}}=\boldsymbol{r}+\boldsymbol{e}$(模 2 运算)

这样就可实现通过接收比特 $\boldsymbol{r}$ 和计算的 $\boldsymbol{e}$ 误码矩阵来纠正一些误码，从而提高误码率。

【例 11-1-2】仿真线性分组码（7，4），生成矩阵 $\boldsymbol{G}$ 为

$$G=\begin{bmatrix}1&0&0&0&1&1&0\\0&1&0&0&0&1&1\\0&0&1&0&1&1&1\\0&0&0&1&1&0&1\end{bmatrix}$$

（1）求出所有汉明码并计算最小汉明距离。

（2）输入比特为［1 1 0 0 1 1 1 1 1 0 0 1 0 1 1 0］时，仿真计算其线性分组编码比特并仿真输出接收比特为［0 1 0 0 1 0 1 0 1 1 1 1 1 1 1 0 0 1 0 1 1 0 1 1 0 1 0 0］的译码纠错能力。

仿真前由 $\boldsymbol{G}$ 求出 $\boldsymbol{Q}$ 矩阵，进而计算出 $\boldsymbol{H}$ 矩阵。仿真输出结果如表 11-3 所示。

表 11-3　（7，4）汉明码编码表

输入码字空间	输出码字空间	输入码字空间	输出码字空间
0000	0000000	1000	1000110
0001	0001101	1001	1001011
0010	0010111	1010	1010001
0011	0011010	1011	1011100
0100	0100011	1100	1100101
0101	0101110	1101	1101000
0110	0110100	1110	1110010
0111	0111001	1111	1111111

最小汉明距离＝3.0

输入比特：[1 1 0 0 1 1 1 1 1 0 0 1 0 1 1 0]

分组编码输出比特：[1 1 0 0 1 0 1 1 1 1 1 1 1 1 1 0 0 1 0 1 1 0 1 1 0 1 0 0]

接收比特：[0 1 0 0 1 0 1 0 1 1 1 1 1 1 1 0 0 1 0 1 1 0 1 1 0 1 0 0]

译码比特：[1 1 0 0 1 1 1 1 1 0 0 1 0 1 1 0]

从接收比特可以看到，当每组输入码字空间中有 1 个误码时，译码时是可以正确纠正的，降低了系统误码率。

【例 11-1-3】仿真分析 BPSK 基带相干解调，信道采用线性分组码（7，4），生成矩阵 $\boldsymbol{G}$ 为

$$G=\begin{bmatrix}1 & 0 & 0 & 0 & 1 & 1 & 0\\0 & 1 & 0 & 0 & 0 & 1 & 1\\0 & 0 & 1 & 0 & 1 & 1 & 1\\0 & 0 & 0 & 1 & 1 & 0 & 1\end{bmatrix}$$

仿真分析编码前后的误码率并画出前后误码的对比图。BPSK 二进制的误码率为

$$p_e=Q(\sqrt{2r})$$

从仿真结果表 11-4 和图 11-2 可知，线性分组编码比无编码的误码率要低，误码率得到的提升，但传输的速率为原来的 4/7。误码率改进效果比 5 次重复编码要差一些，但其兼顾了传输的速率。

表 11-4　BPSK 分组编码前后误码率表

S/N	无编码误码率	分组编码误码率	S/N	无编码误码率	分组编码误码率
-10	0.0242143	0.0095	1	0	0
-9	0.0135714	0.003375	2	0	0
-8	0.00585714	0.00125	3	0	0
-7	0.00164286	0.00025	4	0	0
-6	0.000785714	0.000625	5	0	0
-5	7.14286e^{-5}	0	6	0	0
-4	0	0	7	0	0
-3	0	0	8	0	0
-2	0	0	9	0	0
-1	0	0	10	0	0
0	0	0	—	—	—

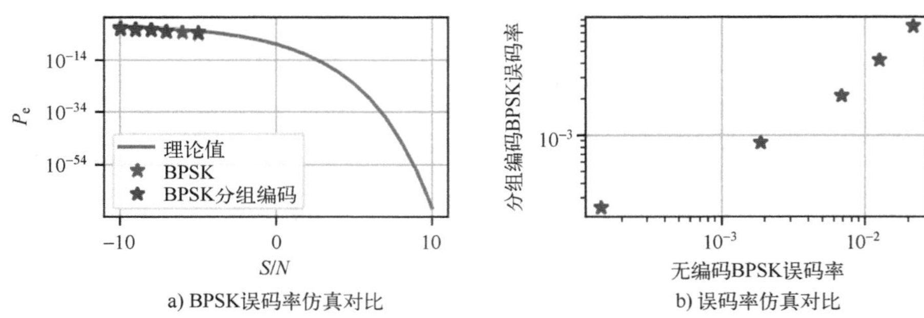

a) BPSK误码率仿真对比　　b) 误码率仿真对比

图 11-2　BPSK 无编码和（7，4）线性分组编码误码率对比图

11.1.3　循环编码

循环码是线性分组码中的一种，除了具有线性分组码的特性外，码字还有循环性，即任何码字移位后仍然是码字。循环码有更严格的约束，有助于提高其纠错和检错能力，也易于

用硬件实现，在计算机系统和通信中得到广泛应用。

假设 c 是一个 n 元的(n,k)循环码，其码字表示为 $c=(c_{n-1},c_{n-2},c_{n-3}\cdots c_0)$，在代数编码理论中，用多项式的系数来表示码组：

$$T(x)=c_{n-1}x^{n-1}+c_{n-2}x^{n-2}+c_{n-3}x^{n-3}\cdots+c_0$$

c_{n-1}为码字 0 或 1；x 没有任何意义，只是符号；+表示模 2 计算。循环码中存在：

$$x^iT(x)\equiv T(x)\quad (\text{模 } x^n+1)$$

循环编码有两种方法，信息位在编码组 c 的后面时为非系统编码，信息位在编码组 c 的前面时为系统编码，系统编码更明显区分信息位。

非系统编码为

$$\text{信息位}:m(x)=a_0+a_1x^1\cdots+a_{k-1}x^{k-1}$$

$$\text{编码位}:c(x)=m(x)g(x)$$

系统编码为

$$\text{信息位}:m(x)=a_0x^{n-1}+a_1x^{n-2}\cdots+a_{k-1}x^{n-k}$$

编码位：$c(x)=m(x)+r(x)$，$r(x)$为 $m(x)$模 $g(x)$余数；$q(x)$为 $m(x)$模 $g(x)$整数。

系统编码循环码的生成多项式为

$$\boldsymbol{G}(x)=\begin{vmatrix} x^{k-1}g(x)\\ \cdots \\ xg(x)\\ g(x)\end{vmatrix}\quad g(x)\text{为}(n-k)\text{次多项式}$$

在（7，4）循环码中：

$$x^7+1=(x+1)(x^3+x^2+1)(x^3+x+1)$$

$$g1(x)=(x^3+x^2+1)\text{或 } g2(x)=(x^3+x+1)$$

例如：选择 $g2(x)$做生成码时，$\boldsymbol{G}(x)$为

$$\boldsymbol{G}(x)=\begin{vmatrix} x^{k-1}g(x)\\ \cdots \\ xg(x)\\ g(x)\end{vmatrix}=\begin{vmatrix}1&0&1&1&0&0&0\\0&1&0&1&1&0&0\\0&0&1&0&1&1&0\\0&0&0&1&0&1&1\end{vmatrix}$$

信息码为 0001。其非系统编码时，$m(x)=x^3$，$c(x)=m(x)g2(x)=x^6+x^4+x^3$，则编码 $c=1011000$；系统编码时，$m(x)=x^3$，$c(x)=m(x)+r(x)=x^3+x+1$，则编码 $c=0001011$。

循环码译码的校验多项式和 $g(x)$关系为

$$h(x)=\frac{x^n-1}{g(x)}=h_0x^k+h_1x^{k-1}+\cdots h_k$$

$$\boldsymbol{H}(x)=\begin{vmatrix} x^{n-k-1}h(x)\\ \cdots \\ xh(x)\\ h(x)\end{vmatrix}=\begin{vmatrix}h_0&h_1&h_2&\cdots&h_k&0&0\\0&h_0&h_1&h_2&\cdots&h_k&0\\0&0&h_0&h_1&h_2&\cdots&h_k\end{vmatrix}$$

而且当且仅当有一个码字 $c(x)h(x)=0$，可以纠错 x^n位信息的错误。

选择 $g2(x)=(x^3+x+1)$时，$h(x)=(x^4+x^2+x+1)$，则 $h(x)$为

$$H(x)=\begin{vmatrix}1&1&1&0&1&0&0\\0&1&1&1&0&1&0\\0&0&1&1&1&0&1\end{vmatrix}$$

故循环码的译码过程为

1）根据码字 c 及其生成多项式 $g(x)$，构造校验多项式 $h(x)$，分别生成 $\boldsymbol{G}(X)$ 和 $\boldsymbol{H}(x)$。

2）接收比特 b，计算其伴随 $S(b)=b\boldsymbol{H}^{\mathrm{T}}$。

若 $S(b)$ 等于零，则认为传输过程没有发生错误，b 就是发送码字。

若 $S(b)$ 不等于零，则 $S(b)$ 可表示为 $a_i=1=b(\boldsymbol{H}_i)^{\mathrm{T}}$，其中 $0\neq b$，$0\leqslant i\leqslant n-1$（从 0 开始计算），则认为 b 中的第 i 个分量发生错误，b_i 被译为码字 b_i-a_i，其余分量为零。

例如：若 $\boldsymbol{H}(x)$ 为

$$H(x)=\begin{vmatrix}1&1&1&0&1&0&0\\0&1&1&1&0&1&0\\0&0&1&1&1&0&1\end{vmatrix}$$

接收到 $b=0110010$，$S(b)=a_i=1=\ bH^{\mathrm{T}}=011=1*H_3^{\mathrm{T}}$，所以发送码字为 0111010，也即代表信息源 0111。

【例 11-1-4】仿真循环码组码（7，4），生成矩阵 $\boldsymbol{G}$ 和校验矩阵 $\boldsymbol{H}$ 分别为：

【例 11-1-4】代码

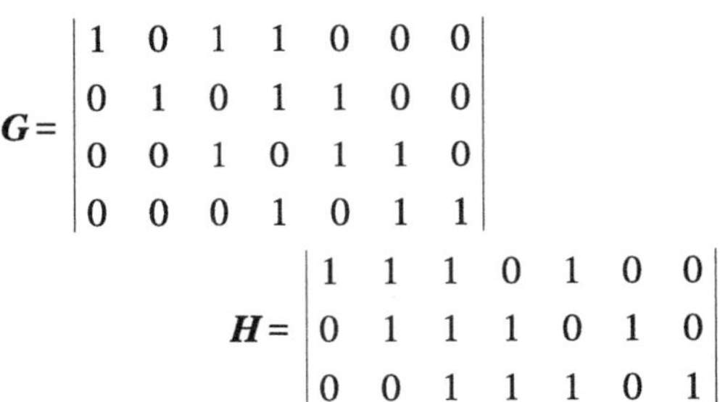

$$\boldsymbol{G}=\begin{vmatrix}1&0&1&1&0&0&0\\0&1&0&1&1&0&0\\0&0&1&0&1&1&0\\0&0&0&1&0&1&1\end{vmatrix}$$

$$\boldsymbol{H}=\begin{vmatrix}1&1&1&0&1&0&0\\0&1&1&1&0&1&0\\0&0&1&1&1&0&1\end{vmatrix}$$

（1）求出所有循环码和最小汉明距离。

（2）输入比特为［1 1 0 0 1 1 1 1 1 0 0 1 0 1 1 0］时，仿真其线性分组编码比特，仿真输出接收比特为［0 1 0 0 0 1 0 0 1 1 1 1 1 1 1 0 0 1 1 1 0 0 1 1 0 0 0 1］的译码纠错能力。

仿真前根据生成 $\boldsymbol{G}$ 矩阵，循环码得仿真输出结果如表 11-5 所示。

表 11-5 （7，4）循环码系统编码表

输入码字空间	输出码字空间	输入码字空间	输出码字空间
0000	0000000	1000	1000101
0001	0001011	1001	1001110
0010	0010110	1010	1010011
0011	0011101	1011	1001110
0100	0100111	1100	1101001
0101	0101100	1101	1110100
0110	0110001	1110	1110100
0111	0111010	1111	1111111

最小汉明距离 dim=3.0。

输入比特 d：[1 1 0 0 1 1 1 1 1 0 0 1 0 1 1 0]。

分组编码输出比特 a：[1 1 0 0 0 1 0 1 1 1 1 1 1 1 1 0 0 1 1 1 0 0 1 1 0 0 0 1]。

接收比特 b：[0 1 0 0 0 1 0 0 1 1 1 1 1 1 1 0 0 1 1 1 0 0 1 1 0 0 0 1]。

译码接收比特 r：[1 1 0 0 0 1 0 1 1 1 1 1 1 1 1 0 0 1 1 1 0 0 1 1 0 0 0 1]。

译码比特 y：[1 1 0 0 1 1 1 1 1 0 0 1 0 1 1 0]。

从接收比特可以看到，当每组输入码字空间中有 1 个误码时，译码时是可以正确纠正的，降低了系统误码率。

【例 11-1-5】 仿真分析 BPSK 基带相干解调，信道采用循环编码（7，4），生成矩阵及校验矩阵 $\boldsymbol{G}$ 和 $\boldsymbol{H}$ 分别为

$$\boldsymbol{G}=\begin{vmatrix}1&0&1&1&0&0&0\\0&1&0&1&1&0&0\\0&0&1&0&1&1&0\\0&0&0&1&0&1&1\end{vmatrix}$$

$$\boldsymbol{H}=\begin{vmatrix}1&1&1&0&1&0&0\\0&1&1&1&0&1&0\\0&0&1&1&1&0&1\end{vmatrix}$$

仿真分析编码前后的误码率并画出前后误码的对比图。BPSK 二进制的误码率为

$$p_e=Q(\sqrt{2r})$$

从仿真结果表 11-6 和图 11-3 可知，循环编码比无编码的误码率要低，误码率得到较大的提升，但传输的速率为原来的 4/7，而且误码率改进的效果也比线性分组编码要好很多，因为循环码首先是线性分组码，然后还增加了循环特性。

表 11-6 BPSK 循环编码前后误码率表

S/N	无编码误码率	循环编码误码率	S/N	无编码误码率	循环编码误码率
-10	0.0236	0.004	1	0	0
-9	0.0124	0.0015	2	0	0
-8	0.00531429	0.0002	3	0	0
-7	0.00245714	0	4	0	0
-6	0.000742857	0	5	0	0
-5	0.000285714	0	6	0	0
-4	0	0	7	0	0
-3	0	0	8	0	0
-2	0	0	9	0	0
-1	0	0	10	0	0
0	0	0			

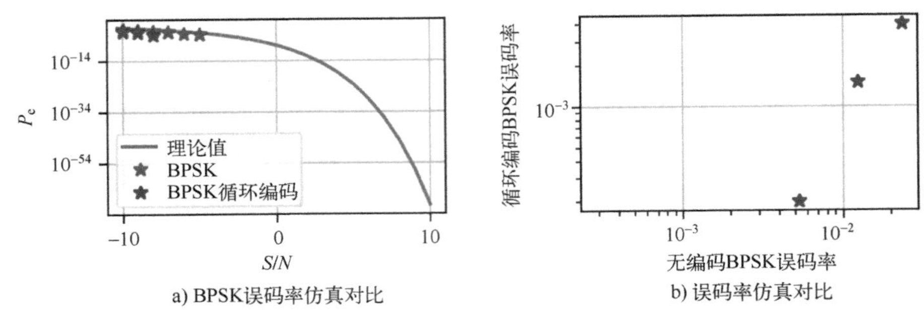

图 11-3 BPSK 无编码和（7，4）循环编码误码率对比图

11.2 卷积编码

卷积编码是由 Elias 等人提出的，是一种非常有用的编码。卷积码是由连续输入的信息序列编码得到连续输出的编码序列，编码序列不仅和现在的输入码有关，还和前面输入码有关。根据是否有反馈，卷积编码又分为非反馈的卷积编码和有反馈的卷积编码（也称为递归卷积编码 RSC）。

11.2.1 非反馈卷积编码

卷积码和前面的分组编码有相同点和不同点。相同点都是线性码，可以通过线性代数生成，不同点是循环码都只和当前输入比特相关，与前面时刻的输入比特均无关，而卷积码不仅和当前输入比特相关，还和以前时刻输入的 L 个比特有关，属于有记忆的码。

在卷积码中，每 k 个信息比特映射为 n 信道的输出比特，n 信道输出比特不仅和当前 k 个信息比特相关，还和前面时间的 L 个比特相关，L 称为约束卷积码长度。

图 11-4 就是一个最简单的（$n=2$，$k=1$，$L=2$）的卷积码生成图。

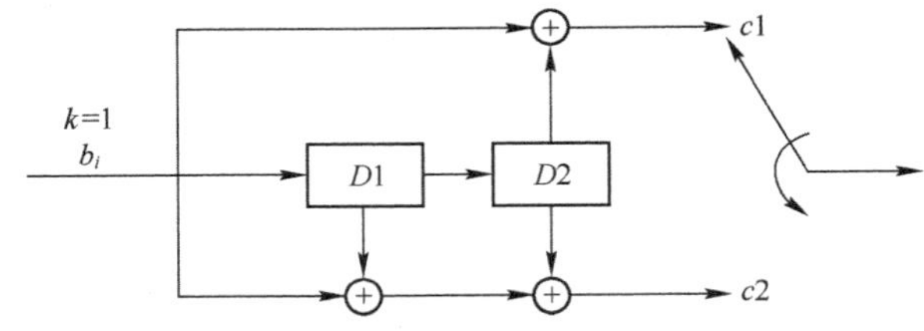

图 11-4 （2，1，2）卷积码生成示意图

在图中，$k=1$，表示每时刻只有 1 比特信息 b_i输入到 $D1$ 移位寄存器中，$D1$、$D2$ 是移位寄存器，根据状态不同，编码结果是不同的。假定 $D1$、$D2$ 初始状态一般都为 0。例如在 t_0 时隙，$D1=D2=0$，+表示模 2 运算。根据上述描述，则每时刻卷积编码的输出 $c1$ 和 $c2$ 为

$$D1=b_i$$
$$D2=D1$$
$$c1=b_i\oplus D2$$
$$c2=b_i\oplus D1\oplus D2$$

可以将上述式子改为矩阵代数式为：$[c1, c2] = [D2, D1, b_i] * \boldsymbol{G}$。其中 $\boldsymbol{G}$ 为

$$\boldsymbol{G} = \begin{vmatrix} 1 & 1 \\ 0 & 1 \\ 1 & 1 \end{vmatrix}$$

G 称为卷积码生成矩阵，有些书籍生成矩阵与之描述不同，主要是信息输入和状态 $D1$、$D2$ 的排序不同，本书是按$[D2, D1, b_i]$顺序排列，其他书可能会按$[b_i, D1, D2]$排列。

假设 $D1=D2=0$ 为初始状态，为了方便译码，还会在输入信息比特后面增加 $L*k$ 个 0，让其在输入 $L*k$ 比特信息后 $D1$、$D2$ 状态仍然为 0 状态，即：$D1=D2=0$。

假设输入比特为：1 1 0 0 1 1，后面增加 2 比特 0，即 1 1 0 0 1 1 0 0，假设初始状态为 $D1=D2=0$，则（2，1，2）卷积编码结果见表 11-7。

表 11-7　（2，1，2）卷积编码表

时　　隙	输入比特 bi	$D1$	$D2$	$c1$	$c2$
$t0$	—	0	0	—	—
$t1$	1	0	0	1	1
$t2$	1	1	0	1	0
$t3$	0	1	1	1	0
$t4$	0	0	1	1	1
$t5$	1	0	0	1	1
$t6$	1	1	0	1	0
$t7$	0	1	1	1	0
$t8$	0	0	1	1	1

卷积编码输出：1110101111101011。

根据 $D1$、$D2$ 状态 a、b、c 和 d 的转变，画出（2，1，2）卷积码的网格图如图 11-5 所示。

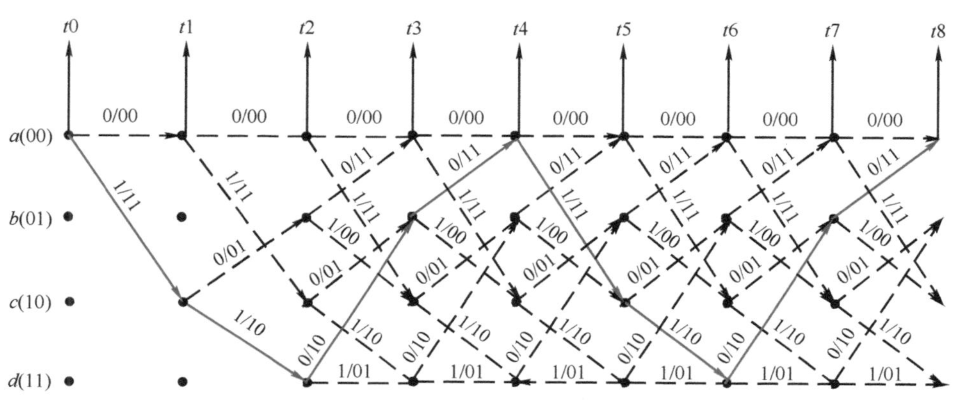

图 11-5　（2，1，2）卷积码生成网格图

画出（2，1，2）卷积码的状态转移图如图 11-6 所示，图中虚线表示输入为 0 比特信息导致的状态转移，实线表示输入为 1 比特信息导致的状态转移。

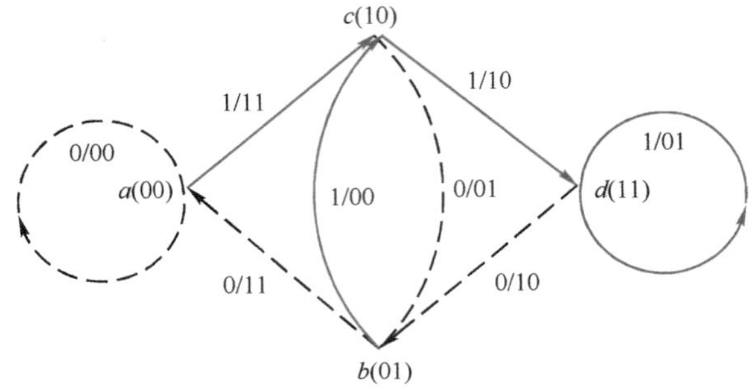

图 11-6 （2，1，2）卷积码生成状态转移图

参照图 11-4，上述卷积编码也可以采用多项式来描述。

$$g0=1+D^2$$
$$g1=1+D+D^2$$
$$G(D)=[g0\ g1]=[1+D^2\quad 1+D+D^2]$$

假设输入比特：1 1 0 0 1 1，等效多项式系数为 $b_i=1+D+D^4+D^5$，根据多项式运算：

$$[c1,c2]=b_i * G(D)=[1+D+D^2+D^3+D^4+D^5+D^6+D^7\quad 1+D^3+D^4+D^7]$$

则编码多项式系数为：[11111111 10011001]，最终编码为 1110101111101011，和生成矩阵计算是一致的。

卷积码的译码方法很多，比较实用的方法为 Viterbi 译码法，该方法计算简单，译码速度较快。主要原理是将接收到的信号比特和所有可能的发送信号比特进行比较，选择其中路径汉明距离最小的比特作为当前发送信号比特。路径汉明距离等于所有分支汉明距离之和。

假定（2，1，2）卷积码中，通过信道后接收的比特为：1 1 1 0 0 0 1 1 1 0 1 0 01 1 0，表 11-8 是 Viterbi 译码的方法。

第一步：根据 Viterbi，初始状态为 00，计算输入比特分别为 0 和 1 时的编码，计算 2 比特编码和第一段 $t0\sim t1$ 接收的 2 比特 11 的分支汉明距离和转移的下一状态，分支汉明距离为 2 或 0。初始状态 00 在分别输入为 0 和 1 后，状态转移为 00 和 10 状态。在 00 和 10 状态下，因为此时只有一个分支，故路径汉明距离等于分支汉明距离，分别为 2 和 0。由于转移后的状态没有多个 00 或 10 状态，故不需要比较，在 00 和 10 状态下标记[0,0]和[0,1]，分别表示在当前 0 状态下输入比特分别为 0 和 1，这主要是为后面译码准备。

第二步：计算 00、01、10、11 四个状态下分别输入 0、1 比特时编码比特与第二段 $t1\sim t2$ 接收的 2 比特 10 的分支汉明距离，由于此时是第二段分支，故路径汉明距离等于前段路径汉明距离和本分支汉明距离之和，若前段没有汉明距离的，则路径汉明距离不需要计算或假设无穷大。通过状态转移就出现了 00，01，10，11 四种状态，比较四种状态下，在路径汉明距离最小的状态下标记［当前状态，输入比特］。

第三步：方法和第二步相同，只是在第三步时计算完转移的状态 00，01，10，11 分别出现了 2 次，计算的路径汉明距离分别有两个结果，这是就要通过最小路径汉明距离来比较选择，当相同的时候，随便选择一个都可以。

第四步~第八步：方法和第三步相同。

第九步：比较第八步得到的路径汉明距离，选择最小的路径汉明距离 2 进行回溯，在状态 01 中，标记了[3,0]，则表明当前输入比特为 0，前一状态为 3；根据前一状态 3，查找到 *t*7 时隙状态 11 下标记为[3,1]，则表明当前输入比特为 1，前一状态为 3，依次译码，则结果为 11001110，由于编码时在最后两位增加了两个 0，所以译码时要将最后两个码删除，故最后译码为 110011。通过这样译码就纠正了接收比特的误码，达到降低误码率的效果，(2，1，2) 卷积译码见表 11-8。

表 11-8　(2，1，2) 卷积译码表

时隙	接收比特	输入比特	当前状态	编码	分支汉明距离	下一状态	路径汉明距离	下一状态最小路径汉明距离［当前状态，输入比特］				译码
								状态 00	状态 01	状态 10	状态 11	
*t*1	11	0	00	00	2	00	2	[0,0]				1
		1	00	11	0	10	0			[0,1]		
*t*2	10	0	00	00	1	00	3	[0,0]				1
		1	00	11	1	10	3			[0,1]		
		0	01	11	1	00	—					
		1	01	00	1	10	—					
		0	10	01	2	01	2		[2,0]			
		1	10	10	0	11	0				[2,1]	
		0	11	10	0	01	—					
		1	11	01	2	11	—					
*t*3	00	0	00	00	0	00	3	[0,0]				0
		1	00	11	2	10	5					
		0	01	11	2	00	4					
		1	01	00	0	10	2			[1,1]		
		0	10	01	1	01	4					
		1	10	10	1	11	4					
		0	11	10	1	01	1		[3,0]			
		1	11	01	1	11	1				[3,1]	
*t*4	11	0	00	00	2	00	5					0
		1	00	11	0	10	3			[0,1]		
		0	01	11	0	00	1	[1,0]				
		1	01	00	2	10	3			[1,0]		
		0	10	01	1	01	3					
		1	10	10	1	11	3					
		0	11	10	1	01	2		[3,0]			
		1	11	01	1	11	2				[3,1]	

（续）

时隙	接收比特	输入比特	当前状态	编码	分支汉明距离	下一状态	路径汉明距离	下一状态最小路径汉明距离［当前状态，输入比特］				译码
								状态 00	状态 01	状态 10	状态 11	
$t5$	10	0	00	00	1	00	2	[0,0]				1
		1	00	11	1	10	2			[0,1]		
		0	01	11	1	00	3					
		1	01	00	1	10	3					
		0	10	01	2	01	5					
		1	10	10	0	11	3				[2,1]	
		0	11	10	0	01	2		[3,0]			
		1	11	01	2	11	4					
$t6$	10	0	00	00	1	00	3	[0.0]				1
		1	00	11	1	10	3			[0,1]		
		0	01	11	1	00	3					
		1	01	00	1	10	3					
		0	10	01	2	01	4					
		1	10	10	0	11	2				[2,1]	
		0	11	10	0	01	3		[3,0]			
		1	11	01	2	11	5					
$t7$	01	0	00	00	1	00	4	[0,0]				1
		1	00	11	1	10	4			[0,1]		
		0	01	11	1	00	4					
		1	01	00	1	10	4					
		0	10	01	0	01	3		[2,0]			
		1	10	10	2	11	5					
		0	11	10	2	01	4					
		1	11	01	0	11	2				[3,1]	
$t8$	10	0	00	00	1	00	5					0
		1	00	11	1	10	5					
		0	01	11	1	00	4	[1,0]				
		1	01	00	1	10	4			[1,1]		
		0	10	01	2	01	6					
		1	10	10	0	11	4				[2,1]	
		0	11	10	0	01	2		[3,0]			
		1	11	01	2	11	4					

译码过程的网格图如 11-7 所示。

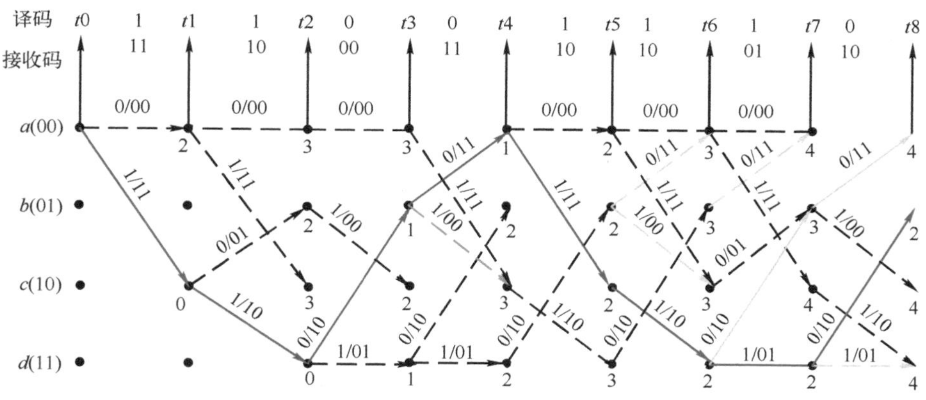

图 11-7　1110001110100110（2，1，2）卷积码译码网格图

在译码网格图中，可以看到灰色虚线就是在该状态下路径汉明距离一致的支路，每个状态点下面的黑字就是路径汉明距离。由此可见卷积码功能还是比较强大，在没有误码情况下，110011 的（2，1，2）卷积编码为：1 1 1 0 1 0 1 1 1 1 1 0 1 0 1 1，而接收比特 1 1 1 0 0 0 1 1 1 0 1 0 0 1 1 0 和正确编码存在 5 个比特的错误，还可以纠错并正确译码。

【例 11-2-1】仿真上述（2，1，2）卷积码，码生成矩阵 $\boldsymbol{G}$ 为

$$\boldsymbol{G}=\begin{vmatrix}1 & 1\\0 & 1\\1 & 1\end{vmatrix}$$

（1）在初始状态为 0 时，随机输入 10 比特信息码的卷积码。

（2）随机模拟接收比特有 5 个误码比特的卷积译码，并比较译码和原始输入信息的汉明距离。

根据仿真结果得

输入比特 d：[1 1 1 1 0 1 1 0 0 1]

（2，1，2）卷积编码输出码字 c：[1 1 1 0 0 1 0 1 1 0 0 0 1 0 1 0 1 1 1 1 0 1 1 1]

接收比特 a：[1 1 1 0 0 1 0 1 1 0 0 0 0 0 1 0 1 0 1 1 1 0 1 0]

译码比特 dd：[1 1 1 1 0 1 1 0 0 1]

译码与接收比特的最小汉明距离 dim = 0. 0

从接收比特可以看到，当每组接收比特中有比特误码时，译码时是可以正确纠正的，降低了系统的误码率。

【例 11-2-2】仿真分析 BPSK 基带相干解调，信道采用上述（2，1，2）卷积编码，生成矩阵 $\boldsymbol{G}$ 为

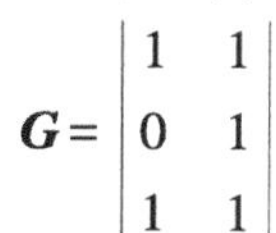

$$\boldsymbol{G}=\begin{vmatrix}1 & 1\\0 & 1\\1 & 1\end{vmatrix}$$

仿真分析编码前后的误码率并画出前后误码的对比图。BPSK 二进制的误码率为

$$p_e = Q(\sqrt{2r})$$

从仿真结果表 11-9 和图 11-8 可知，卷积编码比无编码的误码率要低，误码率得到较大的提升，但传输的速率为原来的 1/2，而且误码率改进的效果也比循环编码要好很多，因为卷积码纠错能力更强。

表 11-9 BPSK（2，1，2）卷积编码前后误码率表

S/N	无编码误码率	卷积编码误码率	S/N	无编码误码率	卷积编码误码率
-10	0.0216957	0.0016	1	0	0
-9	0.0133973	0.0003	2	0	0
-8	0.00519896	0	3	0	0
-7	0.00284943	0	4	0	0
-6	0.00054989	0	5	0	0
-5	0.00024995	0	6	0	0
-4	0.00014997	0	7	0	0
-3	0	0	8	0	0
-2	0	0	9	0	0
-1	0	0	10	0	0
0	0	0			

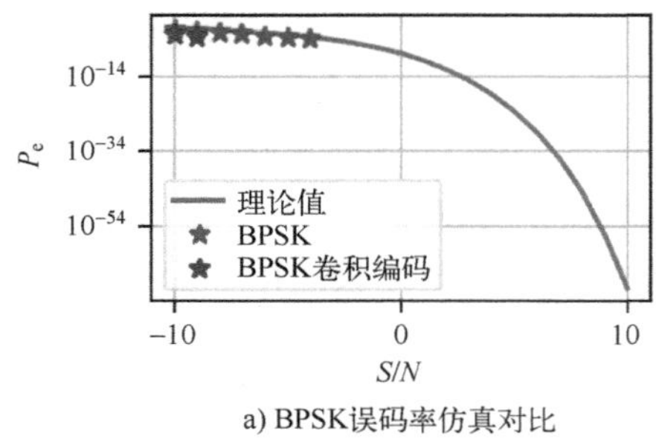

a) BPSK误码率仿真对比

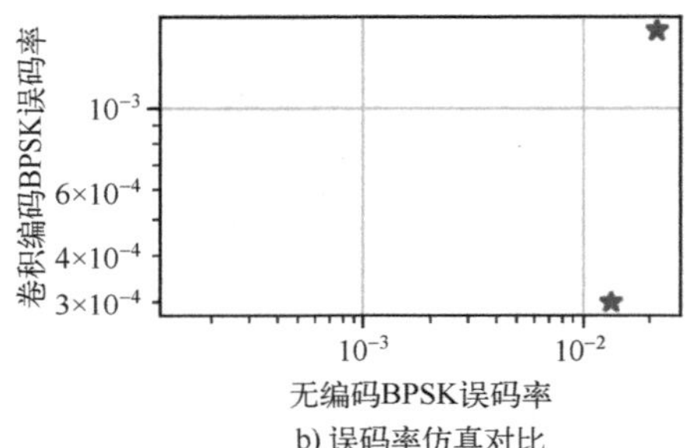

b) 误码率仿真对比

图 11-8 BPSK 无编码和（2，1，2）卷积编码误码率对比图

11.2.2 递归卷积编码

递归卷积码是由非反馈卷积编码演变而来的，通常如果 $k\times n$ 的多项式矩阵 $G(D)$ 是一个编码速率 $R=k/n$ 的非系统卷积编码器的生成矩阵，可通过初等行变换把它变为系统生成矩阵 $G'(D)$，形成系统反馈编码器。在反馈编码器中，由于单个非零输入的响应具有无限长周期，故由反馈编码器产生的码称为递归卷积码（Recursive Convolutional Code，RCC）。相比非反馈卷积码，这种特性是并行级联卷积码（Turbo 码）具有优异性能的关键因素。

在前面（2，1，2）的非系统前馈卷积码中，其生成矩阵 $\boldsymbol{G}(D)$ 为

$$g0=1+D^2$$

$$g1=1+D+D^2$$

$$\boldsymbol{G}'(D)=[g0\ g1]=[1+D^2 \quad 1+D+D^2]$$

可以将矩阵进行初等变换为：$\boldsymbol{G}(D)=[1\ (1+D+D^2)/(1+D^2)]$，该矩阵就是图 11-9 系

统递归矩阵的生成多项式。

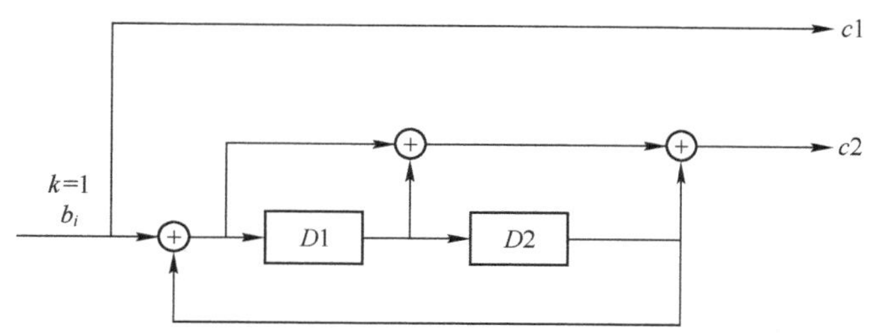

图 11-9 （2，1，2）系统递归卷积编码生成示意图

假设输入比特为：1 1 0 0 1 1，希望在最后输入几比特能让状态变为 00，故需在输入比特后面增加 2 比特 0，即：1 1 0 0 1 1 0 0，假设初始状态为：D1 = D2 = 0，则（2，1，2）编码结果见表 11-10。

表 11-10 （2，1，2）系统递归卷积编码表

时　隙	输入比特 b_i	D1	D2	c1	c2
t0	—	0	0	—	—
t1	1	1	0	1	1
t2	1	1	1	1	0
t3	0	1	1	0	1
t4	0	1	1	0	1
t5	1	0	1	1	0
t6	1	0	0	1	1
t7	0	0	0	0	0
t8	0	0	0	0	0

卷积编码输出为：1110010110110000。

（2，1，2）系统递归卷积编码的状态转移如图 11-10 所示。

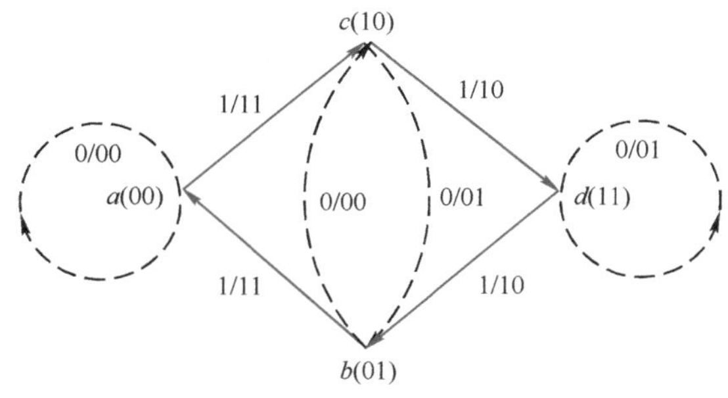

图 11-10 （2，1，2）系统递归卷积码生成状态转移图

从状态转移图可知：和非反馈卷积编码不同，在输入比特后面不是增加 $L*K$ 个 0，而是增加最后输入比特产生状态变化的反比特。比如：最后比特输入后状态变为 c(10)，从状态转移图可知，只要后面相应输入 0 和 1 比特就可以回到 00 状态。

递归卷积编码的译码和非反馈卷积编码一样，不再重复。

【例 11-2-3】仿真上述（2，1，2）系统递归卷积码，码生成多项式 $G(D)$ 为：$G(D)=[1\ (1+D+D2)/(1+D2)]$

（1）在初始状态为 0 时，随机输入 6 比特信息码的卷积码。

（2）仿真随机接收比特有 5 个误码比特的卷积译码，并比较译码和原始输入信息的汉明距离。

根据仿真结果可得

输入比特 bi：[1 1 0 0 1 1]

译码比特 dd：[1 1 0 0 1 1]

递归卷积编码输出码字 c：[1 1 1 0 0 1 0 1 1 0 1 1 0 0 0 0]

接收比特 b：[1 1 1 0 1 1 0 1 1 1 1 1 1 1 0 1]

译码与接收比特的最小汉明距离 dim = 0

从接收比特可以看到，当每组接收比特中有比特误码时，译码时是可以正确纠正的，降低了系统的误码率，和非反馈卷积编码性能一样。

11.3 Turbo 编码

Turbo 编码是 1993 年才发明的编码，其性能接近信息理论值的最好性能。在 4G 中曾经发挥作用，但因其复杂性和译码的烦琐性，在 5G 系统中又渐渐被弃用，但其性能还是最佳的。

Turbo 编码器的结构是由两个并联或串联的分量码编码器和一个交织器构成，Turbo 编码器有很多种类型，可以有并联递归卷积码、串联递归卷积码和串并联混合递归卷积码构成的 Turbo 编码器。本节主要介绍 PCCC（Parallel Concatenated Convolutional Code），图 11-11 就是这类 Turbo 码的一种基本结构，它由两个系统递归卷积码编码器和一个交织器组成。

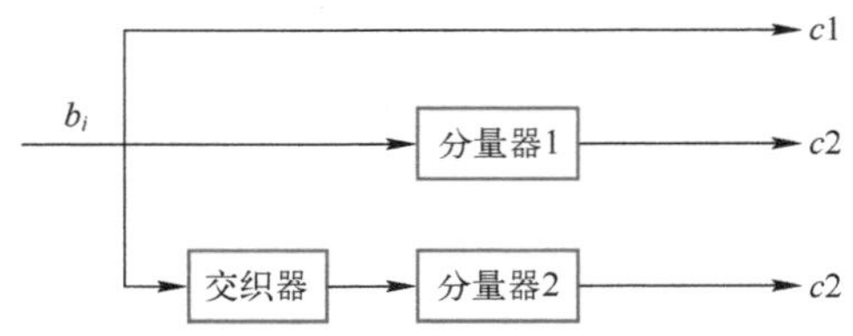

图 11-11　并联递归卷积码 Turbo 码生成示意图

图 11-12 就是一个由两个（2，1，2）系统递归卷积码和交织器组成的 Turbo 编码器。

对于 Turbo 码来说，需要注意以下几点：

1）为了得到靠近 Shannon 极限的系统性能，信息 b_i 分组长度（交织器大小）要求比较大，通常至少几千个比特。

2）对于分量码来说，一般选择相同结构，且约束长度较短，通常约束长度≤4。

3）递归分量码（由系统反馈编码器产生）会比非递归分量码（前馈编码器）有更好的性能。

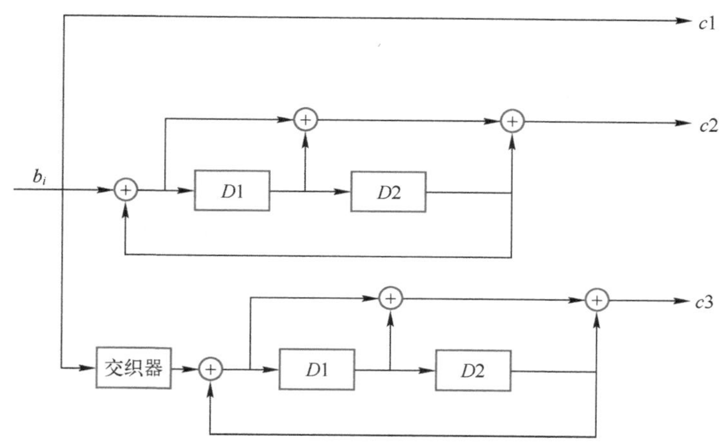

图 11-12　（2，1，2）递归卷积码组成 Turbo 码生成示意图

4）高码率可通过增加删除矩阵产生，如图 11-12 中，可通过只交替输出 $c1$ 和 $c2$ 得到 1/2 的编码速率，也可不增加删除矩阵产生的编码速率为 1/3。

5）通过增加分量码和交织器也可得到更低编码速率的 Turbo 码。

6）最好的交织器能够对比特以伪随机的方式进行排序，传统的块交织器（行-列）在 Turbo 码中性能不好，除非信息 b_i分组块长度很短。

7）由于交织器只是对比特位置进行重新排序，因此交织后的序列与原始序列具有相同的码重量。

8）对每个分量码来说，采用 BCJR（或 MAP）算法作为 SISO 译码器能够获得最好的性能；因为 MAP 译码器使用了前向-后向算法，信息是以信息 b_i分组块的形式进行的，因此，对第一个分量译码器来说，附加 v 个 0 比特能够让它返回到全 0 态；但对于第二个译码器来说，由于交织器的作用，将不能返回到全 0 态。Turbo 码的译码可采用图 11-13 方式来译码。

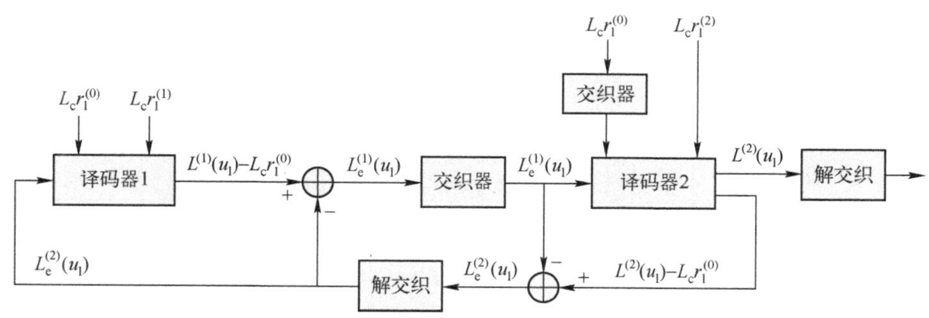

图 11-13　Turbo 码迭代译码结构体图

Turbo 译码原理比较复杂，具体可以参考相关文档。

【例 11-3-1】 仿真由（2，1，2）系统递归卷积码组成的 Turbo，Turbo 码生成多项式 $G(D)=[1(1+D+D^2)/(1+D^2)]$

（1）在初始状态为 0 时，随机输入 6 比特信息码的 Turbo 码。

（2）仿真随机接收比特有 7 个误码比特的 Turbo 译码。

根据仿真结果：

输入比特 bi：[1 1 0 0 1 1]

译码比特 dd：[1 1 0 0 1 1]

Turbo 编码输出码字 c：[1 1 0 0 1 1 1 0 1 1 0 1 0 1 0 0 1 0 0 0 0 0 0 0 0 0 0]

接收比特 b：[1 1 0 0 1 1 1 0 0 1 0 0 0 1 1 0 1 0 0 1 0 0 1 1 0 1]

译码与接收比特的最小汉明距离 dim＝0

从接收比特可以看到，当每组接收比特中有比特误码时，译码时是可以正确纠正的，降低了系统的误码率。

【例 11-3-2】仿真分析 BPSK 基带相干解调，信道采用上述（2，1，2）Turbo 编码，生成矩阵 $\boldsymbol{G}(D)=[1(1+D+D^2)/(1+D^2)]$，仿真分析编码前后的误码率并画出前后误码的对比图。BPSK 二进制的误码率为

【例 11-3-2】代码

$$p_e = Q(\sqrt{2r})$$

从仿真结果表 11-11 和图 11-14 可知，Turbo 编码比无编码的误码率要低，误码率得到较大的提升，但传输的速率为原来的 1/3，误码率改进的效果和噪声方差有很大关系。本例中信噪比固定设置为 0.1，当其随着 SNR 变化时，SNR 大到一定时会出现误码平台现象，即误码率增大。

表 11-11　BPSK（2，1，2）Turbo 编码前后误码率表

S/N	无编码误码率	Turbo 编码误码率	S/N	无编码误码率	Turbo 编码误码率
-10	0.0231238	0.0246	1	0	0
-9	0.0125994	0.0041	2	0	0
-8	0.0059747	0.0005	3	0	0
-7	0.00214989	0	4	0	0
-6	0.000674966	0	5	0	0
-5	7.49963×10^{-5}	0	6	0	0
-4	2.49988×10^{-5}	0	7	0	0
-3	0	0	8	0	0
-2	0	0	9	0	0
-1	0	0	10	0	0
0	0	0			

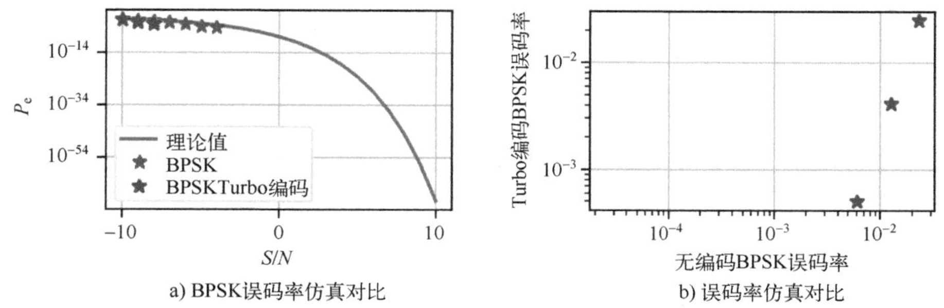

a) BPSK误码率仿真对比　　b) 误码率仿真对比

图 11-14　BPSK 无编码和（2，1，2）Tubbo 编码误码率对比图

参考文献

[1] 樊昌信，曹丽娜．通信原理［M］．6版．北京：国防工业出版社，2006.

[2] PROAKIS J G，SALEHI M，BAUCH G. 现代通信系统（MATLAB版）（第二版）［M］. 刘树棠，任品毅，译．北京：电子工业出版社，2005.

[3] HSU H P. 信号与系统［M］. 骆丽，胡健，译．北京：科学出版社，2002年．

[4] 郭文彬，桑林．通信原理：基于Matlab的计算机仿真［M］. 北京：北京邮电大学出版社，2006.

[5] TRANTER W H，SHANMUGN K S，RAPPAPORT T S. 通信系统仿真原理与无线应用［M］. 肖明波，杨光宋，许芳，等译．北京：机械工业出版社，2004.